U0358790

本书承蒙以下项目的大力支持

广西重点研发计划项目（桂科 AB16380061）

广西创新驱动发展专项资金项目（桂科 AA17204045-6）

广西科技基础和人才专项资金项目（桂科 AD17129022）

广西重点研发计划项目（桂科 AB1850011）

广西科技发展战略研究专项（桂科 ZL20111022）

广西自然科学基金项目（2020GXNSFAA297090）

广西自然科学基金项目（2018GXNSFBA050054）

广西自然科学基金项目（2017GXNSFAA198102）

广西自然科学基金项目（2018GXNSFBA281050）

广西自然科学基金项目（2020GXNSFBA297021）

广东省林业科技计划项目（2020-KYXM-07）

国家自然科学基金项目（31860169）

广西壮族自治区林业勘测设计院
广西壮族自治区农业科学院
广西壮族自治区北海市林业局
中国科学院华南植物园

中国热带雨林地区植物图鉴
Illustrated Handbook of Plants in Tropical Rainforest Area of China

广 西 植 物
Plants of Guangxi
（1）

罗开文　张自斌　邹　嫦　邢福武　曾春阳　主　编

华中科技大学出版社
http://www.hustp.com
中国·武汉

图书在版编目（CIP）数据

中国热带雨林地区植物图鉴.广西植物/罗开文等主编.—武汉：华中科技大学出版社，2021.5

ISBN 978-7-5680-7038-6

Ⅰ.①中… Ⅱ.①罗… Ⅲ.①热带雨林－植物－广西－图集 Ⅳ.① Q948.52-64

中国版本图书馆 CIP 数据核字 (2021) 第 067528 号

中国热带雨林地区植物图鉴——广西植物（1）　　　　　　罗开文　张自斌　邹　嫦　邢福武　曾春阳　主编
Zhongguo Redai Yulin Diqu Zhiwu Tujian——Guangxi Zhiwu (yi)

出版发行：华中科技大学出版社　（中国·武汉）　电话：(027)81321913

地　　址：武汉市东湖新技术开发区华工科技园　（邮编：430223）

出 版 人：阮海洪

策划编辑：王　斌　　　　　　　　　　　　　　　　　　　　　　责任监印：朱　玢

责任编辑：吴文静　王佑芬　　　　　　　　　　　　　　　　　　装帧设计：百彤文化

印　　刷：广州市人杰彩印厂

开　　本：787 mm×1092 mm　1/16

印　　张：100.5

字　　数：938 千字

版　　次：2021 年 5 月第 1 版　第 1 次印刷

定　　价：898.00 元（USD 179）　（全二册）

投稿热线：020-61251578　　342855430@qq.com
本书若有印装质量问题，请向出版社营销中心调换
全国免费服务热线：400-6679-118 竭诚为您服务
版权所有　侵权必究

序

Preface

　　广西地处低纬度地区，北回归线横贯全区中部，其南部和西南部与越南交界的大部分地区具有温暖湿润的海洋气候特色。其小气候环境多样，夏长冬短，沿海地区几乎没有冬季，平均气温在22℃以上。桂南和桂西南地区热量丰富，≥10℃的积温超过8000℃，太阳辐射年平均值超过100 kcal/cm²，雨水丰沛，4—9月为雨季，尤以防城港东兴市最多，降雨量达2822.7mm，雨季恰好与热季重叠。其高温多雨的气候非常适合热带雨林植物的生长发育。

　　关于广西境内热带界线的划分，黄秉维教授早在1959年出版的《中国综合自然区划（初稿）》和1965年绘制的《中国地理图集》中就根据世界热带标准，再结合我国南部季风以及土壤、植被分布等特点，把广西境内从东向西经博白、浦北、上思北部、崇左至龙州北部一带作为热带与亚热带的分界线，此线以北为南亚热带常绿阔叶林区，此线以南为热带雨林、季雨林区。同时，唐永銮教授于1959年根据气候、土壤、植被、作物栽培和农业生产活动等划分指标，在《地理学报》中发表《从对全国综合自然区划中所定划分热带指标的意见谈到桂西南热带界线的划分》一文，建议把此线的西段延长至百色右江北边500m的低山丘陵地带。延长线西南侧包括田阳、田东、德保、那坡、靖西、天等、大新和南宁盆地等均划归热带区域。从典型热带雨林的代表科、属植物的地理分布看，我们认为该建议是合理的。龙脑香科是亚洲热带雨林典型的热带科，该科在广西有3属、3种，其中狭叶坡垒分布在桂南的上思、防城等地，并形成局部优势；望天树分布于大新、龙州、田阳、那坡、巴马、都安等地，最近又在西大明山沟谷中找到踪迹，其种群是一个更新能力强、处于正向演替过程中的稳定种群；广西青梅分布于那坡，分布面积较小，但在局部地带仍为主要优势树种。肉豆蔻科是热带雨林中最具代表性的植物，在广西有2属、3种，其中小叶红光树分布于龙州；风吹楠分布于防城、大新、扶绥；大叶风吹楠分布于防城、大新、宁明、龙州、田阳、靖西、巴马、东兰等地，并形成局部优势。可以看出，这些典型的热带雨林代表性植物分布广泛，有些分布到桂西北的东兰等地，甚至局部形成单优势群落，表明广西境内热带与亚热带界线两侧地貌条件复杂，石山、土山兼备，生境条件多样，热带雨林（季节雨林）的分布由于小生境的改变，局部呈斑块状不连续分布。此外，桂南的沿海地区，由于海洋气候的影响，再加上高温、高盐的生境条件，一些典型的热带植物，如金莲木科的金莲木仅分布于防城和东兴等沿海地区；常见于该地区的还有须叶藤科的须叶藤，帚灯草科的薄果草，黄眼草科的硬叶葱草和黄眼草等。红树林是热带雨林地区滨海泥滩中最常见的植被类型。广西有红树植物18种，其中红树科的角果木和红树在我国大陆为热带分布区的北界，极为珍贵；钩枝藤是热带雨林中典型的热带藤本，在广西仅分布于凭祥，应该是从越南热带雨林分布到广西的。湿地中最常见的热带草本植物如田葱科的田葱除分布到桂南的防城、东兴、博白、玉林之外，还可在梧州、南宁等地找到踪迹，这种植物在广东西南部极为常见。同样，在广东西南部较常见的热带植物猪笼草仅在广西与广东邻近的北流、博白、玉林有分布，其分布的北界徘徊于热带与亚热带分界线附近；典型热带植物见血封喉的分布区北界在自然区划上具有非常重要的参考价值，其最北分布从东段开始向西经广东的恩平、阳春北部，进入广西陆川、博白、崇左、龙州等地，分布区仅徘徊于界线两侧，其在广西最北的分布至北流和南宁的南部，其分布式样与黄秉维教授划分的热带与亚热带界线相吻合。可见，很多热带植物在广西和广东两地是共有的，但广东缺少龙脑香科、肉豆蔻科等热带雨林典型的代表科，两地的热带林既有较紧密的联系，又有较大差异。以致唐永銮、张玉霞等学者认为广西分布有大片面积的热带雨林，而王献溥、李先琨等进一步研究认为，桂西南的热带林多为"季节性雨林"，仍属热带雨林植被型；而陈树培等学者则把广东西南部的热带林归为"季雨林"植被型，但在广东是否有"季雨林"的分布仍存在较大的争议。

广西热带雨林中的板根现象比较明显，雨林中杜英科、五桠果科、桑科等植物的板根比较常见；老茎开花的植物在林中应有尽有，最常见的有桑科、番荔枝科、藤黄科、梧桐科、大戟科、荨麻科、水东哥科、莴草科等植物；雨林中的绞杀现象偶有见到，主要有细叶榕、笔管榕、假斜叶榕、斜叶榕、黄葛树等榕属植物绞杀林中其他植物致死；滴水叶尖的植物在林下草本层中相当常见，主要有姜科、天南星科、芭蕉科、仙茅科、百合科、竹芋科等植物；林中的大藤本也相当常见，主要有含羞草科的榼藤、葡萄科崖爬藤属与蝶形花科的油麻藤属和鸡血藤属等植物；附生的兰花和蕨类种类繁多，具有明显的热带雨林特色。

　　《中国热带雨林地区植物图鉴——广西植物》是中国科学院华南植物园主持编著的《中国热带雨林地区植物图鉴》的重要组成部分，是距该系列专著《海南植物》出版 7 年后我国科研人员对热带雨林地区植物进行野外调查和专著编研的又一科研成果。该书由广西壮族自治区林业勘测设计院、广西壮族自治区农业科学院、广西壮族自治区北海市林业局和中国科学院华南植物园等单位的科研人员在全面开展野外调查的基础上，参考前人的研究资料编辑而成，共收录广西热带雨林区域的维管束植物 262 科，1288 属，2737 种（含种下分类单位）。内容包括每种植物的中文名、学名、性状、花果期、分布与生境等。该书物种鉴定力求准确，文字简明扼要，图片清晰，是一部集实用性、科学性与科普性于一体的著作。该书的出版对我国热带雨林植物的保育具有重要的指导意义，同时对于热带雨林植物的物种鉴定与可持续利用等也具有重要的参考价值。是为序。

中国科学院华南植物园

2021 年 1 月 8 日

前言

Foreword

　　热带雨林是指生长在年平均温度24℃以上或最冷月平均温度18℃以上的热带湿润地区的高大森林植被类型，泛指热带湿润雨林、季节雨林和山地雨林等。热带雨林是地球上重要且特殊的生态系统，不仅具有地球上最丰富的物种数量和生物生产力，而且以强大的环境影响与改造能力维系和支撑着地球的大部分生态平衡，是地球上生物多样性最丰富的生态系统，具有十分特殊的价值和意义。

　　全球共有3大热带雨林，最大的是美洲的亚马逊雨林，占全球热带雨林总量的一半；另两片是亚洲热带雨林和非洲热带雨林。我国的热带雨林属于亚洲热带雨林，分布于西藏、云南、广西、广东、海南和台湾6省（区）的局部地区，包含有世界热带雨林的最北边缘分布，是我国分布最狭窄、面积最小而生物多样性最丰富的生态系统。

　　我国热带雨林垂直分带明显，具有东南亚雨林的典型结构，乔木具有多层结构，上层乔木高30米以上，多为典型的热带树种，树基常有板状根，老干上可长出花枝，多气生根植物或藤本植物，种类丰富。因为天气长期温热，雨量高，植物能持续生长，树木生长密集。木质大藤本和附生植物特别发达，叶面附生苔藓、地衣，林下有木本蕨类和大叶草本。

　　广西地处中国南疆，西接云贵高原，南邻北部湾，地形复杂，生境类型多样，孕育了极为丰富的生物多样性。同时，广西地质历史条件良好，古代气候条件优越，为热带雨林的繁衍奠定了良好的基础。广西南部地区"恒燠少寒，无霜雪""暮冬气候暖若三春，树叶不落，桃李乱开，蝮蛇不蛰"，十分有利于热带林木的生长，故在18世纪以前，这里"山深岚翳，草木不枯""古木连云，层峦际日""树地轮囷离奇，蔚然深秀，多千百年古物"。桂西南地区有"树海"之称，"与安南接壤处，皆崇山密箐，老藤古树，洪荒所生"，描述了当时茂密的热带原生性森林面貌。此外，还有大象和孔雀等大型的热带鸟兽，"洪武十八年，十万山象出害稼"，大象"每秋熟，辄成群出食，居民甚苦之"；孔雀分布普遍，不少古籍有"孔雀各州县出""生高山乔木之上"

的记载。直到 19 世纪中叶以后，广西境内野象和孔雀才逐渐绝迹。野象和孔雀的出没毫无疑问反映了当时原生性森林植被茂密，为这些大型热带鸟兽的生活、栖息与繁殖提供有利的条件和良好的居所。

广西以山地多平地少而著称，山脉环绕四周，略成一个四周高、中间低的盆地，称为广西盆地。东南部地区，有云开大山、六万大山、罗阳山，与广东西部山地相连，山脉走向一般为北东向，以低山为主。西南部为一弧形山地，东翼的十万大山濒临北部湾，海洋性气候明显，雨量十分丰富；西翼为公母山和大青山，与越南北部山地相连。西部喀斯特高原包括那坡、靖西、德保、天等一带，与越南北部高原连成一片，是广西喀斯特山地主要分布地之一。广西这些热带山地虽然历史上受到人类活动干扰，但至今仍保存有大面积的原生性热带森林，生物多样性非常丰富。

广西的北热带，东部起于容县的天堂山，往西北方向沿着玉林、横县一线至南宁附近，沿着右江河谷至滇桂交界处的剥隘河。北热带是广西水热条件最好的陆地区域，也是生物多样性最为丰富，在全国乃至国际上最受关注的地区之一。

由于人类活动影响，热带雨林受到严重威胁，面积锐减，全球热带雨林正以每年 1200 万公顷的速度减少，其中亚洲热带雨林消失速度最快。由于大面积的热带雨林被毁，导致热带野生动物生境丧失。热带地区高温多雨，有机质分解快，物质循环强烈，热带雨林一旦被破坏，极易引起水土流失，导致生境退化，河流干涸，造成野生动植物物种濒临灭绝，进而对生态效应产生重大影响。

为了保护热带雨林，我国政府从 1991 年以后着手停止热带原生性森林采伐，1993 年海南岛全面停止采伐天然林，同时伴随着天然林保护工程、退耕还林工程以及野生动植物保护与自然保护区工程等的实施，我国热带雨林得到了一定程度的保护和恢复。然而，随着人口的增长和经济社会的发展，热带雨林的保护与经济发展的矛盾依然存在。

加强热带雨林生态系统的保护，是贯彻落实生态文明建设的具体举措，是实现美丽中国的生态建设基础，对保障我国国土生态空间体系的完整和安全、构建我国生态安全格局稳定性具有十分重要意义。开展热带雨林地区植物资源考察，可帮助人们认识和了解热带雨林地区植物，提高公众对热带雨林的热爱与关注，促进热带雨林保护。

　　为了加强中国热带雨林的保护，中国科学院华南植物园组织编著《中国热带雨林地区植物图鉴》丛书。该系列专著的《广西植物》在全面野外调查和分类鉴定的基础上，参考研究资料编辑而成。共收录广西热带雨林地区维管束植物262科，1288属，2737种（含21亚种，87变种，2变型，12栽培品种，8杂交种），其中蕨类植物44科，88属，177种（含2亚种，3变种，1变型）；裸子植物8科，17属，31种（含4变种）；被子植物210科，1183属，2529种（含19亚种，80变种，1变型，12栽培品种，8杂交种）；广西新记录植物13种；图片4860张。本书科的排列，蕨类植物按秦仁昌1978年系统，裸子植物按郑万钧1975年系统，被子植物按哈钦松1926年、1934年系统；属、种按拉丁名字母顺序排列。

　　对于广西热带地区地名排列，按各市自东向西的顺序，依次为玉林市（玉林、容县、陆川、博白、兴业、北流），北海市（北海、合浦），钦州市（钦州、灵山、浦北），防城港市（防城、上思、东兴），南宁市（南宁、隆安、横县），崇左市（崇左、扶绥、宁明、龙州、大新、天等、凭祥），百色市（百色、田阳、田东、平果、德保、靖西、那坡）。对于热带区域内主要的广布种类、栽培及逸生种类也予以收录，以便读者更全面了解该区域植物资源状况。国内各省份的分布按从南到北，国外分布区由近至远排列，并考虑地理的连续性。

　　在野外考察过程中，我们得到当地林业部门和自然保护区的大力支持；一些类群得到业内专家的审核把关；广州百彤文化传播有限公司精心编排，力求最佳的展示效果，在此一并致以谢意。虽经反复校核，仍难免存在错误和不足之处，敬请读者批评指正。

本书即将付梓，我内心久久难以平静，我与草木结缘或属偶然。高中时因理化不通，便报取文科；后来觉得理科实用，便又转为理科。然而，人生就这么奇妙，要不因为这一时期的"文转理"，或许我今生也无法与草木结缘。大学接触到植物学方面课程时，突然表现出了天然的兴趣，并决心在这一方面继续深造，便考取植物学专业硕士研究生。毕业时，承蒙广西壮族自治区林业勘测设计院领导垂爱，将我招聘来此，于是我有了机会学习广西的植物特别是热带地区的植物。弹指一挥，我至广西已有十余载春秋，对广西植物也算窥得一斑。

　　有缘识草木，也因此而结识众多良师益友。硕士研究生期间，严岳鸿博士推荐我报考邢福武老师的博士研究生。无奈我胸无大志，浅尝辄止，没有进一步学习深造。虽未能成为邢老师的门徒，却有幸因此而结识邢老师。承蒙邢老师厚爱，对我委以重任，将《中国热带雨林地区植物图鉴》的广西卷编写任务交予我。士为知己者谋，我怎敢不拼全力以为之。故南下海滨，西至边境，多次外出拍摄，并深入偏远山地。经与广西同仁及邢老师团队通力合作，增删数次，历时几载，终于完成著作编辑，总算交出一份差强人意的答卷。正是：

　　今生有幸识草木，四处寻访尽苦辛。

　　踏遍青山无悔怨，不负草木不负君。

2020 年 10 月 6 日

目　录

C ontent

第 1 册

蕨类植物门PTERIDOPHYTA

「02」

裸子植物门GYMNOSPERMAE

被子植物门ANGIOSPERMAE

「04」

第 2 册

「06」

蕨类植物门
PTERIDOPHYTA

P1. 松叶蕨科
PSILOTACEAE

松叶蕨属 Psilotum Sw.

松叶蕨

Psilotum nudum (L.) P. Beauv.

附生小草本。产于上思、南宁、横县、龙州、大新、百色、田东、平果、德保、靖西、那坡。生于海拔 300～1600 m 的岩壁或大树树干，少见。分布于中国海南、广东、广西、福建、台湾、浙江、江苏、安徽、贵州、云南、四川、陕西。世界热带、亚热带地区广泛分布。

P2. 石杉科
HUPERZIACEAE

石杉属 Huperzia Bernh.

蛇足石杉
Huperzia serrata (Thunb.) Trevis.

　　附生小草本。产于玉林、容县、博白、北流、防城、上思、南宁、百色、田阳、德保、那坡。生于海拔 300～1600 m 的阔叶林下，少见。分布于中国各地（西北、华北除外）。越南、老挝、泰国、柬埔寨、缅甸、马来西亚、印度尼西亚、菲律宾、印度、尼泊尔、不丹、斯里兰卡、日本、朝鲜、俄罗斯、澳大利亚、中美洲以及太平洋岛屿也有分布。

马尾杉属 Phlegmariurus (Herter) Holub

马尾杉
Phlegmariurus phlegmaria (L.) Holub

Lycopodium phlegmaria L.

　　附生草本。产于合浦、防城、上思、东兴、南宁、隆安、宁明、龙州、百色、靖西、那坡。附生于海拔 200～1400 m 的林下树干或岩石上，少见。分布于中国海南、广东、广西、台湾、云南。越南、泰国、印度、斯里兰卡、日本以及大洋洲、非洲、南美洲也有分布。

P3. 石松科
LYCOPODIACEAE

藤石松属 Lycopodiastrum Holub ex R. D. Dixit

藤石松

Lycopodiastrum casuarinoides (Spring) Holub ex R. D. Dixit
Lycopodium casuarinoides (Spring) Holub

　　藤本。产于玉林、北流、上思、崇左、龙州、百色、田阳、德保、靖西。生于海拔1600 m以下的疏林或灌丛中，少见。分布于中国海南、广东、广西、湖南、江西、福建、台湾、浙江、湖北、贵州、云南、四川、西藏。亚洲热带、亚热带地区广泛分布。

垂穗石松属 Palhinhaea Franco & Vasc. ex Vasc. & Franco

垂穗石松

Palhinhaea cernua (L.) Vasc. & Franco

　　草本。产于玉林、容县、陆川、博白、北流、灵山、防城、上思、南宁、隆安、横县、龙州、百色、平果。生于海拔1200 m以下的林下、林缘或灌丛中，很常见。分布于中国海南、广东、广西、湖南、江西、福建、台湾、浙江、重庆、贵州、云南、四川。世界热带及亚热带地区广泛分布。

P4. 卷柏科
SELAGINELLACEAE

卷柏属 Selaginella P. Beauv.

拟大叶卷柏

Selaginella decipiens Warb.

　　草本。产于防城、龙州、那坡。生于海拔 100 ~ 1400 m 的林中，很少见。分布于中国广西、云南。越南、印度也有分布。

薄叶卷柏

Selaginella delicatula (Desv. ex Poir.) Alston

　　草本。产于玉林、容县、北流、防城、上思、龙州、大新、天等、百色、平果、德保、靖西、那坡。生于海拔 800 m 以下的山地林下潮湿处，很常见。分布于中国海南、广东、广西、湖南、江西、福建、台湾、浙江、安徽、湖北、重庆、贵州、云南、四川。越南、老挝、泰国、柬埔寨、缅甸、马来西亚、印度尼西亚、菲律宾、印度、尼泊尔、不丹、斯里兰卡也有分布。

深绿卷柏

Selaginella doederleinii Hieron.

　　草本。产于玉林、容县、博白、北流、上思、东兴、南宁、隆安、崇左、扶绥、宁明、龙州、百色、平果、那坡。生于海拔 1200 m 以下的山地林下潮湿处，很常见。分布于中国海南、广东、广西、湖南、江西、福建、台湾、浙江、贵州、云南、四川。越南、泰国、柬埔寨、马来西亚、印度、日本也有分布。

异穗卷柏

Selaginella heterostachys Baker

　　草本。产于防城、龙州、平果。生于海拔 1600 m 以下的林下岩石上，少见。分布于中国海南、广东、广西、湖南、江西、福建、台湾、浙江、安徽、重庆、贵州、云南、四川、甘肃、河南。越南、日本也有分布。

江南卷柏

Selaginella moellendorffii Hieron.

　　草本。产于博白、北流、防城、上思、南宁、隆安、龙州、大新、百色、平果、德保、靖西、那坡。生于海拔 1500 m 以下的山地林下或灌丛，很常见。分布于中国海南、广东、广西、湖南、江西、福建、台湾、湖北、四川。越南、柬埔寨、菲律宾也有分布。

翠云草

Selaginella uncinata (Desv.) Spring

　　草本。产于隆安、龙州、大新、天等、平果、靖西、那坡。生于海拔 1200 m 以下的阔叶林下，很常见。分布于中国海南、广东、香港、广西、湖南、江西、福建、浙江、安徽、湖北、重庆、贵州、云南、四川、陕西。

P6. 木贼科
EQUISETACEAE

木贼属 Equisetum L.

披散木贼

Equisetum diffusum D. Don

　　草本。产于百色、德保、靖西、那坡。生于海
拔 600 ~ 1200 m 的林缘、灌丛、沟边，少见。分
布于中国广西、湖南、江苏、重庆、贵州、云南、
四川、西藏、甘肃。越南、缅甸、印度、尼泊尔、
不丹、斯里兰卡、巴基斯坦、日本也有分布。

笔管草

Equisetum ramosissimum Desf. subsp. **debile** (Roxb. ex Vauch.) Hauke

　　草本。产于北流、钦州、南宁、龙州、大新、百色、平果、靖西、那坡。生于海拔 1600 m 以下的山
谷河边或潮湿地，常见。分布于中国海南、广东、广西、湖南、江西、江苏、安徽、湖北、贵州、四川、
陕西、河北。南亚至东南亚地区也有分布。

P7. 七指蕨科

HELMINTHOSTACHYACEAE

七指蕨属 Helminthostachys Kaulf.

七指蕨

Helminthostachys zeylanica (L.) Hook.

　　草本。产于博白、南宁、隆安、龙州、百色、靖西。生于低海拔湿润林下，少见。分布于中国海南、广东、广西、台湾、云南。越南、老挝、泰国、柬埔寨、菲律宾、印度、斯里兰卡、日本、澳大利亚以及太平洋西部岛屿也有分布。

P9. 瓶尔小草科

OPHIOGLOSSACEAE

瓶尔小草属 Ophioglossum L.

瓶尔小草

Ophioglossum vulgatum L.

草本。产于陆川、博白、灵山、龙州、靖西。生于海拔 100 ~ 1600 m 的林下或草丛中，少见。分布于中国海南、广东、广西、湖南、江西、福建、台湾、浙江、江苏、安徽、湖北、重庆、贵州、云南、四川、西藏、甘肃、陕西、河南、新疆、吉林。印度、日本、朝鲜、斯里兰卡、澳大利亚、欧洲、北美洲也有分布。

P11. 观音座莲科
ANGIOPTERIDACEAE

观音座莲属 Angiopteris Hoffm.

福建观音座莲

Angiopteris fokiensis Hieron.

　　草本。产于玉林、陆川、钦州、南宁、扶绥、龙州、百色、德保、靖西、那坡。生于海拔200～1000 m的林下阴湿处或溪沟边，常见。分布于中国海南、广东、香港、广西、湖南、江西、福建、浙江、湖北、贵州、云南、四川。日本也有分布。

云南观音座莲

Angiopteris yunnanensis Hieron.

　　草本。产于上思、宁明、龙州、凭祥、靖西、那坡。生于海拔300～900 m的山谷林下，很少见。分布于中国广西、云南。越南北部也有分布。

亨利原始观音座莲

Archangiopteris henryi Christ & Giesenh.

　　草本。产于上思、宁明、那坡。生于海拔 450 m 的溪边林下，很少见。分布于中国广西、云南。

P13. 紫萁科
OSMUNDACEAE

紫萁属 Osmunda L.

紫萁

Osmunda japonica Thunb.

　　草本。产于钦州、防城、上思、南宁、百色、德保、那坡。生于海拔 100～1600 m 的林下或溪边酸性土上，常见。分布于中国秦岭以南。越南、不丹、日本、朝鲜也有分布。

华南紫萁

Osmunda vachellii Hook.

　　草本。产于玉林、博白、北流、防城、上思、南宁、扶绥、龙州。生于海拔 100～900 m 的草坡或溪边阴处酸性土上，常见。分布于中国海南、广东、香港、广西、湖南、福建、浙江、贵州、云南、四川。越南、泰国、缅甸、印度也有分布。

P14. 瘤足蕨科

PLAGIOGYRIACEAE

瘤足蕨属 Plagiogyria (Kunze) Mett.

瘤足蕨

Plagiogyria adnata (Blume) Bedd.

　　草本。产于上思、宁明、靖西、那坡。生于海拔 500～1300 m 的林下溪沟中，少见。分布于中国海南、广东、广西、湖南、江西、福建、台湾、浙江、安徽、湖北、贵州、云南、四川。越南、泰国、缅甸、马来西亚、印度尼西亚、菲律宾、印度、日本也有分布。

华中瘤足蕨

Plagiogyria euphlebia (Kunze) Mett.

　　草本。产于上思、百色。生于海拔 600～1200 m 的山地林下，很少见。分布于中国广东、广西、湖南、江西、福建、台湾、浙江、安徽、湖北、贵州、云南、四川、甘肃。越南、缅甸、菲律宾、印度、尼泊尔、不丹、日本、朝鲜也有分布。

P15. 里白科

GLEICHENIACEAE

芒萁属 Dicranopteris Bernh.

大芒萁

Dicranopteris ampla Ching & Chiu

　　草本。产于防城、上思、东兴、宁明、龙州、德保、靖西、那坡。生于海拔 300 ~ 1300 m 的疏林下、林缘、草坡,少见。分布于中国海南、广东、广西、江西、贵州、云南、西藏。越南、缅甸也有分布。

铁芒萁

Dicranopteris linearis (Burm.) Underw.

　　草本。产于北流、北海、合浦、钦州、防城、上思、东兴、龙州。生于海拔 700 m 以下的疏林下、草地、路旁,常见。分布于中国海南、广东、广西、台湾、江苏、云南、西藏。越南、老挝、泰国、缅甸、印度、斯里兰卡也有分布。

芒萁

Dicranopteris pedata (Houtt.) Nakaike

　　草本。产于容县、博白、合浦、钦州、防城、上思、南宁、隆安、宁明、龙州、百色、那坡。生于海拔 1600 m 以下的山坡或山脚疏林中，是酸性土壤的指示植物，很常见。分布于中国海南、广东、广西、湖南、江西、福建、台湾、浙江、湖北、贵州、云南、四川。越南、印度、日本、朝鲜也有分布。

里白属 Diplopterygium (Diels) Nakai

光里白

Diplopterygium laevissimum (Christ) Nakai

　　草本。产于上思。生于海拔 800 ~ 1400 m 的林下或灌丛中阴湿处，少见。分布于中国海南、广西、湖南、江西、福建、台湾、浙江、安徽、湖北、贵州、云南、四川。越南、菲律宾、日本也有分布。

P17. 海金沙科
LYGODIACEAE

海金沙属 Lygodium Sw.

海南海金沙

Lygodium circinnatum (Burm. f.) Sw.
Lygodium conforme C. Chr.

　　草质藤本。产于陆川、博白、宁明、龙州、大新、百色、平果、德保、靖西、那坡。生于海拔 300～600 m 的山坡阴处或林下、灌丛，少见。分布于中国海南、广东、广西、贵州、云南。越南、老挝也有分布。

曲轴海金沙

Lygodium flexuosum (L.) Sw.

草质藤本。产于防城、南宁、隆安、宁明、龙州、百色、靖西、那坡。生于海拔 800 m 以下的山谷、路旁、林缘，常见。分布于中国海南、广东、广西、湖南、福建、贵州、云南。越南、泰国、马来西亚、菲律宾、印度、斯里兰卡、澳大利亚以及非洲热带地区也有分布。

海金沙

Lygodium japonicum (Thunb.) Sw.

草质藤本。产于容县、陆川、博白、北海、钦州、灵山、浦北、防城、上思、南宁、隆安、崇左、宁明、龙州、大新、百色、平果、那坡。生于海拔 1200 m 以下的山谷、灌丛、路旁、村边，很常见。分布于中国海南、广东、广西、湖南、江西、福建、台湾、浙江、安徽、湖北、贵州、云南、四川、西藏、甘肃、陕西、河南。越南、马来西亚、印度尼西亚、菲律宾、印度、尼泊尔、斯里兰卡、日本、澳大利亚、新几内亚、朝鲜也有分布。

小叶海金沙

Lygodium microphyllum (Cav.) R. Br.

Lygodium scandens (L.) Sw.

　　草质藤本。产于容县、北流、钦州、浦北、防城、上思、南宁、隆安、靖西、那坡。生于低海拔山谷、疏林、灌丛、路旁，常见。分布于中国海南、广东、广西、湖南、江西、福建、台湾、云南。缅甸、马来西亚、菲律宾、印度也有分布。

羽裂海金沙

Lygodium polystachyum Wall.

　　草质藤本。产于上思、东兴、宁明、百色、德保、那坡。生于海拔 100～450 m 的林下或灌丛中，少见。分布于中国广西、云南。越南、泰国、缅甸、马来西亚、印度也有分布。

P18. 膜蕨科

HYMENOPHYLLACEAE

瓶蕨属 Vandenboschia Copel.

瓶蕨

Vandenboschia auriculata (Blume) Copel.

　　草本。产于容县、防城、上思、大新、那坡。生于海拔 400～1200 m 的溪边树干或阴湿岩石上，少见。分布于中国海南、广东、广西、湖南、江西、福建、台湾、浙江、重庆、贵州、云南、四川、西藏。老挝、泰国、柬埔寨、缅甸、马来西亚、印度、尼泊尔、不丹、日本以及太平洋岛屿也有分布。

P19. 蚌壳蕨科

DICKSONIACEAE

金毛狗属 Cibotium Kaulf.

金毛狗

Cibotium barometz (L.) J. Smith

草本。产于玉林、容县、博白、兴业、北流、钦州、浦北、上思、东兴、南宁、隆安、横县、宁明、龙州、大新、凭祥、百色、田阳、平果、德保、靖西、那坡。生于海拔 1300 m 以下的山谷溪边林下、灌丛，很常见。分布于中国海南、广东、广西、湖南、江西、福建、台湾、浙江、湖北、贵州、云南、四川。越南、泰国、缅甸、印度、日本也有分布。

P20. 桫椤科
CYATHEACEAE

桫椤属 Alsophila R. Br.

粗齿桫椤

Alsophila denticulata Baker

　　大型蕨类。产于钦州、浦北、防城、上思、东兴、宁明、百色、德保、那坡。生于海拔 300 ~ 1100 m 山谷疏林、阔叶林下以及林缘沟边，少见。分布于中国广东、香港、广西、湖南、江西、福建、台湾、浙江、重庆、贵州、云南、四川。日本也有分布。

大叶黑桫椤

Alsophila gigantea Wall. ex Hook.

　　大型蕨类。产于玉林、容县、兴业、北流、钦州、防城、上思、扶绥、宁明、龙州、百色、靖西、那坡。生于海拔 200 ~ 800 m 的溪沟边林下，少见。分布于中国海南、广东、广西、云南。越南、老挝、泰国、柬埔寨、缅甸、印度、尼泊尔、日本也有分布。

黑桫椤

Alsophila podophylla Hook.

　　大型蕨类。产于容县、防城、上思、南宁、横县、宁明、龙州、德保、靖西、那坡。生于海拔 100 ~ 1400 m 的沟谷溪边，少见。分布于中国海南、广东、广西、福建、台湾、贵州、云南。越南、泰国、马来西亚、印度尼西亚也有分布。

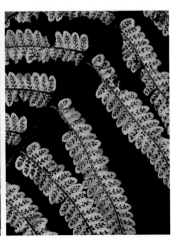

桫椤

Alsophila spinulosa (Wall. ex Hook.)
R. M. Tryon

大型蕨类。产于玉林、容县、博白、兴业、北流、上思、扶绥、宁明、龙州、大新、平果、百色、德保、靖西、那坡。生于低海拔山谷疏林下，少见。分布于中国海南、广东、广西、江西、福建、台湾、重庆、贵州、云南、四川、西藏。泰国、缅甸、菲律宾、印度、尼泊尔、不丹、孟加拉国、斯里兰卡、日本也有分布。

白桫椤属 Sphaeropteris Bernh.

白桫椤

Sphaeropteris brunoniana (Hook.) R. M. Tryon

大型蕨类。产于东兴、那坡。生于海拔300～600 m的常绿阔叶林林缘、山沟谷底，很少见。分布于中国海南、广西、云南、西藏。越南、缅甸、印度、尼泊尔、不丹、孟加拉国也有分布。

P21. 稀子蕨科
MONACHOSORACEAE

稀子蕨属 Monachosorum Kunze

稀子蕨
Monachosorum henryi Christ

　　草本。产于百色、德保、那坡。生于海拔 100 ～ 1300 m 的沟谷林下阴湿处，少见。分布于中国海南、广东、广西、湖南、台湾、贵州、云南、四川。越南、缅甸、印度、尼泊尔也有分布。

P22. 碗蕨科

DENNSTAEDTIACEAE

碗蕨属 Dennstaedtia Bernh.

碗蕨

Dennstaedtia scabra (Wall. ex Hook.) T. Moore

　　草本。产于北流、防城、德保、那坡。生于海拔 400 ~ 1300 m 的林下或溪边，很少见。分布于中国海南、广东、广西、湖南、江西、浙江、台湾、贵州、云南、四川、西藏。越南、老挝、泰国、缅甸、马来西亚、菲律宾、印度、斯里兰卡、日本、朝鲜也有分布。

金果鳞盖蕨

Microlepia chrysocarpa Ching

　　草本。产于平果。生于海拔 300～500 m 的沟谷林下，很少见。分布于中国广西、湖南、重庆、贵州。

毛叶边缘鳞盖蕨（毛叶鳞盖蕨）

Microlepia marginata (Panz.) C. Chr. var. **villosa** (C. Presl) Y. C. Wu

Microlepia villosa C. Presl

　　草本。产于龙州、大新、靖西、那坡。生于海拔 100～1300 m 的林下或溪边，少见。分布于中国海南、广东、广西、江西、福建、台湾、浙江、江苏、安徽、湖北、重庆、贵州、云南、四川。越南、印度、尼泊尔、斯里兰卡、日本、巴布亚新几内亚也有分布。

阔叶鳞盖蕨

Microlepia platyphylla (Don) J. Smith

　　草本。产于防城、上思、百色、靖西、那坡。生于海拔 700 ~ 1100 m 的阔叶林下，少见。分布于中国海南、广西、台湾、贵州、云南、西藏。越南、老挝、泰国、缅甸、尼泊尔、菲律宾、印度、斯里兰卡、不丹也有分布。

热带鳞盖蕨

Microlepia speluncae (L.) T. Moore

　　草本。产于防城、上思、宁明、龙州、大新、百色、靖西、那坡。生于海拔 200 ~ 600 m 的林下或灌丛，常见。分布于中国海南、广东、广西、台湾、贵州、云南、西藏。世界热带地区广泛分布。

P23. 鳞始蕨科
LINDSAEACEAE

鳞始蕨属 Lindsaea Dry.

剑叶鳞始蕨（双唇蕨）

Lindsaea ensifolia Sw.

Schizoloma ensifolium (Sw.) J. Smith

　　草本。产于容县、北流、上思、南宁、横县。生于海拔 900 m 以下的林下、路旁，常见。分布于中国海南、广东、广西、福建、台湾、贵州、云南。越南、泰国、缅甸、菲律宾、印度、尼泊尔、孟加拉国、斯里兰卡、澳大利亚、琉球群岛、太平洋岛屿、非洲也有分布。

团叶鳞始蕨

Lindsaea orbiculata (Lam.) Mett.

草本。产于玉林、容县、北流、灵山、防城、上思、南宁、横县、宁明、龙州、大新、百色、平果、那坡。生于海拔 100～1000 m 的疏林下或草地，很常见。分布于中国海南、广东、广西、湖南、福建、台湾、贵州、云南、四川。亚洲、大洋洲的热带地区均有分布。

乌蕨属 Sphenomeris Maxon

乌蕨

Sphenomeris chinensis (L.) Maxon

Stenoloma chusanum Ching

草本。产于容县、北流、防城、上思、南宁、隆安、横县、崇左、龙州、大新、平果、德保、靖西、那坡。生于海拔 1600 m 以下的林下、灌丛、路边，很常见。分布于中国海南、广东、广西、湖南、江西、福建、台湾、浙江、安徽、湖北、贵州、云南、四川、陕西。越南、泰国、缅甸、马来西亚、菲律宾、印度、尼泊尔、不丹、孟加拉国、斯里兰卡、日本、朝鲜以及太平洋岛屿、马达加斯加也有分布。

P25. 姬蕨科
HYPOLEPIDACEAE

姬蕨属 Hypolepis Bernh.

姬蕨

Hypolepis punctata (Thunb.) Mett.

　　草本。产于容县、上思。生于海拔 100～1500 m 的山谷林下阴湿处，很少见。分布于中国海南、广东、广西、湖南、江西、福建、台湾、浙江、江苏、安徽、贵州、云南、四川。越南、老挝、柬埔寨、马来西亚、菲律宾、斯里兰卡、日本、朝鲜以及澳大利亚、热带美洲也有分布。

P26. 蕨科

PTERIDIACEAE

蕨属 Pteridium Scopoli

蕨

Pteridium aquilinum (L.) Kuhn var. **latiusculum** (Desv.) Underw. ex Heller

　　草本。产于玉林市、北海市、钦州市、防城港市、南宁市、崇左市、百色市。生于海拔 1600 m 以下的山坡以及林缘阳光充足的地方,很常见。分布于中国各地,主产于长江流域。世界热带以及温带地区也有分布。

栗蕨属 Histiopteris (Agardh) J. Smith

栗蕨

Histiopteris incisa (Thunb.) J. Smith

　　草本。产于防城、上思、龙州。生于海拔 100 ~ 1500 m 林下、灌草丛，常见。分布于中国海南、广东、广西、台湾、云南。印度、不丹、日本、泛热带地区以及马达加斯加也有分布。

凤尾蕨属 Pteris L.

条纹凤尾蕨

Pteris cadieri H. Christ

　　草本。产于上思、南宁、扶绥、宁明、龙州、大新、平果、靖西。生于海拔 300 ~ 800 m 的林下溪边岩石旁，少见。分布于中国广东、广西、福建、台湾、贵州。越南、琉球群岛也有分布。

多羽凤尾蕨

Pteris decrescens H. Christ

　　草本。产于崇左、宁明、龙州、大新、天等、平果、德保、靖西、那坡。生于海拔 200～1200 m 的石灰岩林下，少见。分布于中国广东、广西、贵州、云南。越南、泰国、柬埔寨也有分布。

全缘凤尾蕨

Pteris insignis Mett. ex Kuhn

　　草本。产于防城、宁明、靖西、那坡。生于海拔 300～1300 m 的山谷中阴湿的密林下或水沟旁，少见。分布于中国海南、广东、广西、湖南、江西、福建、浙江、贵州、云南。越南、马来西亚也有分布。

斜羽凤尾蕨

Pteris oshimensis Hieron.

　　草本。产于宁明、龙州、平果、靖西、那坡。生于海拔 250 ~ 400 m 的沟谷溪边或石灰岩林下，少见。分布于中国海南、广东、广西、湖南、江西、福建、浙江、贵州、四川。越南、日本也有分布。

栗柄凤尾蕨

Pteris plumbea Christ

　　草本。产于灵山、南宁、扶绥、宁明、平果、靖西。生于疏林下，少见。分布于中国海南、广东、广西、湖南、江西、福建、浙江、江苏。越南、柬埔寨、菲律宾、印度以及琉球群岛也有分布。

半边旗

Pteris semipinnata L.

　　草本。产于玉林、容县、陆川、博白、北流、浦北、防城、上思、南宁、隆安、横县、宁明、龙州、百色、德保、那坡。生于海拔 850 m 以下的疏林下或灌丛中，常见。分布于中国海南、广东、广西、湖南、江西、福建、台湾、贵州、云南、四川。越南、老挝、泰国、缅甸、马来西亚、菲律宾、印度、斯里兰卡以及琉球群岛也有分布。

隆林凤尾蕨

Pteris splendida Ching ex Ching & S. H. Wu

　　草本。产于平果、那坡。生于海拔 500～1200 m 的阔叶林下，少见。分布于中国广西、湖南、贵州。

蜈蚣凤尾蕨（蜈蚣草）

Pteris vittata L.

　　草本。产于南宁、龙州、大新、田东、平果、德保、靖西、那坡。生于灌丛、草丛、路边，很常见。分布于中国秦岭以南。旧大陆热带、亚热带地区均有分布。

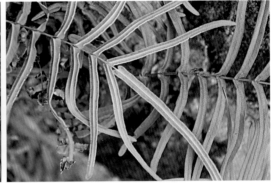

西南凤尾蕨

Pteris wallichiana J. Agardh

　　草本。产于北流、防城、百色、那坡。生于海拔 300 ~ 1300 m 的沟谷溪边或林缘阴湿处，少见。分布于中国海南、广东、广西、湖南、台湾、重庆、贵州、云南、四川、西藏。越南、老挝、泰国、马来西亚、印度尼西亚、菲律宾、印度、尼泊尔、不丹、日本也有分布。

P28. 卤蕨科
ACROSTICHACEAE

卤蕨属 Acrostichum L.

卤蕨

Acrostichum aureum L.

　　草本。产于北海、合浦、钦州、防城、东兴。生于海边泥滩或河岸边，常见。分布于中国海南、广东、广西、台湾、云南。亚洲热带地区、非洲、美洲热带地区也有分布。

P30. 中国蕨科
SINOPTERIDACEAE

粉背蕨属 Aleuritopteris Fée

银粉背蕨
Aleuritopteris argentea (Gmél.) Fée

　　草本。产于龙州、大新、平果、靖西、那坡。生于海拔1500 m以下的石缝、悬崖、岩壁中，少见。分布于中国各地。尼泊尔、不丹、日本、朝鲜、蒙古、俄罗斯也有分布。

碎米蕨属 Cheilosoria Trev.

毛轴碎米蕨
Cheilosoria chusana (Hook.) Ching & Shing

　　草本。产于玉林、灵山、防城、上思、隆安、崇左、扶绥、龙州、大新、天等、百色、平果、靖西。生于海拔850 m以下的林下、溪边石缝，常见。分布于中国海南、广东、广西、湖南、江西、台湾、浙江、江苏、安徽、湖北、重庆、贵州、四川、甘肃、陕西、河南。越南、菲律宾、日本、朝鲜也有分布。

碎米蕨

Cheilosoria mysurensis (Wall. ex Hook.) Ching & Shing

草本。产于上思、龙州、平果、靖西。生于海拔 300～500 m 的灌丛或溪旁石上，少见。分布于中国海南、广东、广西、福建、台湾。越南、印度、斯里兰卡也有分布。

金粉蕨属 Onychium Kaulf.

野雉尾金粉蕨

Onychium japonicum (Thunb.) Kunze

草本。产于容县、陆川、防城、上思、南宁、龙州、大新、平果。生于海拔 200～1200 m 的林缘、山坡、沟边或路旁，常见。分布于中国广西、湖南、江西、福建、台湾、浙江、江苏、安徽、湖北、贵州、云南、四川、甘肃、陕西、河南、山东、河北。泰国、日本、大洋洲也有分布。

P31. 铁线蕨科
ADIANTACEAE

铁线蕨属 Adiantum L.

团羽铁线蕨

Adiantum capillus-junonis Rupr.

　　草本。产于平果、靖西、那坡。生于海拔 150～800 m 的林下或灌丛，少见。分布于中国广东、广西、台湾、贵州、云南、四川、甘肃、河南、山东、河北、北京。日本也有分布。

条裂铁线蕨

Adiantum capillus-veneris (L.) Hook. var. **dissectum** (Mart. & Galeot.) Ching

草本。产于龙州、大新、平果、德保、靖西、那坡。生于海拔 200～1100 m 的石灰岩地区岩洞底部或岩壁上，常见。分布于中国广东、广西、湖南、福建、重庆、贵州、云南、四川、北京。越南、日本也有分布。

扇叶铁线蕨

Adiantum flabellulatum L.

草本。产于玉林、容县、博白、北流、北海、钦州、防城、上思、南宁、隆安、横县、崇左、宁明、龙州、大新、凭祥、百色、平果、德保、靖西。生于海拔 900 m 以下林下、灌丛、路边，很常见。分布于中国海南、广东、广西、湖南、江西、福建、台湾、浙江、安徽、贵州、云南、四川。越南、泰国、缅甸、马来西亚、印度尼西亚、菲律宾、印度、斯里兰卡、日本也有分布。

白垩铁线蕨

Adiantum gravesii Hance

　　草本。产于隆安、龙州、平果。生于海拔
200～1400 m 的湿润石壁或岩洞中，少见。分布于中国
广东、广西、湖南、浙江、湖北、贵州、云南、四川。
越南也有分布。

圆柄铁线蕨

Adiantum induratum Christ

　　草本。产于龙州、百色。生于海拔800 m 以下的路旁、
林下酸性土上或林缘，少见。分布于中国海南、广东、广西、
云南。越南也有分布。

假鞭叶铁线蕨

Adiantum malesianum Ghatak

　　草本。产于灵山、防城、南宁、崇左、龙州、大新、天等、平果、德保、靖西、那坡。生于海拔1000 m以下的山坡林下或灌丛中，常见。分布于中国海南、广东、广西、湖南、江西、台湾、贵州、云南、四川。越南、泰国、缅甸、马来西亚、印度尼西亚、菲律宾、印度、斯里兰卡以及太平洋岛屿也有分布。

翅柄铁线蕨

Adiantum soboliferum (Wall.) ex Hook.

　　草本。产于龙州、百色、那坡。生于海拔300～800 m的林下潮湿处，少见。分布于中国海南、广东、广西、台湾、云南。越南、印度尼西亚、菲律宾、印度、尼泊尔以及非洲西部热带地区也有分布。

P32. 水蕨科
PARKERIACEAE

水蕨属 Ceratopteris Brongn.

水蕨

Ceratopteris thalictroides (L.) Brongn.

  草本。产于北海、防城、上思、崇左、扶绥、龙州、百色。生于海拔 1100 m 以下的田野、沟边或池塘边淤泥中，少见。分布于中国海南、广东、广西、江西、福建、台湾、浙江、江苏、安徽、湖北、贵州、云南、四川、山东。世界热带、亚热带地区也有分布。

P34. 车前蕨科
ANTROPHYACEAE

车前蕨属 Antrophyum Kaulf.

车前蕨

Antrophyum henryi Hieron.

　　草本。产于上思、隆安、龙州、靖西、那坡。
生于海拔 150 ~ 1200 m 的林中溪边岩石上，亦见于
山谷树干上，很少见。分布于中国海南、广东、广西、
台湾、贵州、云南。越南、泰国、印度也有分布。

P35. 书带蕨科

VITTARIACEAE

书带蕨属 Haplopteris C. Presl

书带蕨

Haplopteris flexuosa (Fée) E. H. Crane.

　　草本。产于容县、防城、上思、南宁、宁明、大新、那坡。生于海拔200～1300 m的树干上或林下岩石上，常见。分布于中国海南、广东、广西、湖南、江西、福建、台湾、浙江、江苏、安徽、湖北、重庆、贵州、云南、四川、西藏。越南、老挝、泰国、柬埔寨、缅甸、印度、尼泊尔、不丹、日本以及朝鲜半岛也有分布。

P36. 蹄盖蕨科
ATHYRIACEAE

短肠蕨属 Allantodia R. Br.

毛柄短肠蕨（膨大短肠蕨）

Allantodia dilatata (Blume) Ching

Allantodia crinipes (Ching) Ching

　　草本。产于北流、防城、南宁、扶绥、宁明、龙州、百色、平果、靖西、那坡。生于海拔 150 ~ 900 m 的阔叶林下、沟谷溪边或石灰岩地带，常见。分布于中国海南、广东、广西、台湾、贵州、云南、四川。越南、老挝、泰国、缅甸、马来西亚、印度尼西亚、菲律宾、印度、尼泊尔、日本、澳大利亚以及太平洋岛屿也有分布。

光脚短肠蕨

Allantodia doederleinii (Luerss.) Ching

　　草本。产于玉林、北流、防城、上思、龙州、靖西、那坡。生于海拔 400 ~ 1100 m 的阴湿山谷阔叶林下，少见。分布于中国海南、广东、香港、广西、湖南、福建、台湾、浙江、贵州、云南、四川。越南、日本也有分布。

鳞轴短肠蕨

Allantodia hirtipes (Christ) Ching

　　草本。产于宁明。生于海拔 200 ~ 1300 m 的山谷密林下阴湿沟边，很少见。分布于中国广西、湖南、湖北、重庆、贵州、云南、四川。越南也有分布。

大叶短肠蕨

Allantodia maxima (Don) Ching

草本。产于龙州、那坡。生于海拔 700 ~ 1000 m 的山地沟谷常绿阔叶林下，少见。分布于中国海南、广西、江西、福建、贵州、云南。缅甸、印度、尼泊尔、不丹也有分布。

大羽短肠蕨

Allantodia megaphylla (Baker) Ching

草本。产于上思、扶绥、龙州、百色、靖西、那坡。生于海拔 400 ~ 1300 m 的石灰岩林下，少见。分布于中国广西、台湾、重庆、贵州、云南、四川。越南、泰国、缅甸也有分布。

假镰羽短肠蕨

Allantodia petrii (Tard.-Blot) Ching

　　草本。产于玉林、防城、上思、百色、那坡。生于海拔 300 ~ 1300 m 的阔叶林下或溪边，少见。分布于中国海南、广东、广西、台湾、浙江、贵州、云南。越南、菲律宾、日本也有分布。

双生短肠蕨

Allantodia prolixa (Rosenst.) Ching

　　草本。产于宁明、龙州、大新、百色、平果、靖西、那坡。生于海拔 200 ~ 1300 m 的石灰岩山谷疏林下，少见。分布于中国广东、广西、湖南、江西、浙江、重庆、贵州、云南。越南、泰国、日本也有分布。

拟鳞毛蕨

Athyrium cuspidatum (Bedd.) M. Kato

　　草本。产于防城、龙州、大新、百色、田阳、德保、靖西、那坡。生于海拔 400～1500 m 的常绿阔叶林下或灌丛阴湿处，少见。分布于中国广西、贵州、云南、西藏。泰国、缅甸、印度、尼泊尔、不丹、喜马拉雅西部也有分布。

菜蕨属 Callipteris Bory

菜蕨

Callipteris esculenta (Retz.) J. Smith ex T. Moore & Houlst.

　　草本。产于防城、南宁、崇左、龙州、那坡。生于海拔 1000 m 以下的山谷林下潮湿地或河沟边，常见。分布于中国广东、广西、江西、福建、台湾、浙江、安徽、贵州、云南、四川、西藏。亚洲热带和亚热带地区以及太平洋岛屿也有分布。

毛叶角蕨

Cornopteris decurrenti-alata (Hook.) Nakai f. **pillosella** (H. Ito) W. M. Chu

草本。产于那坡。生于海拔 250 ~ 1300 m 的山谷林下阴湿溪沟边，少见。分布于中国广西、湖南、江西、浙江、贵州、云南、四川。日本也有分布。

双盖蕨属 Diplazium Sw.

厚叶双盖蕨

Diplazium crassiusculum Ching

草本。产于容县、防城、横县、大新、天等。生于海拔 300 ~ 1300 m 的阔叶林下，少见。分布于中国广东、广西、湖南、江西、福建、浙江、贵州。日本也有分布。

双盖蕨

Diplazium donianum (Mett.) Tard.-Blot

　　草本。产于玉林、容县、博白、防城、上思、龙州、天等、百色、那坡。生于海拔 300 ~ 1200 m 的山谷林下，常见。分布于中国海南、香港、广西、福建、台湾、安徽、云南。亚洲热带地区均有分布。

单叶双盖蕨

Diplazium subsinuatum (Wall. ex Hook. & Grev.) Tagawa

　　草本。产于防城、南宁、龙州、靖西、那坡。生于海拔 100 ~ 1200 m 的溪旁林下或田野，常见。分布于中国海南、广东、广西、湖南、江西、福建、台湾、浙江、江苏、安徽、贵州、云南、四川、河南。越南、缅甸、尼泊尔、印度、斯里兰卡、菲律宾、日本也有分布。

喜钙轴果蕨

Rhachidosorus consimilis Ching

　　草本。产于宁明、龙州、大新、平果、德保、靖西、那坡。生于海拔 250 ~ 1000 m 的石灰岩林下，少见。分布于中国贵州、云南、四川。

云贵轴果蕨

Rhachidosorus truncatus Ching

　　草本。产于大新、靖西、那坡。生于海拔 800 ~ 1200 m 的石灰岩林下，少见。分布于中国广西、贵州、云南。

P37. 肿足蕨科

HYPODEMATIACEAE

肿足蕨属 Hypodematium Kunze

肿足蕨

Hypodematium crenatum (Forssk.) Kuhn

　　草本。产于陆川、宁明、龙州、平果、靖西、那坡。生于海拔 100 ~ 1000 m 的阔叶林下，石灰岩地区常见。分布于中国海南、广东、广西、台湾、安徽、贵州、云南、四川、甘肃、河南。亚洲热带地区以及非洲也有分布。

P38. 金星蕨科
THELYPTERIDACEAE

星毛蕨属 Ampelopteris Kunze

星毛蕨

Ampelopteris prolifera (Retz.) Copel.

　　草本。产于南宁、横县、龙州、宁明、大新、百色、平果。生于海拔1100 m以下的河流、库塘等湿地旁，常见。分布于中国海南、广东、广西、湖南、江西、福建、台湾、贵州、云南、四川。东半球的热带、亚热带地区也有分布。

毛蕨属 Cyclosorus Link

渐尖毛蕨

Cyclosorus acuminatus (Houtt.) Nakai ex H. Itô

　　草本。产于容县、北流、防城、南宁、崇左、宁明、龙州、百色、平果、德保。生于海拔1500 m以下的灌丛、草地、田边、路旁、沟旁湿地或山谷乱石中，常见。分布于中国海南、广东、广西、湖南、江西、福建、台湾、浙江、江苏、安徽、湖北、重庆、贵州、云南、四川、甘肃、陕西、河南、山东。印度、日本也有分布。

闽台毛蕨

Cyclosorus jaculosus (Christ) H. Itô

　　草本。产于平果。生于海拔 500 ~ 700 m 的山谷石上或林下潮湿地，少见。分布于中国广西、福建、台湾。日本也有分布。

美丽毛蕨（针毛毛蕨）

Cyclosorus molliusculus (Wall. ex Kuhn) Ching

　　草本。产于宁明、龙州、平果、那坡。生于海拔 350 ~ 900 m 的林下、灌丛，少见。分布于中国广西、台湾、贵州、云南。泰国、缅甸、印度、尼泊尔也有分布。

华南毛蕨

Cyclosorus parasiticus (L.) Farwell.

草本。产于玉林、容县、北流、北海、灵山、防城、南宁、隆安、崇左、龙州、百色、平果。生于海拔 1600 m 以下的山谷林下、溪边、路旁阴湿处,很常见。分布于中国海南、广东、广西、湖南、江西、福建、台湾、浙江、重庆。越南、泰国、缅甸、印度尼西亚、菲律宾、印度、尼泊尔、斯里兰卡、日本、朝鲜也有分布。

无腺毛蕨

Cyclosorus procurrens (Mett.) Copel.

草本。产于平果。生于海拔 300 ~ 800 m 的林下或灌丛,少见。分布于中国海南、广东、广西、台湾、贵州、云南。缅甸、马来西亚、印度尼西亚、菲律宾、印度也有分布。

楔形毛蕨

Cyclosorus pseudocunneatus Ching ex Shing

草本。产于龙州、平果。生于海拔 300 ~ 600 m 的石灰岩林下，很少见。分布于中国广西。

圣蕨属 Dictyocline T. Moore

圣蕨

Dictyocline griffithii T. Moore

草本。产于容县、上思、那坡。生于海拔 600 ~ 1300 m 的密林下或沟边，少见。分布于中国海南、广西、江西、福建、台湾、浙江、贵州、云南、四川。越南、缅甸、印度、日本也有分布。

龙津蕨

Mesopteris tonkinensis (C. Chr.) Ching

草本。产于龙州、大新、平果。生于海拔480～500 m的石灰岩林下、灌丛，很少见。分布于中国广西。越南也有分布。

新月蕨属 Pronephrium C. Presl

红色新月蕨

Pronephrium lakhimpurense (Rosenst.) Holtt.

草本。产于防城、上思、龙州、德保、靖西、那坡。生于海拔250～900 m的山谷或溪边林下，少见。分布于中国广东、广西、江西、福建、重庆、云南、四川。越南、泰国、缅甸、印度也有分布。

披针新月蕨

Pronephrium penangianum (Hook.) Holtt.

草本。产于容县、龙州、平果、靖西。生于海拔 150 ~ 1200 m 的疏林下或沟谷岩壁上，少见。分布于中国广东、广西、湖南、江西、浙江、湖北、贵州、四川、河南。印度、尼泊尔、不丹、巴基斯坦也有分布。

假毛蕨属 Pseudocyclosorus Ching

镰片假毛蕨

Pseudocyclosorus falcilobus (Hook.) Ching

草本。产于玉林、容县、北流、防城、上思、扶绥、宁明、靖西。生于海拔 300 ~ 1000 m 的山谷水边，少见。分布于中国海南、广东、广西、福建、浙江、云南。越南、老挝、泰国、缅甸、印度、日本也有分布。

普通假毛蕨

Pseudocyclosorus subochthodes (Ching) Ching

　　草本。产于北流、上思、扶绥、那坡。生于海拔 300 ~ 1250 m 以下的林下湿处或山谷石上，少见。分布于中国广东、广西、湖南、江西、福建、浙江、安徽、贵州、云南、四川。日本、韩国也有分布。

紫柄蕨属 Pseudophegopteris Ching

紫柄蕨

Pseudophegopteris pyrrhorhachis (Kunze) Ching

　　草本。产于上思、宁明、那坡。生于海拔 400 ~ 1300 m 的溪边林下，少见。分布于中国广东、广西、湖南、江西、福建、台湾、湖北、重庆、贵州、云南、四川、甘肃、河南。越南、缅甸、印度、尼泊尔、不丹、斯里兰卡也有分布。

P39. 铁角蕨科

ASPLENIACEAE

铁角蕨属 Asplenium L.

南方铁角蕨

Asplenium belangeri Kunze

　　草本。产于隆安、宁明、龙州、大新、凭祥、田阳、平果、靖西、那坡。生于海拔 100 ~ 1100 m 的石灰岩林下或灌丛中，常见。分布于中国海南、广西。越南、马来西亚、印度尼西亚、印度也有分布。

线裂铁角蕨

Asplenium coenobiale Hance

草本。产于龙州、平果、德保、靖西、那坡。生于海拔 100～800 m 的林下溪边石上，少见。分布于中国广东、广西、福建、台湾、贵州、云南、四川。越南也有分布。

剑叶铁角蕨

Asplenium ensiforme Wall. ex Hook. & Grev.

草本。产于龙州、大新、那坡。生于海拔 400～1300 m 的阔叶林下，少见。分布于中国广东、广西、湖南、江西、台湾、贵州、云南、四川、西藏。越南、泰国、缅甸、印度、尼泊尔、不丹、斯里兰卡、日本也有分布。

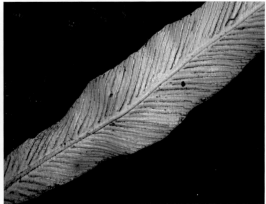

北京铁角蕨

Asplenium pekinense Hance

　　草本。产于龙州、大新、田东、平果、德保、靖西、那坡。生于海拔 200～1600 m 的岩石上或石缝中，少见。分布于中国广东、广西、湖南、福建、台湾、浙江、江苏、湖北、贵州、云南、四川、甘肃、宁夏、陕西、山西、河南、山东、河北、内蒙古。印度、日本、朝鲜也有分布。

镰叶铁角蕨

Asplenium polyodon G. Forster

　　草本。产于扶绥、龙州、大新、德保、靖西。生于海拔 200～900 m 的密林下石上。分布于中国海南、广东、广西、台湾、贵州、云南。越南、缅甸、马来西亚、印度尼西亚、菲律宾、印度、斯里兰卡、澳大利亚以及热带非洲、太平洋岛屿、印度洋岛屿也有分布。

长叶铁角蕨

Asplenium prolongatum Hook.

　　草本。产于容县、钦州、防城、上思、东兴、宁明、龙州、靖西、那坡。生于海拔 200 ~ 1400 m 的山地林下阴湿处石上或树干上，常见。分布于中国海南、广东、广西、湖南、江西、福建、台湾、浙江、安徽、湖北、贵州、云南、四川、西藏、甘肃、河南。越南、缅甸、马来西亚、印度、斯里兰卡、日本、韩国、太平洋岛屿（斐济）也有分布。

假大羽铁角蕨

Asplenium pseudolaserpitiifolium Ching

　　草本。产于防城、上思、南宁、龙州、靖西。生于海拔 100 ~ 900 m 的林下溪边岩石上，少见。分布于中国海南、广东、广西、湖南、福建、台湾、云南。越南、印度尼西亚、印度、菲律宾也有分布。

岭南铁角蕨

Asplenium sampsonii Hance

　　草本。产于崇左、宁明、龙州、大新、凭祥、百色、平果、靖西。生于海拔 300 ～ 700 m 的石灰岩林下，少见。分布于中国海南、广东、广西、贵州、云南。

石生铁角蕨

Asplenium saxicola Rosent.

　　草本。产于灵山、南宁、隆安、崇左、宁明、龙州、大新、天等、平果、德保、靖西、那坡。生于海拔 100 ～ 1200 m 的林下或灌丛，常见。分布于中国海南、广东、广西、湖南、重庆、贵州、云南、四川。越南也有分布。

半边铁角蕨

Asplenium unilaterale Lam.

　　草本。产于防城、隆安、横县、崇左、扶绥、宁明、龙州、大新、天等、凭祥、百色、田阳、田东、平果、德保、靖西、那坡。生于海拔 200～1300 m 的石灰岩林下，少见。分布于中国海南、广东、广西、湖南、江西、台湾、湖北、贵州、云南、四川。越南、缅甸、马来西亚、印度尼西亚、菲律宾、印度、斯里兰卡、日本、马达加斯加也有分布。

狭翅铁角蕨

Asplenium wrightii Eaton ex Hook.

　　草本。产于容县、北流、防城、龙州。生于海拔 200～1100 m 的林下溪边岩石上，少见。分布于中国海南、广东、广西、湖南、江西、福建、台湾、浙江、江苏、安徽、贵州、云南、四川。越南、日本、朝鲜也有分布。

细辛蕨

Boniniella cardiophylla (Hance) Tagawa

草本。产于龙州、大新。生于海拔 300 ~ 450 m 的石灰岩林下，少见。分布于中国海南、广西、台湾。越南也有分布。

巢蕨属 Neottopteris J. Smith

大鳞巢蕨

Neottopteris antiqua (Makino) Masam.

草本。产于防城、上思、平果。生于海拔 350 ~ 500 m 的山谷林下岩石或树干上，很少见。分布于中国海南、广东、广西、福建、台湾。日本、朝鲜也有分布。

狭翅巢蕨

Neottopteris antrophyoides (Christ) Ching

　　草本。产于龙州、平果、德保、那坡。生于海拔 100 ~ 1200 m 的林下石上，少见。分布于中国海南、广东、广西、湖南、贵州、云南、四川。越南、老挝、泰国也有分布。

巢蕨

Neottopteris nidus (L.) J. Smith

　　草本。产于防城、上思、隆安、扶绥、宁明、龙州、大新、凭祥、德保、那坡。生于海拔 150 ~ 1000 m 的林中树干或岩石上，常见。分布于中国海南、广东、广西、台湾、贵州、云南、西藏。越南、泰国、柬埔寨、缅甸、马来西亚、印度尼西亚、菲律宾、印度、斯里兰卡、琉球群岛、西印度洋群岛以及非洲东部也有分布。

P42. 乌毛蕨科

BLECHNACEAE

乌毛蕨属 Blechnum L.

乌毛蕨

Blechnum orientale L.

草本。产于玉林、容县、合浦、钦州、防城、南宁、隆安、横县、扶绥、龙州、百色、德保、靖西、那坡。生于海拔 1200 m 以下的山坡灌丛、草丛、路边，很常见。分布于中国海南、广东、广西、湖南、江西、福建、台湾、浙江、重庆、贵州、云南、四川、西藏。日本、澳大利亚、热带亚洲、太平洋岛屿也有分布。

苏铁蕨

Brainea insignis (Hook.) J. Smith

　　草本。产于容县、南宁、宁明、博白、北流、防城、扶绥、百色、靖西。生于海拔 300 ~ 900 m 的山坡向阳处或林下，很少见。分布于中国海南、广东、广西、福建、台湾、贵州、云南。亚洲热带地区也有分布。

狗脊属 Woodwardia Smith

狗脊

Woodwardia japonica (L. f.) Smith

　　草本。产于玉林、容县、上思、南宁、扶绥、龙州、大新、百色、平果、德保、那坡。生于海拔 100 ~ 1600 m 的疏林下、灌草丛，很常见。分布于中国长江流域以南各省区。日本、朝鲜也有分布。

P45. 鳞毛蕨科
DRYOPTERIDACEAE

复叶耳蕨属 Arachniodes Blume

假斜方复叶耳蕨

Arachniodes hekiana Kurata

  草本。产于那坡。生于海拔 800 ~ 1200 m 的阔叶林下，少见。分布于中国广东、广西、湖南、福建、浙江、安徽、重庆、贵州、云南、四川。日本也有分布。

柳叶蕨

Cyrtogonellum fraxinellum (Christ) Ching

　　草本。产于防城、上思、龙州、平果、靖西、那坡。生于海拔 600 ~ 1100 m 的石灰岩林下，少见。分布于中国广西、台湾、贵州、云南、四川。越南也有分布。

贯众属 Cyrtomium C. Presl

镰羽贯众

Cyrtomium balansae (Christ) C. Chr.

　　草本。产于容县、防城、龙州、那坡。生于海拔 300 ~ 1300 m 的林下，少见。分布于中国海南、广东、广西、湖南、江西、福建、浙江、安徽、贵州。越南、日本也有分布。

刺齿贯众

Cyrtomium caryotideum (Wall. ex Hook. & Grev.) C. Presl

　　草本。产于德保、靖西、那坡。生于海拔 700～1300 m 的林下，少见。分布于中国广东、广西、湖南、江西、台湾、湖北、重庆、贵州、云南、四川、西藏、甘肃、陕西。越南、菲律宾、印度、尼泊尔、不丹、巴基斯坦、日本也有分布。

贯众

Cyrtomium fortunei J. Smith

　　草本。产于防城、龙州、百色、平果、德保、那坡。生于海拔 200～1200 m 的林下、灌丛、路旁，少见。分布于中国海南、广东、广西、湖南、江西、福建、台湾、浙江、江苏、安徽、湖北、重庆、贵州、云南、四川、甘肃、陕西、山西、河南、山东、河北。越南、泰国、印度、尼泊尔、日本、朝鲜也有分布。

无盖鳞毛蕨

Dryopteris scottii (Bedd.) Ching ex C. Chr.

　　草本。产于容县、防城、那坡。生于海拔 600 ~ 1300 m 的阔叶林下，少见。分布于中国海南、广东、广西、江西、福建、台湾、浙江、江苏、安徽、贵州、云南、四川。越南、泰国、缅甸、印度、不丹、日本也有分布。

三角鳞毛蕨

Dryopteris subtriangularis (Hope) C. Chr.

　　草本。产于防城、上思、扶绥、龙州、那坡。生于海拔 500 ~ 1100 m 的林下，少见。分布于中国海南、广西、台湾、贵州、云南、四川、西藏。越南、泰国、缅甸、菲律宾、印度也有分布。

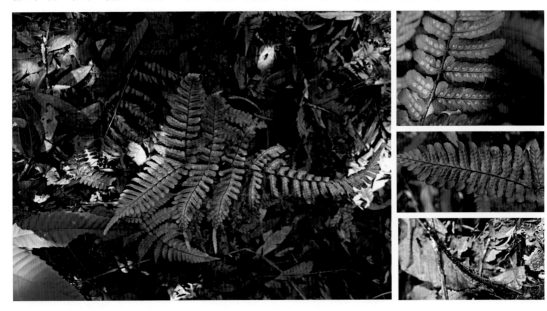

陈氏耳蕨

Polystichum chunii Ching

　　草本。产于防城、上思、那坡。生于海拔 300～800 m 的山谷阔叶林下岩石上，很少见。分布于中国广东、广西、湖南、贵州、云南。

虎克耳蕨

Polystichum hookerianum (C. Presl) C. Chr.

　　草本。产于那坡。生于海拔 600～1500 m 的林下，少见。分布于中国广西、湖南、台湾、贵州、云南、四川、西藏。越南、印度、尼泊尔、不丹也有分布。

灰绿耳蕨

Polystichum scariosum C. V. Morton

草本。产于防城、德保、那坡。生于海拔 300～1500 m 的山谷阔叶林下溪边，少见。分布于中国海南、香港、广西、湖南、江西、台湾、浙江、贵州、云南、四川。越南、泰国、斯里兰卡、日本也有分布。

P46. 叉蕨科
TECTARIACEAE

轴脉蕨属 Ctenitopsis Ching ex Tard.-Blot & C. Chr.

毛叶轴脉蕨

Ctenitopsis devexa (Kunze) Ching & C. H. Wang

　　草本。产于灵山、南宁、隆安、横县、崇左、扶绥、宁明、龙州、大新、天等、凭祥、百色、田阳、田东、平果、德保、靖西、那坡。生于海拔 100 ~ 1000 m 的石灰岩林下，很常见。分布于中国海南、广东、广西、台湾、贵州、云南、四川。亚洲热带地区均有分布。

轴脉蕨

Ctenitopsis sagenioides (Mett.) Ching

　　草本。产于宁明、龙州、百色。生于海拔 100 ~ 500 m 的山谷林下，少见。分布于中国海南、广西、云南。越南、泰国、缅甸、马来西亚、印度尼西亚、印度也有分布。

沙皮蕨

Hemigramma decurrens (Hook.) Copel.

草本。产于博白、防城、上思、东兴、南宁、隆安、宁明。生于海拔 300 ~ 800 m 的密林下阴湿处，少见。分布于中国海南、广东、广西、福建、台湾、云南。越南、琉球群岛也有分布。

牙蕨属 Pteridrys C. Chr. & Ching

薄叶牙蕨

Pteridrys cnemidaria (Christ) C. Chr. & Ching

草本。产于上思、隆安、德保、那坡。生于海拔 400 ~ 800 m 的山谷密林下，少见。分布于中国广西、台湾、贵州、云南。越南、老挝、缅甸、印度也有分布。

地耳蕨

Quercifilix zeylanica (Houtt.) Copel.

　　草本。产于上思、南宁、隆安、崇左、宁明、龙州、大新、凭祥、百色、靖西、那坡。生于海拔150～900 m 的林下或溪旁，常见。分布于中国海南、广东、广西、福建、台湾、贵州、云南。越南、马来西亚、印度尼西亚、印度、斯里兰卡、波利尼西亚、毛里求斯等热带地区也有分布。

叉蕨属 Tectaria Cav.

下延叉蕨

Tectaria decurrens (C. Presl) Copel.

　　草本。产于上思、宁明、龙州、百色、田阳、那坡。生于海拔200～400 m 的山谷林下阴湿处，常见。分布于中国海南、广东、广西、福建、台湾、云南。越南、缅甸、印度尼西亚、菲律宾、印度、日本也有分布。

条裂叉蕨

Tectaria phaeocaulis (Rosenst.) C. Chr.

Tectaria laciniata Ching

    草本。产于防城、东兴、南宁、龙州、德保、靖西、那坡。生于海拔 200 ~ 800 m 的山谷或河边密林下阴湿处，少见。分布于中国海南、广东、广西、江西、福建、台湾、云南。越南、泰国、印度尼西亚、琉球群岛也有分布。

洛克叉蕨

Tectaria rockii C. Chr.

    草本。产于平果。生于海拔 700 ~ 1200 m 的石灰岩林下，少见。分布于中国海南、广西、台湾、贵州、云南。越南、泰国、缅甸、印度也有分布。

燕尾叉蕨

Tectaria simonsii (Baker) Ching

草本。产于上思、南宁、扶绥、宁明、龙州、大新、百色、靖西、那坡。生于海拔 200 ~ 900 m 的山谷或河边密林下,少见。分布于中国海南、广东、广西、福建、台湾、贵州、云南。越南、印度也有分布。

掌状叉蕨

Tectaria subpedata (Harr.) Ching

草本。产于隆安、宁明、龙州、大新、百色、平果、德保、靖西、那坡。生于海拔 100 ~ 700 m 的林下或灌丛中,常见。分布于中国广西、台湾、贵州。越南、缅甸也有分布。

P47. 实蕨科

BOLBITIDACEAE

实蕨属 Bolbitis Schott

河口实蕨

Bolbitis hekouensis Ching

草本。产于大新、靖西。生于石灰岩林下，很少见。分布于中国海南、广西、云南。

P49. 舌蕨科
ELAPHOGLOSSACEAE

舌蕨属 Elaphoglossum Schott

华南舌蕨

Elaphoglossum yoshinagae (Yatabe) Makino

草本。产于防城、上思。生于海拔 300 ~ 1100 m 的山地林下、溪边石上，少见。分布于中国海南、广东、广西、湖南、江西、福建、台湾、贵州。日本也有分布。

P50. 肾蕨科

NEPHROLEPIDACEAE

爬树蕨属 Arthropteris J. Smith ex Hook. f.

爬树蕨

Arthropteris palisotii (Desv.) Alston

　　草本。产于宁明、龙州、百色、德保。生于海拔 200 ~ 600 m 的石灰岩地区，附生于树干或石壁上，少见。分布于中国海南、广西、台湾、云南。越南、马来西亚、印度尼西亚、菲律宾、印度、日本、澳大利亚以及非洲、太平洋岛屿也有分布。

肾蕨

Nephrolepis cordifolia (L.) C. Presl
Nephrolepis auriculata (L.) Trimen

　　草本。产于玉林、容县、防城、上思、南宁、隆安、崇左、扶绥、龙州、大新、天等、百色、平果、德保、靖西、那坡。生于海拔1200 m以下的山地林中石上或树干上，很常见。分布于中国海南、广东、广西、湖南、福建、台湾、浙江、贵州、云南、四川、西藏。世界热带、亚热带地区也有分布。

毛叶肾蕨

Nephrolepis hirsutula (G. Forst.) C. Presl

　　草本。产于北海、钦州、防城、上思、东兴、南宁、那坡。生于海拔100～300 m的灌丛中或附生于石壁上，常见。分布于中国海南、广东、广西、福建、台湾、云南。越南、老挝、泰国、柬埔寨、缅甸、马来西亚、印度尼西亚、新加坡、菲律宾、印度、斯里兰卡、日本、澳大利亚、太平洋岛屿也有分布。

P51. 条蕨科
OLEANDRACEAE

条蕨属 Oleandra Cav.

波边条蕨

Oleandra undulata (Willd.) Ching

　　草本。产于防城、上思。生于海拔 350～1200 m 的山地石缝中或林下石上，少见。分布于中国海南、广东、广西、云南、四川、西藏。越南、老挝、泰国、缅甸、印度也有分布。

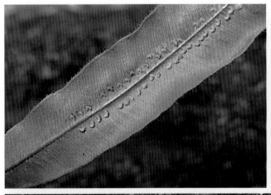 

P52. 骨碎补科

DAVALLIACEAE

骨碎补属 Davallia Smith

大叶骨碎补

Davallia divaricata Blume

草本。产于陆川、上思、龙州、德保、靖西、那坡。生于海拔 400 ～ 900 m 的山谷岩石或树干上，少见。分布于中国海南、广东、广西、福建、台湾、云南。越南、老挝、泰国、柬埔寨、缅甸、马来西亚、印度尼西亚、菲律宾、印度、巴布亚新几内亚、太平洋岛屿也有分布。

阴石蕨

Humata repens (L. f.) Diels

    草本。产于上思、靖西、那坡。生于海拔 300 ~ 1200 m 的山地林中石上或树干上，少见。分布于中国海南、广东、广西、江西、福建、台湾、浙江、贵州、云南、四川。越南、泰国、柬埔寨、缅甸、马来西亚、印度尼西亚、菲律宾、印度、斯里兰卡、日本、澳大利亚、巴布亚新几内亚以及非洲、太平洋岛屿、印度洋岛屿也有分布。

圆盖阴石蕨

Humata tyermanii T. Moore

    草本。产于容县、合浦、上思、百色、靖西。生于海拔 100 ~ 700 m 的林中树干或岩石上，少见。分布于中国海南、广东、广西、湖南、江西、福建、台湾、浙江、贵州、云南、四川、西藏。越南、老挝也有分布。

P56. 水龙骨科
POLYPODIACEAE

高平蕨属 Caobangia A. R. Smith & X. C. Zhang

高平蕨

Caobangia squamata A. R. Smith & X. C. Zhang

　　草本。产于龙州、大新、靖西。生于海拔 400 ~ 900 m 的石灰岩山顶，很少见。分布于中国广西。越南也有分布。

线蕨属 Colysis C. Presl

掌叶线蕨

Colysis digitata (Baker) Ching

　　草本。产于玉林、容县、博白、防城、上思、宁明、龙州、那坡。生于海拔 100 ~ 1000 m 的林下阴湿处，少见。分布于中国海南、广东、广西、重庆、贵州、云南、四川。越南也有分布。

绿叶线蕨

Colysis leveillei (Christ) Ching

草本。产于北流、上思、那坡。生于海拔 300 ~ 900 m 的林下阴湿处，少见。分布于中国广东、广西、湖南、江西、福建、贵州。

具柄线蕨

Colysis pedunculata (Hook. & Grev.) Ching

草本。产于北流、防城、上思、宁明、龙州、大新、德保、靖西、那坡。生于海拔 100 ~ 800 m 的林下阴湿石上，少见。分布于中国海南、广西、云南。越南、泰国、印度尼西亚、印度也有分布。

褐叶线蕨

Colysis wrightii (Hook.) Ching

　　草本。产于北流、防城、上思、东兴、南宁、隆安、崇左、扶绥、宁明、龙州、靖西。生于海拔 100 ~ 1200 m 的林下树干或岩石上，常见。分布于中国广东、广西、江西、福建、台湾、浙江、贵州、云南。越南、日本也有分布。

伏石蕨属 Lemmaphyllum C. Presl

伏石蕨

Lemmaphyllum microphyllum C. Presl

　　草本。产于博白、北流、防城、上思、龙州、平果、德保、靖西。生于海拔 1500 m 以下的山谷林中树上或岩石上，常见。分布于中国海南、广东、广西、江西、福建、台湾、浙江、江苏、安徽、湖北、云南。越南、日本、朝鲜也有分布。

骨牌蕨

Lepidogrammitis rostrata (Bedd.) Ching

　　草本。产于玉林、防城、上思、崇左、宁明、龙州、大新、平果、那坡。生于海拔200～1600 m的林下树干或岩石上，常见。分布于中国海南、广东、广西、台湾、浙江、湖北、贵州、云南、四川、甘肃。越南、老挝、泰国、柬埔寨、缅甸、印度尼西亚、印度、尼泊尔、不丹、日本也有分布。

瓦韦属 Lepisorus (J. Smith) Ching

粤瓦韦

Lepisorus obscurevenulosus (Hayata) Ching

　　草本。产于容县、上思、百色、德保、那坡。生于海拔200～1600 m的林下树干或岩石上，常见。分布于中国广东、广西、湖南、江西、福建、台湾、浙江、安徽、重庆、贵州、云南、四川。越南、日本也有分布。

江南星蕨

Microsorum fortunei (T. Moore) Ching

　　草本。产于玉林、容县、博白、北流、钦州、防城、上思、南宁、隆安、扶绥、龙州、大新、天等、百色、平果、德保、靖西、那坡。生于海拔 1600 m 以下的林下石上或树干上，很常见。分布于中国长江以南。越南、缅甸、马来西亚、印度、不丹、日本也有分布。

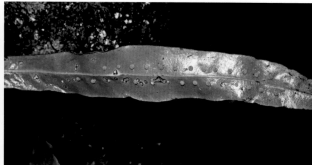

有翅星蕨

Microsorum pteropus (Blume) Copel.

　　草本。产于北流、浦北、防城、扶绥、宁明、龙州、百色、平果。生于海拔 200～800 m 的沟谷或林下石壁上，少见。分布于中国海南、广东、香港、广西、湖南、江西、福建、台湾、贵州、云南。越南、老挝、泰国、缅甸、马来西亚、印度尼西亚、菲律宾、印度、尼泊尔、日本、新几内亚也有分布。

星蕨

Microsorum punctatum (L.) Copel.

　　草本。产于玉林、博白、北流、防城、上思、南宁、隆安、横县、宁明、龙州、大新、百色、平果、德保、靖西。生于海拔1400 m以下的林下，很常见。分布于中国海南、广东、广西、湖南、福建、台湾、湖北、重庆、贵州、云南、四川、甘肃。越南、泰国、缅甸、马来西亚、印度尼西亚、菲律宾、印度、斯里兰卡、澳大利亚、巴布亚新几内亚以及非洲、太平洋岛屿、印度洋岛屿也有分布。

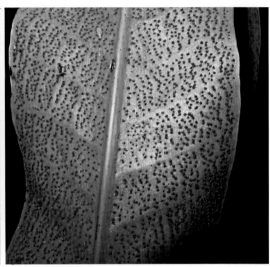

广叶星蕨

Microsorum steerei (Harr.) Ching

　　草本。产于隆安、龙州、大新、天等、凭祥、靖西。生于海拔150 ~ 800 m的石灰岩林下，常见。分布于中国广西、台湾、贵州。越南也有分布。

表面星蕨

Microsorum superficiale (Blume) Ching

草本。产于防城、大新、德保、那坡。生于海拔 400 ~ 1500 m 的林中树干或岩石上，少见。分布于中国广东、广西、湖南、江西、福建、台湾、浙江、安徽、湖北、贵州、云南、四川、西藏。越南、缅甸、印度尼西亚、印度、尼泊尔也有分布。

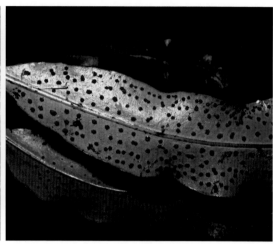

瘤蕨属 Phymatosorus Pic. Serm.

光亮瘤蕨

Phymatosorus cuspidatus (D. Don) Pic. Serm.

草本。产于玉林、容县、北流、防城、龙州、大新、百色、平果、德保、靖西、那坡。生于海拔 200 ~ 1300 m 的林缘石壁或树干上，很常见。分布于中国海南、广东、广西、贵州、云南、四川、西藏。越南、老挝、泰国、缅甸、印度、尼泊尔也有分布。

友水龙骨

Polypodiodes amoena (Wall. ex Mett.) Ching

　　草本。产于容县、北流、上思、隆安、宁明、德保、靖西、那坡。生于海拔 200～1300 m 的山谷石上或树干上，少见。分布于中国海南、广东、广西、湖南、江西、台湾、浙江、安徽、湖北、贵州、云南、四川、西藏、山西。越南、老挝、泰国、缅甸、印度、尼泊尔、不丹也有分布。

石韦属 Pyrrosia Mirbel

贴生石韦

Pyrrosia adnascens (Sw.) Ching

　　草本。产于玉林、博白、合浦、钦州、灵山、防城、上思、东兴、南宁、隆安、扶绥、宁明、龙州、大新、凭祥、平果、德保、那坡。生于海拔 600 m 以下的树干或岩石上，很常见。分布于中国海南、广东、广西、福建、台湾、云南。亚洲热带地区均有分布。

波氏石韦

Pyrrosia bonii (Christ ex Giesenh.) Ching

　　草本。产于钦州、灵山、龙州、百色、平果、靖西。生于海拔 300 ~ 1100 m 的林下岩石上，常见。分布于中国广西、贵州。越南也有分布。

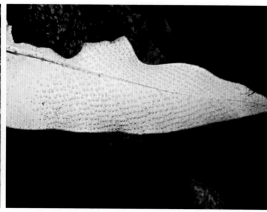

石韦

Pyrrosia lingua (Thunb.) Farwell

　　草本。产于玉林、合浦、防城、上思、南宁、龙州、平果、靖西、那坡。生于海拔 150 ~ 1200 m 的石上或树干上，很常见。分布于中国海南、广东、广西、湖南、江西、福建、台湾、浙江、江苏、安徽、贵州、云南、四川、甘肃、辽宁。越南、缅甸、印度、日本、朝鲜也有分布。

中越石韦

Pyrrosia tonkinensis (Giesenh.) Ching

　　草本。产于防城、上思、扶绥、宁明、龙州、大新、百色、平果、德保、靖西、那坡。生于海拔130～1100 m的林下树干或岩石上，少见。分布于中国海南、广东、广西、贵州、云南。越南、泰国也有分布。

毛鳞蕨属 Tricholepidium Ching

毛鳞蕨

Tricholepidium normale (D. Don) Ching

　　草本。产于百色、那坡。生于海拔700～1400 m的林下树干或石壁上，很少见。分布于中国广西、云南、西藏。泰国、缅甸、印度、尼泊尔、不丹也有分布。

 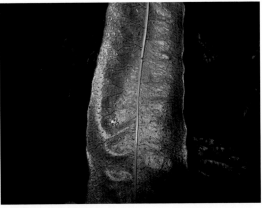

P57. 槲蕨科
DRYNARIACEAE

槲蕨属 Drynaria (Bory) J. Smith

团叶槲蕨
Drynaria bonii Christ

　　草本。产于博白、防城、隆安、扶绥、宁明、龙州、大新、百色、平果、靖西、那坡。生于海拔 250 ~ 800 m 的林下树干或岩石上，常见。分布于中国海南、广东、广西、贵州、云南。越南、泰国、柬埔寨、马来西亚、印度也有分布。

槲蕨
Drynaria roosii Nakaike

　　草本。产于玉林、容县、钦州、南宁、隆安、横县、崇左、宁明、龙州、大新、凭祥、百色、平果、德保、靖西。生于海拔 1300 m 以下的山地林中石上或树干上，常见。分布于中国广东、广西、湖南、江西、福建、江苏、安徽、湖北、重庆、贵州、云南、四川。越南、泰国、印度也有分布。

P60. 剑蕨科
LOXOGRAMMACEAE

剑蕨属 Loxogramme (Blume) C. Presl

中华剑蕨
Loxogramme chinensis Ching

　　草本。产于防城、那坡。生于海拔 800～1600 m 的阔叶林下，少见。分布于中国广东、广西、江西、福建、台湾、浙江、安徽、贵州、云南、四川、西藏。越南、缅甸、印度、尼泊尔、不丹也有分布。

老街剑蕨
Loxogramme lankokiensis (Rosenst.) C. Chr.

　　草本。产于防城、上思、龙州、靖西、那坡。生于海拔 200～850 m 的山谷林下岩石上，少见。分布于中国广东、广西、云南、西藏。越南、老挝、泰国也有分布。

P61. 蘋科
MARSILEACEAE

蘋属 Marsilea L.

蘋（田字草）

Marsilea quadrifolia L.

草本。产于玉林市、北海市、钦州市、防城港市、南宁市、崇左市、百色市。生于水田或沟塘中，少见。分布于中国长江以南，北达华北和辽宁，西至新疆。世界温带、热带地区均有分布。

P63. 满江红科

AZOLLACEAE

满江红属 Azolla Lam.

满江红

Azolla pinnata R. Br. subsp. **asiatica** R. M. K. Saunders
& K. Fowler

Azolla imbricata (Roxb.) Nakai

　　草本。产于玉林市、北海市、钦州市、防城港市、南宁市、崇左市、百色市。生于水田、沟塘或静水溪河内，常见。分布于中国华北、东北以及长江流域以南。日本、朝鲜也有分布。

裸子植物门
GYMNOSPERMAE

G1. 苏铁科
CYCADACEAE

苏铁属 Cycas L.

宽叶苏铁

Cycas balansae Warb.

Cycas shiwandashanica H. T. Chang & Y. C. Zhong

Cycas palmatifida H. T. Chang, Y. Y. Huang & Y. C. Zhong

　　常绿木本。孢子叶球期 3 ~ 5 月; 种子 9 ~ 11 月成熟。产于防城、东兴。生于海拔 100 ~ 800 m 的山谷热带雨林下或石灰岩季雨林中, 很少见。分布于中国广西、云南。越南、老挝、泰国、缅甸也有分布。

叉叶苏铁

Cycas bifida (Dyer) K. D. Hill

　　常绿木本。孢子叶球期 4 ~ 5 月; 种子 10 ~ 11 月成熟。产于防城、崇左、宁明、龙州、凭祥。生于海拔 100 ~ 700 m 的石灰岩山地灌丛或土山季雨林中, 很少见。分布于中国广西、云南。越南、老挝也有分布。

德保苏铁

Cycas debaoensis Y. C. Zhong & C. J. Chen

　　常绿木本。孢子叶球期 3 ~ 4 月; 种子 11 月成熟。产于百色、德保、那坡。生于海拔 600 ~ 1000 m 的石灰岩灌丛或疏林中, 很少见。分布于中国广西、云南。

锈毛苏铁

Cycas ferruginea F. N. Wei

常绿木本。孢子叶球期 3 ~ 4 月；种子 9 ~ 10 月成熟。产于田东、平果。生于海拔 200 ~ 500 m 的石灰岩灌丛或峭壁上，很少见。分布于中国广西。越南也有分布。

石山苏铁

Cycas miquelii Warb.

常绿木本。孢子叶球期 3 ~ 4 月；种子 8 ~ 10 月成熟。产于隆安、崇左、扶绥、宁明、龙州、大新、天等、凭祥、田阳、田东、平果、德保、靖西。生于海拔 200 ~ 500 m 的石灰岩林缘、灌丛或悬崖峭壁上，常见。分布于中国广西。越南也有分布。

苏铁

Cycas revoluta Thunb.

常绿木本。孢子叶球期 5 ~ 7 月；种子 9 ~ 10 月成熟。玉林市、北海市、钦州市、防城港市、南宁市、崇左市、百色市有栽培。分布于中国福建。印度尼西亚、菲律宾、日本也有分布。

G3. 南洋杉科
ARAUCARIACEAE

南洋杉属 Araucaria Juss.

大叶南洋杉
Araucaria bidwillii Hook.

乔木。花期 6 月；球果第三年秋后成熟。玉林市、北海市、钦州市、防城港市、南宁市、崇左市、百色市有栽培。中国广东、广西、福建、云南有栽培。原产于澳大利亚东北部。

南洋杉
Araucaria cunninghamii Sweet

乔木。玉林市、北海市、钦州市、防城港市、南宁市、崇左市、百色市有栽培。中国海南、广东、广西、福建等地有栽培。原产于大洋洲东南沿海地区。

异叶南洋杉
Araucaria heterophylla (Salisb.) Franco

乔木。花期 6 月；球果第三年秋后成熟。南宁有栽培。中国广东、广西、福建、云南有栽培。原产于大洋洲诺和克岛。

G4. 松科
PINACEAE

油杉属 Keteleeria Carr.

黄枝油杉

Keteleeria davidiana (Bertr.) Beissn.
var. **calcarea** (W. C. Cheng & L. K. Fu)
Silba

　　乔木。种子 10 ~ 11 月成熟。凭祥有栽培。分布于中国广西北部、贵州南部，多生于石灰岩山地。

松属 Pinus L.

华南五针松（广东松）

Pinus kwangtungensis Chun ex Tsiang

　　乔木。花期 4 ~ 5 月；球果翌年 10 月成熟。产于龙州、天等、靖西。生于海拔 580 ~ 1000 m 的石灰岩山顶，很少见。分布于中国海南、广东、广西、湖南、贵州。越南也有分布。

南亚松

Pinus latteri Mason

　　乔木。花期 3 ~ 4 月；球果翌年 10 ~ 11 月成熟。产于合浦、钦州、防城、东兴。生于丘陵台地或山地，很少见。分布于中国海南、广东、广西。越南、老挝、泰国、柬埔寨、缅甸也有分布。

马尾松

Pinus massoniana Lamb.

　　乔木。花期 4 ~ 5 月；球果翌年 10 ~ 12 月成熟。产于玉林市、北海市、钦州市、防城港市、南宁市、崇左市、百色市。生于海拔 700 m 以下的山脊、阳坡或岩石缝中，很常见。分布于中国江苏、安徽、陕西、河南以及长江中下游各省区。越南、非洲南部也有分布。

黄杉属 Pseudotsuga Carr.

短叶黄杉

Pseudotsuga brevifolia W. C. Cheng & L. K. Fu

　　乔木。花期 4 月；球果 10 月成熟。产于宁明、龙州、大新、靖西、那坡。生于海拔 400 ~ 1250 m 的石灰岩山坡或山顶疏林中，很少见。分布于中国广西、贵州。

G5. 杉科
TAXODIACEAE

杉木属 Cunninghamia R. Br.

杉木

Cunninghamia lanceolata (Lamb.) Hook.

乔木。花期 3 ~ 4 月；球果 10 ~ 11 月成熟。玉林市、北海市、钦州市、防城港市、南宁市、崇左市、百色市有栽培。适植于山地林中，很常见。中国秦岭以南广为栽培。越南、老挝也有分布。

水松属 Glyptostrobus Endl.

水松

Glyptostrobus pensilis (Staunt. ex D. Don) K. Koch

乔木。花期 1 ~ 2 月；球果 10 ~ 11 月成熟。产于陆川、合浦、浦北、防城、天等。生于海拔 1000 m 以下的地区，很少见。分布于中国海南、广东、广西、江西、福建、云南、四川。越南也有分布。

落羽杉属 Taxodium Rich.

池杉

Taxodium distichum (L.) Rich. var. **imbricatum** (Nutt.) Croom
Taxodium ascendens Brongn.

乔木。花期 3 ~ 4 月；球果 10 月成熟。玉林市、北海市、钦州市、防城港市、南宁市、崇左市、百色市有栽培。原产于北美洲。

G6. 柏科

CUPRESSACEAE

翠柏属 Calocedrus Kurz

岩生翠柏

Calocedrus rupestris Aver., T. H. Nguyên & P. K. Lôc
 乔木。产于大新。生于石灰岩山顶、山脊或悬崖上，很少见。分布于中国广西、贵州。越南也有分布。

福建柏

Fokienia hodginsii (Dunn) A. Henry & H. H. Thomas

乔木。花期 3 ~ 4 月；种子翌年 10 ~ 11 月成熟。产于防城、上思、那坡。生于海拔 100 ~ 1600 m 的山地林中，很少见。分布于中国广东、广西、湖南、江西、福建、浙江、贵州、云南、四川。越南也有分布。

侧柏属 Platycladus Spach

侧柏

Platycladus orientalis (L.) Franco

乔木。花期 3 ~ 4 月；种子 10 月成熟。玉林市、北海市、钦州市、防城港市、南宁市、崇左市、百色市有栽培。分布于中国各省区。朝鲜也有分布。

G7. 罗汉松科
PODOCARPACEAE

鸡毛松属 Dacrycarpus (Endl.) de Laub.

鸡毛松

Dacrycarpus imbricatus (Blume) de Laub. var. **patulus** de Laub.

乔木。花期4月；种子10月成熟。产于博白、防城、横县、宁明、那坡。生于海拔300～1000 m的山谷或溪涧旁，常与常绿阔叶树组成混交林，少见。分布于中国海南、广东、广西、云南。越南、菲律宾、印度尼西亚也有分布。

陆均松

Dacrydium pectinatum de Laub.

乔木。花期 4 ~ 5 月；种子 10 ~ 11 月成熟。北海有栽培。分布于中国海南。越南、柬埔寨、泰国也有分布。

竹柏属 Nageia Gaertn.

长叶竹柏

Nageia fleuryi (Hickel) de Laub.

Podocarpus fleuryi Hickel

乔木。花期 3 ~ 4 月；种子 10 ~ 11 月成熟。产于合浦、防城、靖西。生于海拔 800 ~ 900 m 的阔叶林中，很少见。分布于中国海南、广东、广西、台湾、云南。越南、老挝、柬埔寨也有分布。

竹柏

Nageia nagi (Thunb.) Kuntze

Podocarpus nagi (Thunb.) Pilg.

　　乔木。花期 3 ~ 5 月；种子 8 ~ 11 月成熟。产于博白、扶绥、那坡。生于海拔 1600 m 以下的丘陵地区或中山地带，少见。分布于中国海南、广东、广西、湖南、江西、福建、台湾、浙江、四川。日本也有分布。

罗汉松属 Podocarpus L' Hér. ex Pers.

罗汉松

Podocarpus macrophyllus (Thunb.) Sweet

　　乔木。花期 4 ~ 5 月；种子 8 ~ 9 月成熟。产于陆川、北海、上思、东兴、南宁、宁明、那坡。生于海拔 1000 m 以下的林中或灌丛，很少见。中国海南、广东、广西、湖南、江西、福建、浙江、江苏、安徽、贵州、云南、四川等地常见栽培。日本也有栽培。

短叶罗汉松

Podocarpus macrophyllus (Thunb.) Sweet var. **maki** Endl.

　　小乔木。玉林市、北海市、钦州市、防城港市、南宁市、崇左市、百色市有栽培。分布于中国广东、广西、湖南、江西、福建、台湾、浙江、江苏、安徽、湖北、贵州、云南、四川、陕西，野生或栽培。缅甸、日本也有分布。

百日青（脉叶罗汉松）

Podocarpus neriifolius D. Don

　　乔木。花期5月；种子8～11月成熟。产于防城、上思、宁明。生于海拔100～1000 m的常绿阔叶林中，少见。分布于中国广东、广西、湖南、江西、福建、浙江、贵州、云南、四川、西藏。越南、老挝、泰国、柬埔寨、缅甸、马来西亚、印度尼西亚、印度、尼泊尔、不丹、菲律宾、巴布亚新几内亚以及太平洋岛屿也有分布。

G9. 红豆杉科

TAXACEAE

穗花杉属 Amentotaxus Pilg.

穗花杉

Amentotaxus argotaenia (Hance) Pilg.

　　灌木或小乔木。花期 4 月；种子 10 月成熟。产于钦州、防城、上思、宁明、龙州。生于海拔 300 ~ 1100 m 的阴湿溪谷或山地林中，少见。分布于中国广东、广西、湖南、江西、湖北、四川、西藏、甘肃。

G11. 买麻藤科

GNETACEAE

买麻藤属 Gnetum L.

球子买麻藤

Gnetum catasphaericum H. Shao

　　大藤本。花期 4 ~ 5 月；种子 9 ~ 12 月成熟。产于上思。生于林中，很少见。分布于中国广西、云南。

巨子买麻藤

Gnetum giganteum H. Shao

大藤本。花期4~6月；种子9~10月成熟。产于上思、龙州、凭祥。生于林中，少见。分布于中国广西。

小叶买麻藤

Gnetum parvifolium (Warb.) Chun

缠绕藤本。花期4~7月；种子7~11月成熟。产于玉林、陆川、北流、北海、浦北、防城、横县、龙州、百色、平果。生于海拔100~1000 m的干燥平地或湿润谷地的森林中，缠绕于大树上，常见。分布于中国海南、广东、广西、湖南、江西、福建、贵州。越南、老挝也有分布。

被子植物门
ANGIOSPERMAE

1. 木兰科

MAGNOLIACEAE

长喙木兰属 Lirianthe Spach

香港木兰

Lirianthe championii (Benth.) N. H. Xia & C. Y. Wu

Magnolia championii Benth.

　　灌木或小乔木。花期 4～6 月；果期 9～10 月。产于北流、防城、上思、东兴、隆安、崇左、扶绥、宁明、龙州、大新、天等。生于海拔 1000 m 以下的常绿阔叶林中、丘陵或河边，少见。分布于中国海南、广东、广西、贵州。越南也有分布。

夜香木兰（夜合花）

Lirianthe coco (Lour.) N. H. Xia & C. Y. Wu

Magnolia coco (Lour.) DC.

灌木或小乔木。花期5～6月；果期9～10月。容县、北海、合浦、东兴、南宁、龙州有栽培。分布于中国广东、广西、福建、台湾、浙江、云南。越南也有分布。

山玉兰

Lirianthe delavayi (Franch.) N. H. Xia & C. Y. Wu

Magnolia delavayi Franch.

乔木。花期4～6月；果期9～10月。北海有栽培。分布于中国贵州、云南、四川。

木兰属 Magnolia L.

荷花玉兰（广玉兰）

Magnolia grandiflora L.

乔木。花期5～6月；果期9～10月。南宁、靖西有栽培。适植于湿润、肥沃的土壤中。中国长江以南普遍栽培。原产于北美洲。

香木莲

Manglietia aromatica Dandy

　　乔木。花期 4 ~ 5 月；果期 9 ~ 10 月。
产于龙州、百色。生于海拔 900 ~ 1500 m 的
山地林中，很少见。分布于中国广西、云南。

桂南木莲

Manglietia conifera Dandy

　　乔木。花期 5 ~ 6 月；果期 9 ~ 10 月。产于容县、防城、德保。生于海拔 700 ~ 1300 m 的山坡或
山顶林中，少见。分布于中国广东、广西、湖南、贵州、云南。越南也有分布。

大叶木莲

Manglietia dandyi (Gagnep.) Dandy

Manglietia megaphylla Hu & W. C. Cheng

　　乔木。花期 6 月；果期 9 ~ 10 月。产于靖西、那坡。生于海拔 450 ~ 1500 m 的山地常绿阔叶林中或沟谷两旁，很少见。分布于中国广西、云南。越南也有分布。

木莲

Manglietia fordiana Oliv.

　　乔木。花期 4 ~ 5 月；果期 9 ~ 10 月。产于玉林、上思、龙州、德保。生于山地林中、丘陵或河边，少见。分布于中国海南、广东、广西、湖南、江西、福建、浙江、安徽、贵州、云南。越南也有分布。

灰木莲

Manglietia glauca Blume

　　乔木。花期 2 ~ 3 月；果期 9 ~ 10 月。
南宁有栽培。中国海南、广东、广西有栽培。
原产于越南、印度尼西亚等地。

含笑属 Michelia L.

白兰

Michelia × alba DC.

　　乔木。花期 4 ~ 9 月，夏季最盛；通常
不结实。玉林市、北海市、钦州市、防城港市、
南宁市、崇左市、百色市有栽培。中国海南、
广东、广西、福建、云南以及长江流域常见
栽培。原产于印度尼西亚，现东南亚广泛栽培。

黄兰

Michelia champaca L.

　　乔木。花期 6 ~ 7 月；果期 9 ~ 10 月。北海市、钦州市、防城港市、南宁市、崇左市有栽培。分布
于中国云南、西藏。越南、泰国、缅甸、马来西亚、印度尼西亚、印度、尼泊尔也有分布。

乐昌含笑

Michelia chapaensis Dandy

　　乔木。花期 3 ~ 4 月；果期 8 ~ 9 月。产于德保。生于海拔 500 ~ 1500 m 的山地林间，很少见。分布于中国广东、广西、湖南、江西。越南也有分布。

含笑花

Michelia figo (Lour.) Spreng.

　　灌木。花期 3 ~ 5 月；果期 7 ~ 8 月。玉林市、北海市、钦州市、防城港市、南宁市、崇左市、百色市有栽培。原产于中国华南地区，现全国各地广泛栽培。

金叶含笑（亮叶含笑）

Michelia foveolata Merr. ex Dandy

Michelia fulgens Dandy

　　乔木。花期 3 ~ 5 月；果期 9 ~ 10 月。产于容县、钦州、上思、德保、靖西、那坡。生于海拔 500 ~ 1500 m 的阴湿密林中，少见。分布于中国海南、广东、广西、湖南、江西、福建、湖北、贵州、云南。越南也有分布。

香子含笑

Michelia gioi (A. Chev.) Sima & Hong Yu

Michelia hypolampra Dandy

Michelia hedyosperma Y. W. Law

　　乔木。花期 3 ~ 4 月；果期 9 ~ 10 月。产于防城、上思、龙州、凭祥、靖西、那坡。生于海拔 300 ~ 800 m 的山坡或沟谷林中，很少见。分布于中国海南、广西、云南。越南也有分布。

醉香含笑（火力楠）

Michelia macclurei Dandy

　　乔木。花期 3 ~ 4 月；果期 9 ~ 11 月。产于玉林、容县、陆川、博白、北流、合浦、灵山、防城、南宁、龙州。生于海拔 500 ~ 1000 m 的山地林中，少见。分布于中国海南、广东、广西、云南。越南也有分布。

深山含笑

Michelia maudiae Dunn

　　乔木。花期 2 ~ 3 月；果期 9 ~ 10 月。产于容县、钦州。生于海拔 600 ~ 900 m 的密林中，少见。分布于中国广东、香港、广西、湖南、福建、浙江、贵州。

观光木

Tsoongiodendron odora Chun

　　乔木。花期 3 月；果期 10 ~ 12 月。产于博白、扶绥、龙州、大新、德保。生于海拔 500 ~ 1000 m 的山地常绿阔叶林中，很少见。分布于中国海南、广东、广西、湖南、江西、福建、贵州、云南。越南也有分布。

玉兰属 Yulania Spach

二乔玉兰

Yulania × soulangeana (Soul.-Bod.) D. L. Fu

　　乔木。花期 2 ~ 3 月；果期 9 ~ 10 月。北海、南宁有栽培。中国各地有栽培。世界各地广泛栽培。

2A. 八角科

ILLICIACEAE

八角属 Illicium L.

地枫皮

Illicium difengpi K. I. B. & K. I. M. ex B. N. Chang

　　灌木。花期 4～5 月；果期 8～10 月。产于崇左、宁明、龙州、大新、平果、德保、靖西、那坡。生于海拔 200～500 m 的石灰岩山顶灌丛或疏林下，很少见。分布于中国广西。

短梗八角

Illicium pachyphyllum A. C. Smith

　　灌木。花期 12 月至翌年 3 月；果期 9 ～ 10 月。产于防城、上思。生于山谷水旁或山地林下阴处，少见。分布于中国广西。

八角

Illicium verum Hook. f.

　　乔木。花期 3 ～ 5 月或 8 ～ 10 月；果期 9 ～ 10 月或 3 ～ 4 月。玉林市、北海市、钦州市、防城港市、南宁市、崇左市、百色市有栽培。中国南方有栽培。

3. 五味子科
SCHISANDRACEAE

南五味子属 Kadsura Juss.

黑老虎

Kadsura coccinea (Lem.) A. C. Smith

藤本。花期 4 ~ 7 月；果期 7 ~ 11 月。产于博白、浦北、上思、东兴、横县、扶绥、宁明、龙州、大新、田阳、德保、那坡。生于海拔 1600 m 以下的林中，少见。分布于中国海南、广东、香港、广西、湖南、江西、贵州、云南、四川。越南、缅甸也有分布。

8. 番荔枝科

ANNONACEAE

藤春属 Alphonsea Hook. f. & Thomson

藤春

Alphonsea monogyna Merr. & Chun

乔木。花期 1 ~ 9 月；果期 9 ~ 12 月。产于龙州、那坡。生于海拔 1000 m 以下的山坡林中，少见。分布于中国海南、广西、云南。

番荔枝属 Annona L.

番荔枝

Annona squamosa L.

乔木。花期 5 ~ 6 月；果期 6 ~ 11 月。北海市、钦州市、防城港市、南宁市、崇左市、百色市有栽培。中国海南、广东、广西、福建、台湾、浙江、云南有栽培。原产于热带美洲，现世界热带地区广泛栽培。

鹰爪花

Artabotrys hexapetalus (L. f.) Bhandari

攀援灌木。花期 5 ~ 8 月；果期 5 ~ 12 月。产于灵山、防城、南宁、龙州、大新、靖西。生于低海拔林中，少见。分布于中国海南、广东、广西、江西、福建、台湾、浙江、贵州、云南，多为栽培。越南、泰国、柬埔寨、马来西亚、印度尼西亚、菲律宾、印度、斯里兰卡等国也有栽培或野生。

香港鹰爪花

Artabotrys hongkongensis Hance

攀援灌木。花期 3 ~ 7 月；果期 5 ~ 12 月。产于防城、上思、龙州、平果、靖西。生于海拔 300 ~ 1400 m 的山地密林、灌丛或山谷阴湿处，常见。分布于中国海南、广东、广西、湖南、贵州、云南。越南也有分布。

依兰

Cananga odorata (Lamk.) Hook. f. & Thomson

乔木。花期 4 ~ 8 月；果期 10 月至翌年 3 月。北海有栽培。原产于缅甸、印度、印度尼西亚、老挝、菲律宾、马来西亚，现世界各热带地区有栽培。

皂帽花属 Dasymaschalon (Hook. f. & Thomson) Dalla Torre & Harms

皂帽花

Dasymaschalon trichophorum Merr.

灌木。花期 4 ~ 7 月；果期 7 月至翌年春季。产于博白、北流、北海、合浦、防城。生于海拔 500 m 以下的疏林中，少见。分布于中国海南、广东、广西。

假鹰爪

Desmos chinensis Lour.

攀援灌木。花期夏季至冬季；果期6月至翌年春季。产于玉林、陆川、博白、北流、钦州、防城、南宁、崇左、扶绥、龙州、大新、天等、百色、平果。生于丘陵山坡、林缘灌丛或低海拔旷地、荒野以及山谷，很常见。分布于中国海南、广东、广西、贵州、云南。亚洲热带地区也有分布。

瓜馥木属 Fissistigma Griff.

瓜馥木

Fissistigma oldhamii (Hemsl.) Merr.

攀援灌木，花期4～9月；果期7月至翌年2月。产于北流、防城、上思、东兴、扶绥、龙州、凭祥、靖西、那坡。生于低海拔疏林或灌丛中，少见。分布于中国海南、广东、广西、湖南、江西、福建、台湾、浙江、云南。越南也有分布。

黑风藤

Fissistigma polyanthum (Hook. f. & Thomson) Merr.

　　攀援灌木。花期几全年；果期 3 ~ 10 月。产于玉林、博白、防城、横县、宁明、龙州、百色、那坡。生于山谷或路旁林下，常见。分布于中国海南、广东、广西、贵州、云南、西藏。越南、缅甸、印度、不丹也有分布。

凹叶瓜馥木

Fissistigma retusum (Lévl.) Rehd.

　　攀援灌木。花期 5 ~ 11 月；果期 6 ~ 12 月。产于隆安、龙州、百色、平果、那坡。生于山地密林中，少见。分布于中国海南、广东、广西、贵州、云南、西藏。

香港瓜馥木

Fissistigma uonicum (Dunn) Merr.

　　攀援灌木。花期 3~6 月; 果期 6~12 月。
产于玉林、容县、博白、防城、平果。生于
丘陵山地林中或灌丛, 少见。分布于中国海南、
广东、广西、湖南、福建、贵州。印度尼西
亚也有分布。

贵州瓜馥木

Fissistigma wallichii (Hook. f. & Thomson) Merr.

　　攀援灌木。花期 3~11 月; 果期 7~12 月。产于崇左、百色。生于海拔 600~1500 m 的山地密林
或山谷疏林中, 少见。分布于中国广西、贵州、云南。印度也有分布。

田方骨

Goniothalamus donnajensis Finet & Gagnep.

　　小乔木或灌木。花期 5 ~ 9 月；果期 8 ~ 12 月。产于上思、龙州、大新。生于海拔 300 ~ 800 m 的山地密林中，少见。分布于中国广西、云南。越南也有分布。

野独活属 Miliusa Lesch. ex A. DC.

野独活

Miliusa balansae Finet & Gagnep.

Miliusa chunii W. T. Wang

　　灌木。花期 4 ~ 7 月；果期 7 ~ 12 月。产于防城、宁明、龙州、大新、百色、靖西、那坡。生于山地密林或山谷灌丛，常见。分布于中国海南、广东、广西、贵州、云南。越南也有分布。

囊瓣木

Miliusa horsfieldii (Benn.) Pierre

　　乔木。花期 4 月；果期 7 月。北海有栽培。分布于中国海南、广东。老挝、泰国、缅甸、印度、菲律宾、马来西亚、印度尼西亚、澳大利亚也有分布。

中华野独活

Miliusa sinensis Finet & Gagnep.

　　乔木。花期 4 ~ 9 月；果期 7 ~ 12 月。产于龙州、百色、田阳、平果、德保、靖西。生于海拔 500 ~ 1000 m 的山地密林或山谷灌丛，常见。分布于中国广东、广西、贵州、云南。

山蕉

Mitrephora macclurei Weeras. & R. M. K. Saunders

乔木。花期 3 ~ 7 月；果期 7 ~ 12 月。产于隆安、龙州、大新、田阳、平果、靖西。生于海拔 600 ~ 1300 m 的山地密林中，常见。分布于中国海南、广西、贵州、云南。越南、老挝、马来西亚也有分布。

澄广花属 Orophea Blume

广西澄广花

Orophea anceps Pierre

乔木。花期 7 ~ 9 月；果期 8 ~ 11 月。产于宁明、龙州、大新、平果、德保、靖西。生于山地疏林中，常见。分布于中国海南、广西、云南。越南、老挝、泰国、柬埔寨、缅甸、马来西亚、孟加拉国、斯里兰卡也有分布。

细基丸

Polyalthia cerasoides (Roxb.) Benth. & Hook. f. ex Bedd.

乔木。花期 3 ~ 5 月；果期 4 ~ 11 月。产于合浦。生于海拔 100 ~ 500 m 的疏林中，很少见。分布于中国海南、广东、广西、云南。越南、老挝、泰国、柬埔寨、缅甸、印度也有分布。

海南暗罗

Polyalthia laui Merr.

乔木。花期 4 ~ 7 月；果期 10 月至翌年 1 月。产于上思。生于低海拔至中海拔山地常绿阔叶林中，很少见。分布于中国海南、广西。越南也有分布。

陵水暗罗

Polyalthia littoralis (Blume) Boerl.

Polyalthia nemoralis A. DC.

灌木。花期 4 ~ 7 月；果期 7 ~ 12 月。产于隆安、龙州。生于山地林中阴湿处，少见。分布于中国海南、广西。越南、老挝、泰国、缅甸、马来西亚也有分布。

暗罗

Polyalthia suberosa (Roxb.) Thwaites

小乔木。花期几全年；果期 6 月至翌年春季。产于北海、合浦。生于低海拔林中或路旁，少见。分布于中国海南、广东、广西。越南、老挝、泰国、缅甸、马来西亚、菲律宾、印度、斯里兰卡也有分布。

光叶紫玉盘

Uvaria boniana Finet & Gagnep.

　　攀援灌木。花期 5 ~ 10 月；果期 6 月至翌年 4 月。产于玉林、北海、合浦。生于海拔 600 m 以下的疏林中，少见。分布于中国海南、广东、广西、江西。越南也有分布。

山椒子（大花紫玉盘）

Uvaria grandiflora Roxb. ex Hornem.

　　攀援灌木。花期 3 ~ 11 月；果期 5 ~ 12 月。产于北海、钦州。生于低海拔疏林或灌丛中，很少见。分布于中国海南、广东、广西。亚洲热带地区广泛分布。

黄花紫玉盘

Uvaria kurzii (King) P. T. Li

攀援灌木。花期 5 月；果期 7 ~ 8 月。产于防城、上思、扶绥。生于山地密林中，很少见。分布于中国广西、云南。印度也有分布。

紫玉盘（那大紫玉盘）

Uvaria macrophylla Roxb.

Uvaria macclurei Diels

Uvaria microcarpa Champ. ex Benth.

攀援灌木。花期 3 ~ 9 月；果期 7 月至翌年 3 月。产于博白、北流、灵山、上思、东兴、南宁、横县、龙州。生于低海拔灌丛或丘陵山地疏林中，很常见。分布于中国海南、广东、广西、福建、台湾、云南。越南、泰国、马来西亚、印度尼西亚、菲律宾、孟加拉国、巴布亚新几内亚也有分布。

扣匹（东京紫玉盘、乌藤）

Uvaria tonkinensis Finet & Gagnep.

攀援灌木。花期 2～9 月；果期 8～12 月。产于龙州、大新。生于海拔 200～600 m 丘陵山地林中或灌丛中，常见。分布于中国海南、广东、广西、云南。越南也有分布。

木瓣树属 Xylopia L.

木瓣树

Xylopia vielana Pierre

乔木。花期春、夏季；果期夏、秋季。产于东兴。生于山地林中，很少见。分布于中国广西。越南、柬埔寨也有分布。

11. 樟科

LAURACEAE

黄肉楠属 Actinodaphne Nees

红果黄肉楠

Actinodaphne cupularis (Hemsl.) Gamble

灌木或小乔木。花期 10 ~ 11 月；果期 8 ~ 9 月。产于那坡。生于海拔 300 ~ 1300 m 的山坡密林、溪旁或灌丛中，少见。分布于中国广西、湖南、湖北、贵州、云南、四川。

毛黄肉楠

Actinodaphne pilosa (Lour.) Merr.

　　乔木或灌木。花期 8 ～ 12 月；果期翌年 2 ～ 3
月。产于玉林、容县、陆川、博白、北流、合浦、钦
州、防城、上思、南宁、宁明、龙州、平果。生于海
拔 500 m 以下的林中，常见。分布于中国海南、广东、
广西。越南、老挝也有分布。

琼楠属 Beilschmiedia Nees

厚叶琼楠

Beilschmiedia percoriacea Allen

　　乔木。花期 5 月；果期 6 ～ 12 月。产于扶绥。生于山坡密林中，少见。分布于中国海南、广东、广
西、云南。

网脉琼楠

Beilschmiedia tsangii Merr.

　　乔木。花期夏季；果期 7 ~ 12 月。产于北流、防城。生于山坡湿润混交林中，少见。分布于中国广东、广西、台湾、云南。越南也有分布。

无根藤属 Cassytha L.

无根藤

Cassytha filiformis L.

　　藤本。花、果期 4 ~ 12 月。产于玉林、容县、北流、防城、上思、南宁、崇左、龙州、平果。生于山坡灌丛或疏林中，常见。分布于中国海南、广东、广西、湖南、江西、福建、台湾、浙江、贵州、云南。热带亚洲、澳大利亚、非洲也有分布。

阴香

Cinnamomum burmannii (Nees & T. Nees) Blume

乔木。花期 8 ~ 11 月；果期 11 月至翌年 2 月。产于玉林、防城、南宁。生于海拔 100 ~ 1300 m 的林中、灌丛或溪边路旁，常见。分布于中国海南、广东、广西、福建、云南。越南、缅甸、印度尼西亚、菲律宾、印度也有分布。

樟（樟树）

Cinnamomum camphora (L.) J. Presl

乔木。花期 4 ~ 5 月；果期 8 ~ 11 月。产于玉林市、北海市、钦州市、防城港市、南宁市、崇左市。生于山坡或沟谷中，常见，亦常有栽培。分布于中国长江以南。越南、日本、朝鲜也有分布。

肉桂

Cinnamomum cassia (L.) D. Don

　　乔木。花期 6 ~ 8 月；果期 10 ~ 12 月。玉林、容县、博白、北流、灵山、防城、上思、东兴、南宁、横县、龙州、大新、天等、德保、靖西有栽培。分布于中国华南、华中、西南。亚洲热带地区也有分布。

黄樟

Cinnamomum parthenoxylon (Jack) Meissn

Cinnamomum porrectum (Roxb.) Kosterm.

　　乔木。花期 3 ~ 5 月；果期 4 ~ 10 月。产于容县、博白、防城、龙州。生于海拔 1500 m 以下的常绿阔叶林或灌丛中，常见。分布于中国海南、广东、广西、湖南、江西、福建、贵州、云南、四川。越南、老挝、泰国、柬埔寨、缅甸、马来西亚、印度尼西亚、印度、尼泊尔、不丹、巴基斯坦也有分布。

岩樟（石山樟）

Cinnamomum saxatile H. W. Li

乔木。花期 4 ~ 5 月；果期 10 月。产于隆安、龙州、大新、天等、平果、德保、靖西、那坡。生于海拔 600 ~ 1500 m 的石灰岩林中或灌丛，常见。分布于中国广西、云南。

厚壳桂属 Cryptocarya R. Br.

岩生厚壳桂

Cryptocarya calcicola H. W. Li

乔木。花期 4 ~ 5 月；果期 5 ~ 10 月。产于防城、上思。生于海拔 500 ~ 1000 m 的常绿阔叶林中或溪旁，少见。分布于中国广西、贵州、云南。

硬壳桂

Cryptocarya chingii W. C. Cheng

　　小乔木。花期 6 ~ 10 月；果期 9 月至翌年 3 月。产于防城、上思、宁明、龙州。生于海拔 300 ~ 800 m 的常绿阔叶林中，常见。分布于中国海南、广东、广西、湖南、江西、福建、浙江。越南也有分布。

黄果厚壳桂

Cryptocarya concinna Hance

　　乔木。花期 3 ~ 5 月；果期 6 ~ 12 月。产于钦州、防城、上思、宁明。生于海拔 600 m 以下的谷地或缓坡常绿阔叶林中，常见。分布于中国海南、广东、广西、江西、台湾、贵州。越南也有分布。

南烛厚壳桂

Cryptocarya lyoniifolia S. K. Lee & F. N. Wei

　　乔木。果期10～12月。产于龙州、大新、天等、平果、靖西、那坡。生于石山灌丛或林中，很少见。分布于中国广西。

山胡椒属 Lindera Thunb.

乌药

Lindera aggregata (Sims) Kosterm.

　　灌木或小乔木。花期3～4月；果期6～9月。产于玉林、上思、南宁。生于海拔400 m以下的向阳坡地、山谷或灌丛中，少见。分布于中国海南、广东、广西、湖南、江西、福建、台湾、浙江、安徽、贵州。越南、菲律宾也有分布。

小叶乌药

Lindera aggregata (Sims) Kosterm. var. **playfairii** (Hemsl.) H. P. Tsui

　　灌木或小乔木。花期 3 ～ 4 月；果期 5 ～ 11 月。产于玉林、陆川、博白、北海、合浦、钦州、灵山、东兴。生于海拔 200 ～ 1000 m 的向阳坡地、山谷、疏林或灌丛中，少见。分布于中国海南、广东、广西。越南也有分布。

鼎湖钓樟（陈氏钓樟）

Lindera chunii Merr.

　　灌木或小乔木。花期 2 ～ 3 月；果期 8 ～ 9 月。产于容县、陆川、防城、上思。生于林中，少见。分布于中国海南、广东、广西。越南也有分布。

香叶树

Lindera communis Hemsl.

　　灌木或小乔木。花期 3 ~ 4 月；果期 9 ~ 10 月。产于钦州、防城、上思、扶绥、龙州。生于丘陵、山地疏林或灌丛中，常见。分布于中国广东、广西、湖南、江西、福建、台湾、浙江、湖北、贵州、云南、四川、甘肃、陕西。越南、老挝、泰国、缅甸、印度也有分布。

川钓樟

Lindera pulcherrima (Nees) Hook. f. var. **hemsleyana** (Diels) H. P. Tsui

　　乔木。花期 3 ~ 4 月；果期 6 ~ 8 月。产于平果、靖西。生于山坡、灌丛或林缘，少见。分布于中国广西、湖南、湖北、贵州、云南、四川、陕西。

假桂钓樟

Lindera tonkinensis Lecomte

　　乔木。花期10月至翌年3月；果期5～8月。产于钦州、防城、上思、南宁、宁明、龙州、靖西、那坡。生于山坡疏林或林缘，少见。分布于中国海南、广东、广西、云南。越南、老挝也有分布。

木姜子属 Litsea Lam.

山鸡椒（山苍子）

Litsea cubeba (Lour.) Pers.

　　灌木或小乔木。花期2～3月；果期7～8月。产于玉林市、北海市、钦州市、防城港市、南宁市、崇左市、百色市。生于海拔1600 m以下的向阳丘陵、山地灌丛或疏林中，很常见。分布于中国长江以南。东南亚、南亚也有分布。

五桠果叶木姜子

Litsea dilleniifolia P. Y. Pai & P. H. Huang

    乔木。花期 4 ~ 5 月；果期 7 月。产于龙州、大新、靖西。生于海拔 500 m 的河岸湿润处或山谷密林中，很少见。分布于中国广西、云南。

黄丹木姜子

Litsea elongata (Wall. ex Nees) Hook. f.

    乔木。花期 5 ~ 11 月；果期 2 ~ 6 月。产于容县、东兴、宁明、龙州、百色、德保、那坡。生于海拔 500 ~ 1500 m 的山坡路旁、溪边或林下，少见。分布于中国海南、广东、广西、湖南、江西、福建、浙江、江苏、安徽、湖北、贵州、云南、四川、西藏。印度、尼泊尔也有分布。

蜂窝木姜子

Litsea foveola Kosterm.

　　灌木或小乔木。花期7月；果期12月。产于隆安、崇左、宁明、龙州、大新、平果。生于海拔300～700 m的石灰岩林下，少见。分布于中国广西。

潺槁木姜子

Litsea glutinosa (Lour.) C. B. Rob.

　　乔木。花期5～6月；果期9～10月。产于玉林、博白、灵山、防城、上思、东兴、南宁、宁明、龙州、大新、天等、凭祥、田阳、平果、德保。生于海拔1600 m以下的山地林缘、溪旁、疏林或灌丛，很常见。分布于中国海南、广东、广西、福建、云南。越南、泰国、缅甸、菲律宾、印度、尼泊尔、不丹也有分布。

大果木姜子

Litsea lancilimba Merr.

　　乔木。花期6月；果期11~12月。产于容县、防城、上思、南宁、平果。生于海拔600~1400 m的密林中，少见。分布于中国广东、广西、福建、云南。越南、老挝也有分布。

假柿木姜子

Litsea monopetala (Roxb.) Pers.

　　乔木。花期11月至翌年6月；果期6~7月。产于横县、龙州、大新、平果、靖西、那坡。生于海拔1500 m以下的阳坡灌丛或疏林中，常见。分布于中国海南、广东、广西、贵州、云南。东南亚、南亚也有分布。

竹叶木姜子

Litsea pseudoelongata Liou

小乔木。花期 5 ~ 6 月；果期 10 ~ 12 月。产于防城。生于海拔 600 ~ 700 m 的灌丛中，很少见。分布于中国海南、广东、广西、台湾。

圆叶豺皮樟

Litsea rotundifolia Hemsl.

灌木或小乔木。花期 8 ~ 9 月；果期 9 ~ 11 月。产于博白、龙州、大新。生于低海拔山地灌丛或疏林中，少见。分布于中国广东、广西。

豹皮樟

Litsea rotundifolia Hemsl. var. **oblongifolia** (Nees) Allen

　　灌木或小乔木。花期 6 ~ 7 月；果期 9 ~ 11 月。产于玉林、博白、合浦、钦州、灵山、防城、上思、平果。生于林下或灌丛，少见。分布于中国海南、广东、广西、湖南、江西、福建、台湾、浙江。越南也有分布。

伞花木姜子

Litsea umbellata (Lour.) Merr.

　　灌木或小乔木。花期 4 ~ 5 月；果期 8 ~ 9 月。产于钦州、扶绥、宁明、龙州、那坡。生于海拔 300 ~ 1000 m 的山谷、丘陵的灌丛或疏林中，少见。分布于中国广西、云南。越南、老挝、泰国、柬埔寨、马来西亚、印度尼西亚也有分布。

黄椿木姜子

Litsea variabilis Hemsl.

灌木或乔木。花期 5 ~ 11 月；果期 9 月至翌年 5 月。产于上思、南宁、龙州、大新、那坡。生于海拔 300 ~ 1500 m 的阔叶林中，少见。分布于中国海南、广东、广西、云南。越南、老挝、泰国也有分布。

毛黄椿木姜子

Litsea variabilis Hemsl. var. **oblonga** Lecomte

灌木或乔木。产于龙州、大新、田阳、靖西。生于海拔 300 ~ 900 m 的密林中，常见。分布于中国广西、云南。越南也有分布。

轮叶木姜子

Litsea verticillata Hance

　　灌木或小乔木。花期 4 ~ 11 月；果期 11 月至翌年 1 月。产于容县、陆川、博白、北流、防城、上思。生于海拔 1300 m 以下的山谷、溪旁、灌丛或阔叶林中，少见。分布于中国海南、广东、广西、云南。越南、泰国、柬埔寨也有分布。

润楠属 Machilus Nees

短序润楠

Machilus breviflora (Benth.) Hemsl.

　　乔木。花期 7 ~ 9 月；果期 10 ~ 12 月。产于防城、上思。生于山地或山谷阔叶林中，少见。分布于中国海南、广东、广西。

华润楠

Machilus chinensis (Champ. ex Benth.) Hemsl.

乔木。花期 10 ~ 11 月；果期 12 月至翌年 2 月。产于玉林、上思。生于山坡阔叶林中，常见。分布于中国海南、广东、广西。越南也有分布。

基脉润楠

Machilus decursinervis Chun

乔木。花期 4 月；果期 6 月。产于上思。生于海拔 500 ~ 1300 m 的山地林中，少见。分布于中国广西、湖南、贵州、云南。越南也有分布。

黄心树（芳槁润楠）

Machilus gamblei King ex Hook. f.

Machilus suaveolens S. K. Lee

　　乔木。花期 3 ~ 4 月；果期 4 ~ 6 月。产于上思、扶绥、田阳、平果、德保。生于山坡或谷地林中，常见。分布于中国海南、广东、广西、贵州、云南、西藏。越南、老挝、泰国、柬埔寨、缅甸、印度、尼泊尔、不丹也有分布。

建润楠

Machilus oreophila Hance

　　灌木或乔木。花期 3 ~ 4 月；果期 5 ~ 8 月。产于防城、上思。生于山谷林边或河旁，常见。分布于中国广东、广西、湖南、福建、贵州。

柳叶润楠

Machilus salicina Hance

灌木。花期 2 ~ 3 月；果期 4 ~ 6 月。产于上思、宁明。生于低海拔地区的溪畔河边，常见。分布于中国海南、广东、广西、贵州、云南。越南、老挝、柬埔寨也有分布。

红楠

Machilus thunbergii Sieb. & Zucc.

乔木。花期 2 月；果期 7 月。产于容县。生于山地林中，少见。分布于中国广东、广西、湖南、江西、福建、台湾、浙江、江苏、安徽、山东。日本、朝鲜也有分布。

绒毛润楠

Machilus velutina Champ. ex Benth.

乔木。花期 10 ~ 12 月；果期翌年 2 ~ 3 月。产于博白、合浦、钦州、防城、上思、东兴。生于阔叶林中，常见。分布于中国海南、广东、广西、江西、福建、浙江、贵州。越南、老挝、柬埔寨也有分布。

新樟属 Neocinnamomum H. Liou

滇新樟

Neocinnamomum caudatum (Nees) Merr.

乔木。花期 6 ~ 10 月；果期 10 月至翌年 2 月。产于龙州、田阳、平果、靖西。生于海拔 500 ~ 1400 m 的山谷、路旁、溪边，少见。分布于中国广西、云南。越南、缅甸、印度、尼泊尔也有分布。

海南新樟

Neocinnamomum lecomtei Liou

灌木。花期 8 月；果期 10 月至翌年 5 月。产于扶绥、龙州、平果、那坡。生于海拔 300 ~ 500 m 的密林中或山谷水旁，少见。分布于中国海南、广西、贵州、云南。越南也有分布。

新木姜子属 Neolitsea (Benth.) Merr.

下龙新木姜子

Neolitsea alongensis Lecomte

小乔木。花期 6 ~ 7 月；果期翌年 8 ~ 9 月。产于防城、上思、东兴。生于山谷溪旁疏林中或海边，少见。分布于中国广西、云南。越南也有分布。

短梗新木姜子

Neolitsea brevipes H. W. Li

小乔木。花期 12 月至翌年 1 月；果期 9 ~ 11 月。产于那坡。生于山地溪旁、灌丛或林中，少见。分布于中国广东、广西、湖南、福建、云南。印度、尼泊尔也有分布。

锈叶新木姜子

Neolitsea cambodiana Lecomte

乔木。花期 10 ~ 12 月；果期翌年 7 ~ 8 月。产于容县。生于海拔 1000 m 以下的阔叶林中，少见。分布于中国海南、广东、广西、湖南、江西、福建。老挝、柬埔寨也有分布。

鸭公树

Neolitsea chui Merr.

乔木。花期 9 ~ 10 月；果期 12 月。产于容县、浦北、横县、宁明、龙州、那坡。生于海拔 500 ~ 1400 m 的山谷或丘陵疏林中，常见。分布于中国广东、广西、湖南、江西、福建、云南。

海南新木姜子

Neolitsea hainanensis Yang & P. H. Huang

乔木。花期 11 月；果期 7 ~ 8 月。产于钦州、上思、宁明、龙州、大新、百色、田阳、平果、德保、靖西。生于海拔 700 ~ 1300 m 的山坡林中，少见。分布于中国海南、广东、广西。

大叶新木姜子

Neolitsea levinei Merr.

　　乔木。花期 3 ~ 4 月；果期 8 ~ 10 月。产于容县、德保、那坡。生于海拔 300 ~ 1300 m 的山地路旁或山谷密林中，少见。分布于中国广东、广西、湖南、江西、福建、湖北、贵州、云南、四川。

显脉新木姜子

Neolitsea phanerophlebia Merr.

　　小乔木。花期 10 ~ 11 月；果期翌年 6 ~ 8 月。产于玉林、那坡。生于海拔 1000 m 以下的山谷疏林中，少见。分布于中国海南、广东、广西、湖南、江西。

鳄梨

Persea americana Mill.

　　乔木。花期 3 月；果期 8 ~ 9 月。北海、防城、南宁有栽培。中国南方有栽培。原产于热带美洲。

楠属 Phoebe Nees

石山楠

Phoebe calcarea S. K. Lee & F. N. Wei

　　乔木。花期 4 ~ 5 月；果期 8 月。产于隆安、龙州、平果。生于石灰岩阔叶林中，少见。分布于中国广西、贵州。

黑叶楠

Phoebe nigrifolia S. K. Lee & F. N. Wei

　　灌木或小乔木。花期 4 ~ 5 月；果期 8 ~ 9 月。产于龙州、大新、田阳、平果、德保、靖西。生于石灰岩阔叶林或灌丛中，少见。分布于中国广西。

油果樟属 Syndiclis Hook. f.

广西油果樟

Syndiclis kwangsiensis (Kosterm.) H. W. Li

　　乔木。花期 4 月；果期 10 月。产于钦州、防城、上思。生于海拔 300 ~ 700 m 的山谷密林中，很少见。分布于中国广西。

13A. 青藤科
ILLIGERACEAE

青藤属 Illigera Blume

小花青藤
Illigera parviflora Dunn

　　藤本。花期 5 ~ 10 月；果期 11 ~ 12 月。产于容县、博白、合浦、防城、上思、宁明、龙州。生于海拔 350 ~ 1400 m 的山地密林或灌丛中，少见。分布于中国海南、广东、广西、福建、贵州、云南。越南、马来西亚也有分布。

红花青藤
Illigera rhodantha Hance

　　藤本。花期秋季；果期 12 月至翌年 4 ~ 5 月。产于容县、博白、防城、上思、东兴、南宁、隆安、崇左、扶绥、宁明、龙州、田阳、平果、德保、靖西、那坡。生于山谷密林、疏林或灌丛中，很常见。分布于中国海南、广东、广西、云南。越南、老挝、泰国、柬埔寨也有分布。

14. 肉豆蔻科
MYRISTICACEAE

风吹楠属 Horsfieldia Willd.

风吹楠

Horsfieldia amygdalina (Wall. ex Hook. f. & Thomson) Warb.

乔木。花期 8 ~ 10 月；果期 3 ~ 5 月。产于防城、扶绥、大新。生于海拔 140 ~ 1200 m 的平地疏林或山坡、沟谷密林中，很少见。分布于中国海南、广东、广西、云南。越南、泰国、缅甸、马来西亚、孟加拉国、印度也有分布。

大叶风吹楠（海南风吹楠）

Horsfieldia kingii (Hook. f.) Warb.

Horsfieldia hainanensis Merr.

乔木。花期 5 ~ 8 月；果期 7 ~ 11 月。产于防城、宁明、龙州、大新、田阳、靖西。生于海拔 200 ~ 450 m 的山谷、丘陵阴湿密林中，很少见。分布于中国海南、广东、广西。泰国、印度也有分布。

红光树属 Knema Lour.

小叶红光树

Knema globularia (Lam.) Warb.

小乔木。花期 12 月至翌年 3 月或 7 ~ 9 月；果期 7 ~ 9 月。产于龙州。生于海拔 200 ~ 1000 m 的阴湿山坡或低丘林中，很少见。分布于中国广西、云南。越南、老挝、泰国、柬埔寨、缅甸、马来西亚、印度尼西亚也有分布。

15. 毛莨科
RANUNCULACEAE

银莲花属 Anemone L.

打破碗花花

Anemone hupehensis (Lemoine) Lemoine

草本。花期 7 ~ 10 月。产于平果、德保、靖西、那坡。生于海拔 400 ~ 1600 m 的低山或丘陵的草坡或沟边，常见。分布于中国广东、广西、江西、浙江、湖北、贵州、云南、四川、陕西。

小木通

Clematis armandii Franch.

藤本。花期 3 ~ 4 月；果期 4 ~ 7 月。产于南宁、隆安、崇左、扶绥、龙州、平果、靖西、那坡。生于海拔 100 ~ 1600 m 的山坡、山谷、路边灌丛或水沟旁，常见。分布于中国广东、广西、湖南、福建、湖北、贵州、云南、四川、西藏、甘肃、陕西。越南也有分布。

厚叶铁线莲

Clematis crassifolia Benth.

藤本。花期 11 月至翌年 1 月；果期翌年 2 ~ 3 月。产于上思。生于海拔 300 ~ 1100 m 的山地、山谷、平地、溪边、路旁，很少见。分布于中国海南、广东、广西、湖南、福建、台湾。日本也有分布。

毛柱铁线莲

Clematis meyeniana Walp.

　　藤本。花期 6 ~ 8 月；果期 8 ~ 10 月。产于上思、宁明、大新、靖西。生于海拔 300 ~ 1400 m 的山坡疏林或路旁灌丛中，常见。分布于中国海南、广东、广西、湖南、江西、福建、台湾、浙江、湖北、贵州、云南、四川。越南、老挝、缅甸、菲律宾、日本也有分布。

柱果铁线莲

Clematis uncinata Champ. ex Benth.

　　藤本。花期 6 ~ 8 月；果期 7 ~ 10 月。产于钦州、防城、上思、隆安、宁明、龙州、大新、天等、百色、平果、德保、靖西、那坡。生于海拔 100 ~ 1000 m 的丘陵或低山山谷林中或灌丛中，常见。分布于中国海南、广东、广西、湖南、江西、福建、台湾、浙江、江苏、安徽、贵州、云南、四川、甘肃、陕西。越南、日本也有分布。

飞燕草

Consolida ajacis (L.) Schur

    草本。花期 4～5 月。南宁有栽培。中国各省有栽培。原产于欧洲南部和亚洲西南部。

翠雀属 Delphinium L.

还亮草

Delphinium anthriscifolium Hance

    草本。花期 3～5 月。产于龙州。生于海拔 200～1000 m 的丘陵、低山山坡或溪边草丛，少见。分布于中国广东、广西、湖南、江西、福建、浙江、江苏、安徽、贵州、山西、河南。

蕨叶人字果

Dichocarpum dalzielii (J. R. Drumm. & Hutch.) W. T. Wang & P. G. Xiao

　　草本。花期 4 ~ 5 月；果期 5 ~ 6 月。产于德保。生于海拔 750 ~ 1600 m 的山地密林下、溪旁以及沟边等阴湿处，少见。分布于中国海南、广东、广西、湖南、江西、福建、浙江、安徽、湖北、贵州、四川。

毛茛属 Ranunculus L.

禺毛茛

Ranunculus cantoniensis DC.

　　草本。花期 3 ~ 9 月；果期 4 ~ 11 月。产于玉林、容县、北流、南宁、隆安、扶绥、大新、百色、平果、靖西、那坡。生于海拔 500 ~ 1500 m 的田边、溪旁，常见。分布于中国广东、广西、湖南、江西、福建、台湾、浙江、江苏、安徽、湖北、贵州、云南、四川、陕西、河南。尼泊尔、不丹、日本、朝鲜也有分布。

茴茴蒜

Ranunculus chinensis Bunge

　　草本。花期 4 ~ 9 月。产于龙州、天等。生于海拔 1100 m 以下的溪边或湿草地，少见。分布于中国广东、广西、湖南、江西、浙江、江苏、安徽、湖北、贵州、云南、四川、西藏、青海、甘肃、宁夏、陕西、山西、河南、山东、河北、内蒙古、新疆、辽宁、吉林、黑龙江。泰国、印度、不丹、巴基斯坦、哈萨克斯坦、蒙古、日本、朝鲜、俄罗斯也有分布。

石龙芮

Ranunculus sceleratus L.

　　草本。花期 1 ~ 7 月。产于北海、南宁、百色、平果。生于河边、田野以及潮湿草地，少见。分布于中国各地。亚洲、欧洲、北美洲的亚热带至温带地区均有分布。

18. 睡莲科
NYMPHAEACEAE

莲属 Nelumbo Adans.

莲

Nelumbo nucifera Gaertn.

    水生草本。花期 6 ~ 8 月；果期 8 ~ 10 月。玉林市、北海市、钦州市、防城港市、南宁市、崇左市、百色市有栽培。分布于中国南、北各地。越南、印度、日本、朝鲜、俄罗斯、亚洲南部和大洋洲也有分布。

红睡莲

Nymphaea alba L. var. **rubra** Lönnr.

水生草本。花期 8 ~ 10 月；果期 9 ~ 11 月。南宁有栽培。分布于中国各地。原产于瑞典。日本、朝鲜、印度、俄罗斯（西伯利亚）以及欧洲等地也有分布。

柔毛齿叶睡莲

Nymphaea lotus L. var. **pubescens** Willd.

水生草本。花期 8 ~ 10 月；果期 9 ~ 11 月。南宁有栽培。分布于中国云南。越南、泰国、缅甸、印度尼西亚、菲律宾、印度、孟加拉国、斯里兰卡、巴基斯坦、新几内亚也有分布。

黄睡莲

Nymphaea mexicana Zucc.

　　水生草本。花期 4 ~ 9 月。玉林市、北海市、钦州市、防城港市、南宁市、崇左市、百色市有栽培。中国各地有栽培。原产于美洲、亚洲、大洋洲。

王莲属 Victoria Lindl.

王莲

Victoria amazonica (Poepp.) Sowerby

　　大型浮水植物。花期 7 ~ 9 月。南宁有栽培。中国南方有栽培。原产于南美洲亚马逊河流域。

19. 小檗科

BERBERIDACEAE

十大功劳属 Mahonia Nutt.

阔叶十大功劳

Mahonia bealei (Fortune) Carr.

灌木或小乔木。花期 9 月至翌年 1 月；果期 3 ~ 5 月。产于靖西。生于海拔 500 ~ 1400 m 的阔叶林下、林缘或灌丛中，少见。分布于中国广东、广西、湖南、江西、福建、浙江、安徽、湖北、四川、陕西、河南。

长柱十大功劳

Mahonia duclouxiana Gagnep.

Mahonia dolichostylis Takeda

灌木。花期 11 月至翌年 4 月；果期 3～6 月。产于靖西。生于海拔 1000 m 的林中、灌丛、路边或山坡，少见。分布于中国广西、云南、四川。泰国、缅甸、印度也有分布。

南天竹属 Nandina Thunb.

南天竹

Nandina domestica Thunb.

灌木。花期 3～6 月；果期 5～11 月。产于玉林、陆川、南宁。生于山地林下沟旁、路边或灌丛，少见。分布于中国广东、广西、湖南、江西、福建、浙江、江苏、安徽、湖北、贵州、云南、四川、陕西、河南、山东。印度、日本也有分布。

21. 木通科

LARDIZABALACEAE

木通属 Akebia Decne.

白木通

Akebia trifoliata (Thunb.) Koidz. subsp. **australis** (Diels) T. Shimizu

　　木质藤本。花期4~5月；果期6~9月。产于德保。生于海拔300~1300 m的山坡灌丛或沟谷疏林中，少见。分布于中国广东、广西、湖南、江西、福建、台湾、浙江、江苏、安徽、湖北、贵州、云南、四川、陕西、山西、河南。

野木瓜属 Stauntonia DC.

尾叶那藤

Stauntonia obovatifoliola Hayata subsp. **urophylla** (Hand.-Mazz.) H. N. Qin

　　木质藤本。花期4月；果期6~7月。产于博白、上思、平果。生于海拔500~850 m的山谷溪旁林中，攀缘于树上，少见。分布于中国广东、广西、湖南、江西、福建、浙江。

23. 防己科
MENISPERMACEAE

崖藤属 Albertisia Becc.

崖藤

Albertisia laurifolia Yamam.

　　木质藤本。花、果期 4 ~ 9 月。产于钦州、防城、上思。生于阔叶林中，少见。分布于中国海南、广西、云南。越南也有分布。

木防己属 Cocculus DC.

樟叶木防己

Cocculus laurifolius DC.

　　灌木。花、果期 4 ~ 10 月。产于隆安、龙州、大新、凭祥、百色、平果、那坡。生于林下或灌丛，常见。分布于中国海南、广东、广西、湖南、福建、台湾、贵州、云南、西藏。老挝、泰国、缅甸、马来西亚、印度尼西亚、印度、尼泊尔、日本也有分布。

粉叶轮环藤

Cyclea hypoglauca (Schauer) Diels

　　藤本。花期夏季；果期秋季。产于玉林、容县、陆川、北流、钦州、防城、上思、东兴、南宁、隆安、崇左、宁明、龙州、大新、凭祥、平果、靖西、那坡。生于疏林或灌丛中，很常见。分布于中国海南、广东、广西、湖南、江西、福建、贵州、云南。越南也有分布。

弄岗轮环藤

Cyclea longgangensis J. Y. Luo

　　缠绕木质藤本。花期 5 ~ 6 月；果期 10 ~ 11 月。产于宁明、龙州。生于海拔 180 ~ 300 m 的石灰岩林中或林缘，很少见。分布于中国广西。

苍白秤钩风

Diploclisia glaucescens (Blume) Diels

　　木质藤本。花期4月；果期8月。产于博白、浦北、防城、上思、宁明、龙州、田阳、平果、德保、靖西、那坡。生于灌丛或林中，常见。分布于中国海南、广东、广西、云南。亚洲热带地区也有分布。

天仙藤

Fibraurea recisa Pierre

　　木质大藤本。花期春、夏季；果期秋季。产于防城、龙州、那坡。生于林中，少见。分布于中国广东、广西、云南。越南、老挝、柬埔寨也有分布。

细圆藤属 Pericampylus Miers

细圆藤

Pericampylus glaucus (Lam.) Merr.

　　木质藤本。花期夏季；果期秋季。产于玉林、博白、北流、钦州、浦北、防城、上思、南宁、隆安、扶绥、宁明、龙州、大新、田阳、平果、德保、那坡。生于密林或灌丛中，很常见。分布于中国西南部至东南部。亚洲东南部也有分布。

密花藤

Pycnarrhena lucida (Teijsm. & Binn.) Miq.

　　木质藤本。产于龙州。生于林中，少见。分布于中国海南、广西。老挝、泰国、柬埔寨、马来西亚、印度尼西亚、印度也有分布。

千金藤属 Stephania Lour.

桐叶千斤藤

Stephania japonica (Thunb.) Miers var. **discolor** (Blume) Forman

　　藤本。花期夏季；果期秋、冬季。产于平果、靖西、那坡。生于疏林或灌丛中，少见。分布于中国广西、贵州、云南、四川。泰国、缅甸、马来西亚、印度、尼泊尔、澳大利亚也有分布。

广西地不容

Stephania kwangsiensis H. S. Lo

　　藤本。花期 5 月。产于龙州、田阳、靖西、那坡。生于石灰岩山上，很少见。分布于中国广西、云南。

粪箕笃

Stephania longa Lour.

　　藤本。花、果期 4 ~ 9 月。产于玉林、博白、北海、钦州、防城、南宁、隆安、横县、崇左、扶绥、龙州、大新、凭祥、百色、田阳、平果、靖西、那坡。生于灌丛或林缘，很常见。分布于中国海南、广东、广西、福建、台湾、云南。越南、老挝也有分布。

青牛胆

Tinospora sagittata (Oliv.) Gagnep.

藤本。花期 4 月；果期秋季。产于隆安、崇左、龙州、大新、天等、平果。生于林下、林缘、竹林或草地上，少见。分布于中国海南、广东、广西、湖南、江西、福建、湖北、贵州、四川、西藏、陕西。越南也有分布。

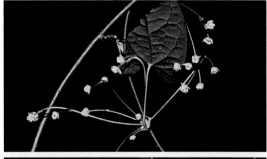

中华青牛胆

Tinospora sinensis (Lour.) Merr.

藤本。花期 4 月；果期 5 ~ 6 月。产于南宁、隆安、宁明、龙州、百色、平果、靖西。生于林中，少见。分布于中国海南、广东、广西、云南。越南、泰国、柬埔寨、印度、尼泊尔、斯里兰卡也有分布。

24. 马兜铃科

ARISTOLOCHIACEAE

马兜铃属 Aristolochia L.

凹脉马兜铃

Aristolochia impressinervis C. F. Liang

　　藤本。花期 5 ～ 8 月；果期 8 ～ 10 月。产于扶绥、龙州、大新、平果。生于海拔 200 ～ 500 m 的石灰岩林下或灌丛中，很少见。分布于中国广西。

广西马兜铃

Aristolochia kwangsiensis Chun & F. C. How ex C. F. Liang

　　藤本。花期 4 ～ 5 月；果期 8 ～ 9 月。产于宁明、龙州、大新、靖西、那坡。生于海拔 600 ～ 1300 m 的山谷林中，少见。分布于中国广东、广西、湖南、福建、浙江、贵州、云南、四川。

弄岗马兜铃

Aristolochia longgangensis C. F. Liang

　　藤本。花期 2 月；果期 9 月。产于宁明、龙州。生于海拔 100 ~ 300 m 的石灰岩林下，很少见。分布于中国广西。越南也有分布。

耳叶马兜铃

Aristolochia tagala Champ.

　　藤本。花期 5 ~ 8 月；果期 10 ~ 12 月。产于容县、钦州、灵山、东兴、横县。生于海拔 1000 m 以下的阔叶林中，少见。分布于中国海南、广东、广西、台湾、云南。越南、泰国、柬埔寨、缅甸、马来西亚、印度尼西亚、菲律宾、印度、尼泊尔、日本也有分布。

变色马兜铃

Aristolochia versicolor S. M. Hwang

藤本。花期 4 ~ 6 月；果期 8 ~ 10 月。产于扶绥、龙州、大新、靖西。生于海拔 500 ~ 1400 m 的山坡灌丛或林缘较阴湿处，少见。分布于中国广东、广西、云南。

细辛属 Asarum L.

尾花细辛（土细辛）

Asarum caudigerum Hance

草本。花期 4 ~ 12 月。产于南宁、横县、宁明、龙州、大新、德保、靖西、那坡。生于海拔 350 ~ 1600 m 的林下、溪边或路旁，常见。分布于中国广东、广西、湖南、江西、福建、台湾、浙江、湖北、贵州、云南、四川。越南也有分布。

地花细辛

Asarum geophilum Hemsl.

　　草本。花期 4 ~ 6 月。产于南宁、隆安、崇左、宁明、龙州、大新、百色、平果、德保、那坡。生于海拔 250 ~ 700 m 的密林下或山谷阴湿处，常见。分布于中国广东、广西、贵州。

长茎金耳环

Asarum longerhizomatosum C. F. Liang & C. S. Yang

　　草本。花期 7 ~ 12 月。产于钦州、防城、宁明。生于海拔 200 m 的林间空地或岩边阴湿处，很少见。分布于中国广西。

27. 猪笼草科
NEPENTHACEAE

猪笼草属 Nepenthes L.

猪笼草

Nepenthes mirabilis (Lour.) Druce

草本。花期 4 ~ 11 月；果期 8 ~ 12 月。产于玉林、博白、北流。生于海拔 50 ~ 400 m 的灌丛、草地或林下，很少见。分布于中国海南、广东、广西。越南、老挝、泰国、柬埔寨、亚洲南部岛屿、澳大利亚北部、太平洋岛屿（加罗林群岛）也有分布。

28. 胡椒科

PIPERACEAE

草胡椒属 Peperomia Ruiz & Pavon

石蝉草

Peperomia blanda (Jacq.) Kunth

　　草本。花期 4 ~ 12 月。产于龙州、平果、靖西、那坡。生于山谷、溪边或林下石缝内，常见。分布于中国海南、广东、广西、福建、台湾、贵州、云南。越南、泰国、柬埔寨、缅甸、马来西亚、印度、孟加拉国、斯里兰卡、日本、西亚、非洲、南美洲也有分布。

草胡椒

Peperomia pellucida (L.) Kunth

　　草本。花期 4 ~ 7 月。南宁有栽培。分布于中国海南、广东、广西、福建、云南，逸为野生。原产于热带美洲，现各热带地区广泛分布。

胡椒属 Piper L.

苎叶蒟

Piper boehmeriifolium (Miq.) Wall. ex C. DC.

　　直立亚灌木。花期 2 ~ 5 月。产于灵山、防城、上思、东兴、宁明、龙州、百色、田阳、那坡。生于山谷密林下、溪边或山坡湿润处，常见。分布于中国海南、广东、广西、贵州、云南。越南、泰国、马来西亚、印度、不丹也有分布。

山蒟

Piper hancei Maxim.

　　藤本。花期 4 ~ 7 月。产于容县、博白、龙州。生于林中，攀援于树上或石上，常见。分布于中国海南、广东、广西、湖南、福建、浙江、贵州、云南。

假蒟

Piper sarmentosum Roxb.

　　匍匐草本。花期 4 ~ 11 月。产于玉林市、北海市、钦州市、防城港市、南宁市、崇左市、百色市。生于林下或村旁阴湿地，很常见。分布于中国海南、广东、广西、福建、贵州、云南、西藏。越南、老挝、柬埔寨、马来西亚、印度尼西亚、菲律宾、印度也有分布。

小叶爬崖香

Piper sintenense Hatus.

　　藤本。花期 3 ~ 7 月。产于钦州、横县、平果。生于海拔 100 ~ 1000 m 的疏林或山谷密林中，常攀援于树上或石上，少见。分布于中国西南至东南部。日本、朝鲜也有分布。

齐头绒属 Zippelia Blume

齐头绒

Zippelia begoniifolia Blume ex Schult. & Schult. f.

　　草本。花期 5 ~ 7 月。产于扶绥、龙州。生于山谷林下，很少见。分布于中国海南、广西、云南。越南、老挝、马来西亚、印度尼西亚、菲律宾也有分布。

29. 三白草科
SAURURACEAE

裸蒴属 Gymnotheca Decne.

裸蒴

Gymnotheca chinensis Decne.

　　草本。花期 4 ~ 11 月。产于南宁、隆安、龙州、大新、平果、那坡。生于水旁或山谷中，很少见。分布于中国广东、广西、湖南、湖北、贵州、云南、四川。

蕺菜

Houttuynia cordata Thunb.

草本。花期 4～9 月；果期 6～10 月。产于玉林市、北海市、钦州市、防城港市、南宁市、崇左市、百色市。生于溪边洼地、田边沟旁或山坡潮湿林下，很常见。分布于中国海南、广东、广西、湖南、江西、福建、台湾、浙江、安徽、湖北、贵州、云南、四川、西藏、甘肃、陕西、河南。泰国、缅甸、印度尼西亚、印度、尼泊尔、不丹、日本、朝鲜也有分布。

三白草属 Saururus L.

三白草

Saururus chinensis (Lour.) Baill.

草本。花期 4～6 月；果期 6～7 月。产于玉林、南宁、隆安、横县、宁明、龙州、大新、平果、那坡。生于沟旁、水塘边或潮湿地，少见。分布于中国海南、广东、广西、湖南、江西、福建、台湾、浙江、江苏、安徽、湖北、贵州、云南、四川、青海、陕西、河南、山东、河北。越南、菲律宾、日本、朝鲜也有分布。

30. 金粟兰科
CHLORANTHACEAE

金粟兰属 Chloranthus Sw.

金粟兰

Chloranthus spicatus (Thunb.) Makino

亚灌木。花期4～7月；果期8～9月。产于龙州。生于山坡、沟谷密林下，很少见。分布于中国海南、广东、广西、福建、贵州、云南、四川。东南亚以及日本也有分布。

雪香兰属 Hedyosmum Sw.

雪香兰

Hedyosmum orientale Merr. & Chun

草本。花期12月至翌年3月；果期2～6月。产于防城。生于海拔400～600 m的湿润密林下或灌丛中，很少见。分布于中国海南、广东、广西。越南、印度尼西亚也有分布。

草珊瑚

Sarcandra glabra (Thunb.) Nakai

　　亚灌木。花期6月；果期8～12月。产于玉林市、北海市、钦州市、防城港市、南宁市、崇左市、百色市。生于海拔300～1500 m的山坡或沟谷林下阴湿处，很常见。分布于中国海南、广东、广西、湖南、江西、福建、台湾、浙江、安徽、湖北、贵州、云南、四川。越南、柬埔寨、马来西亚、菲律宾、印度、斯里兰卡、日本、朝鲜也有分布。

海南草珊瑚

Sarcandra glabra (Thunb.) Nakai subsp. **brachystachys** (Blume) Verdc.

Sarcandra hainanensis (S. J. Pei) Swamy & I. W. Bailey

　　亚灌木。花期10月至翌年5月；果期3～8月。产于龙州。生于海拔400～1000 m的山坡或沟谷林下，少见。分布于中国海南、广东、广西、湖南、云南。越南、老挝、泰国也有分布。

32. 罂粟科
PAPAVERACEAE

蓟罂粟属 Argemone L.

蓟罂粟
Argemone mexicana L.

　　草本。花、果期 3 ~ 9 月。南宁有栽培，或逸生于草地。中国海南、广东、福建、台湾、云南等省区有栽培，已归化。原产于西印度洋群岛以及墨西哥等地，现世界热带地区有栽培。

罂粟属 Papaver L.

虞美人
Papaver rhoeas L.

　　草本。花、果期 3 ~ 8 月。玉林市、北海市、钦州市、防城港市、南宁市、崇左市、百色市有栽培。中国各地常见栽培。原产于非洲北部、亚洲西南部以及欧洲。

33. 紫堇科
FUMARIACEAE

紫堇属 Corydalis DC.

北越紫堇

Corydalis balansae Prain

    草本。花、果期 5 ~ 8 月。产于防城、南宁、隆安、扶绥、宁明、龙州、大新、天等、平果、那坡。生于海拔 200 ~ 700 m 的山谷或沟边潮湿地，常见。分布于中国广东、香港、广西、湖南、江西、福建、台湾、浙江、江苏、安徽、湖北、贵州、云南、山东。越南、老挝、日本也有分布。

36. 白花菜科
CAPPARIDACEAE

黄花草属 Arivela Raf.

黄花草

Arivela viscosa (L.) Raf.

Cleome viscosa L.

  草本。花期 3 ~ 11 月；果期 6 月至翌年 3 月。产于博白、北海、防城、上思、南宁、宁明、龙州、大新、百色、平果。生于荒地、路旁或田野，很常见。分布于中国海南、广东、广西、湖南、江西、福建、台湾、浙江、安徽、云南。世界热带地区广泛分布。

山柑属 Capparis L.

广州山柑

Capparis cantoniensis Lour.

  攀援灌木。花期 3 ~ 11 月；果期 11 月至翌年 3 月。产于玉林、陆川、北流、上思、龙州。生于海拔 1000 m 以下的山沟水旁或疏林中，少见。分布于中国海南、广东、广西、福建、贵州、云南。越南、泰国、缅甸、印度尼西亚、菲律宾、印度、不丹以及印度洋岛屿也有分布。

野槟榔

Capparis chingiana B. S. Sun

直立或攀援灌木。花期 3 ~ 5 月；果期 11 ~ 12 月。产于平果、德保、靖西。生于海拔 1000 m 以下的石山灌丛或林中，少见。分布于中国广西、云南。

雷公橘（纤枝槌果藤）

Capparis membranifolia Kurz

直立或攀援灌木。花期 1 ~ 4 月；果期 5 ~ 8 月。产于龙州、平果。生于海拔 500 m 的石山灌丛、山谷疏林或林缘，少见。分布于中国海南、广东、广西、湖南、贵州、云南、西藏。越南、老挝、泰国、柬埔寨、缅甸、印度、不丹也有分布。

青皮刺（曲枝槌果藤）

Capparis sepiaria L.

灌木。花期 4 ~ 6 月；果期 8 ~ 12 月。产于北海、龙州。生于海拔 300 m 以下的海边、山坡、灌丛或疏林中，少见。分布于中国海南、广东、广西、云南。越南、老挝、泰国、柬埔寨、缅甸、马来西亚、印度尼西亚、菲律宾、印度、尼泊尔、斯里兰卡、澳大利亚、新几内亚以及印度洋岛屿、热带非洲也有分布。

无柄山柑

Capparis subsessilis B. S. Sun

灌木。果期 8 ~ 10 月。产于龙州、百色、平果。生于海拔 500 m 以下的山谷林中，很少见。分布于中国广西。越南也有分布。

小绿刺（尾叶槌果藤）

Capparis urophylla F. Chun

小乔木或灌木。花期 3 ~ 6 月；果期 8 ~ 12 月。产于上思、横县、扶绥、龙州、大新。生于山坡、山谷疏林下或灌丛中，常见。分布于中国广西、云南。老挝也有分布。

鱼木属 Crateva L.

台湾鱼木

Crateva formosensis (Jacobs) B. S. Sun

灌木或乔木。花期 6 ~ 7 月；果期 8 月至翌年 1 月。产于合浦、龙州。生于海拔 400 m 以下的山谷、河岸或密林中，少见。分布于中国广东、广西、台湾。日本也有分布。

钝叶鱼木

Crateva trifoliata (Roxb.) B. S. Sun

乔木或灌木。花期 3 ~ 5 月；果期 8 ~ 9 月。产于北海、合浦、防城。生于海滨沙地，少见。分布于中国海南、广东、广西、台湾、云南。越南、老挝、泰国、柬埔寨、缅甸、印度也有分布。

醉蝶花属 Tarenaya Raf.

醉蝶花

Tarenaya hassleriana (Chodat) Iltis

草本。花期 5 ~ 12 月；果期 6 ~ 12 月。玉林市、北海市、钦州市、防城港市、南宁市、崇左市、百色市有栽培。中国各大城市常见栽培。原产于南美洲，现广泛栽培于热带和暖温带地区。

37. 辣木科
MORINGACEAE

辣木属 Moringa Adans.

象腿树

Moringa drouhardii Jum.

　　乔木。花期秋季。南宁有栽培。中国南方有栽培。原产于非洲热带地区。

辣木

Moringa oleifera Lam.

　　乔木。花期全年；果期6～12月。北海、南宁、百色有栽培。常栽于村旁、园地，或逸为野生。中国海南、广东、广西、福建、台湾有栽培。原产于印度，现广植于各热带地区。

39. 十字花科

CRUCIFERAE

芸苔属 Brassica L.

芥菜

Brassica juncea (L.) Czern.

　　草本。花期 3 ~ 6 月；果期 4 ~ 7 月。玉林市、北海市、钦州市、防城港市、南宁市、崇左市、百色市有栽培。全国各地栽培。原产于亚洲，现世界各地广为栽培。

花椰菜

Brassica oleracea L. var. **botrytis** L.

　　草本。花期 4 月；果期 5 月。玉林市、北海市、钦州市、防城港市、南宁市、崇左市、百色市有栽培。中国各地有栽培。原产于欧洲。

甘蓝

Brassica oleracea L. var. **capitata** L.

草本。花期 4 月；果期 5 月。玉林市、北海市、钦州市、防城港市、南宁市、崇左市、百色市有栽培。中国各地有栽培。原产于欧洲。

青菜

Brassica rapa L. var. **chinensis** (L.) Kitam.

Brassica chinensis L.

草本。花期 4 月；果期 5 月。玉林市、北海市、钦州市、防城港市、南宁市、崇左市、百色市有栽培。分布于中国南、北各省。原产于亚洲。

荠

Capsella bursapastoris (L.) Medik.

　　草本。花、果期 4 ~ 6 月。产于玉林市、北海市、钦州市、防城港市、南宁市、崇左市、百色市。生于山坡、田边以及路旁，常见。分布于中国南、北各地。世界温带地区广泛分布。

碎米荠属 Cardamine L.

弯曲碎米荠

Cardamine flexuosa With.

　　草本。花期 2 ~ 5 月；果期 4 ~ 7 月。产于扶绥、百色、靖西。生于海拔 1500 m 以下的田边、路旁或草地，少见。分布于中国各地。原产于欧洲，在澳大利亚以及南、北美洲归化，越南、老挝、泰国、缅甸、马来西亚、印度尼西亚、菲律宾、印度、尼泊尔、不丹、孟加拉国、巴基斯坦、日本、朝鲜也有分布。

碎米荠

Cardamine hirsuta L.

草本。花期 2 ~ 5 月；果期 4 ~ 7 月。产于灵山、浦北、上思、南宁、百色、平果、德保、靖西、那坡。生于海拔 1000 m 以下的山坡、路旁、荒地、田间，常见。分布于中国各地。亚洲、欧洲也有分布，归化于澳大利亚、非洲南部以及美洲。

豆瓣菜属 Nasturtium W. T. Aiton

豆瓣菜

Nasturtium officinale R. Br.

水生草本。花期 4 ~ 5 月；果期 6 ~ 7 月。产于南宁、平果，栽培或逸为野生。生于水沟旁、山涧河边、沼泽地或水田中，少见。分布于中国广东、广西、江苏、安徽、贵州、云南、四川、西藏、陕西、山西、河南、山东、河北、黑龙江。欧洲、亚洲以及北美洲也有分布。

萝卜

Raphanus sativus L.var. **longipinnatue** L. H. Bailey

　　草本。花期4～5月；果期5～6月。玉林市、北海市、钦州市、防城港市、南宁市、崇左市、百色市有栽培。中国南、北各地普遍栽培。原产于地中海，现世界各地广泛栽培。

薅菜属 Rorippa Scop.

无瓣薅菜

Rorippa dubia (Pers.) H. Hara

　　草本。花期4～6月；果期6～8月。产于北流、北海、横县。生于山坡路旁、山谷、河边、园圃或田野潮湿处，少见。分布于中国华南、华东、华中、西南。越南、老挝、泰国、缅甸、马来西亚、印度尼西亚、菲律宾、印度、尼泊尔、孟加拉国、日本以及美洲也有分布。

风花菜

Rorippa globosa (Turcz. ex Fisch. & C. A. Mey.) Hayek

　　草本。花、果期 4 ~ 11 月。产于南宁、崇左、靖西。生于海拔 1500 m 以下的河岸、田间、路旁、荒地，少见。分布于中国海南、广东、广西、湖南、江西、浙江、江苏、安徽、湖北、云南、山西、山东、河北、吉林、黑龙江。越南、日本、朝鲜、蒙古、俄罗斯也有分布。

蔊菜

Rorippa indica (L.) Hiern

　　草本。花、果期几全年。产于北流、南宁、龙州、百色、平果。生于路旁、田边、园圃、河边或旷野潮湿处，常见。分布于中国南、北各地。越南、老挝、泰国、缅甸、马来西亚、印度尼西亚、菲律宾、印度、尼泊尔、孟加拉国、巴基斯坦、日本、朝鲜以及美洲也有分布。

40. 菫菜科
VIOLACEAE

三角车属 Rinorea Aubl.

三角车
Rinorea bengalensis (Wall.) Kuntze

　　灌木。花期4～5月；果期9月。产于宁明、龙州、大新、天等、平果。生于灌丛或密林中，常见。分布于中国海南、广西。越南、泰国、缅甸、马来西亚、印度、斯里兰卡、澳大利亚也有分布。

菫菜属 Viola L.

七星莲（蔓茎菫菜）
Viola diffusa Ging.

　　草本。花期春、夏季；果期7～9月。产于容县、北流、钦州、防城、上思、隆安、横县、崇左、扶绥、龙州、百色、德保、那坡。生于山地林下、林缘、草坡、溪旁或岩石缝隙中，很常见。分布于中国海南、广东、广西、福建、台湾、浙江、安徽、重庆、云南、四川、西藏、甘肃、陕西。越南、泰国、缅甸、马来西亚、印度尼西亚、菲律宾、印度、尼泊尔、不丹、日本、巴布亚新几内亚也有分布。

三角叶董菜

Viola triangulifolia W. Becker

草本。花、果期 4～6 月。产于上思、横县。生于山谷溪旁、林缘或路旁，少见。分布于中国广东、广西、湖南、江西、福建、浙江。

三色董

Viola tricolor L.

草本。花期 4～7 月；果期 7～8 月。玉林市、北海市、钦州市、防城港市、南宁市、崇左市、百色市有栽培。中国南、北各地公园有栽培以供观赏。原产于欧洲。

42. 远志科

POLYGALACEAE

远志属 Polygala L.

华南远志

Polygala chinensis L.

Polygala glomerata Lour.

　　草本。花期 4 ~ 10 月；果期 5 ~ 11 月。产于平果。生于海拔
500 ~ 900 m 的山坡草地或灌丛中，少见。分布于中国海南、广东、广西、
福建、云南。越南、菲律宾、印度也有分布。

黄花倒水莲

Polygala fallax Hemsl.

　　灌木或小乔木。花期 5 ~ 8 月；果期 8 ~ 10 月。产于玉林、容县、浦北、上思。生于海拔
300 ~ 1400 m 的山谷林下阴湿处，少见。分布于中国广东、广西、湖南、江西、福建、云南。

瓜子金

Polygala japonica Houtt.

　　草本。花期4~5月；果期5~8月。产于玉林、横县、平果。生于山坡草地或田埂上，常见。分布于中国东北、华北、西北、华东、华中和西南地区。越南、缅甸、马来西亚、菲律宾、印度、斯里兰卡、日本、朝鲜、俄罗斯、新几内亚也有分布。

大叶金牛

Polygala latouchei Franch.

　　矮小亚灌木。花期3~4月；果期4~5月。产于宁明。生于海拔600~1300 m的林下岩石上或山坡草地，少见。分布于中国广东、广西、江西、福建。

长毛籽远志

Polygala wattersii Hance

　　灌木或小乔木。花期4～6月；果期5～7月。产于龙州、靖西、那坡。生于海拔900～1500 m的石灰岩阔叶林或灌丛中，少见。分布于中国广东、广西、湖南、江西、湖北、云南、四川、西藏。越南也有分布。

齿果草属 Salomonia Lour.

齿果草

Salomonia cantoniensis Lour.

　　草本。花期6～8月；果期8～10月。产于防城、上思、龙州、平果。生于海拔600～1450 m的山坡林下、灌丛或草地，常见。分布于中国海南、广东、广西、福建、浙江、贵州、云南。泰国、老挝、柬埔寨、缅甸、马来西亚、印度尼西亚、菲律宾、印度、尼泊尔、不丹也有分布。

瑶山蝉翼藤

Securidaca yaoshanensis Hao

　　攀援状灌木。花期6月；果期10月。产于防城、上思。生于海拔 800 ~ 1300 m 的林中，少见。分布于中国广西、云南。

黄叶树属 Xanthophyllum Roxb.

黄叶树

Xanthophyllum hainanense Hu

　　乔木。花期 3 ~ 5 月；果期 4 ~ 7 月。产于钦州、防城、上思、宁明。生于海拔 150 ~ 600 m 的林中，常见。分布于中国海南、广东、广西。越南也有分布。

45. 景天科
CRASSULACEAE

落地生根属 Bryophyllum Salisb.

棒叶落地生根
Bryophyllum delagoense (Eckl. & Zeyh.) Druce

　　草本。花期 12 月至翌年 3 月。产于合浦，栽培或逸为野生。原产于马达加斯加。

落地生根
Bryophyllum pinnatum (L. f.) Oken

　　草本。花期 1 ~ 3 月。产于北海、防城、东兴、南宁、隆安、宁明、龙州、百色、平果、靖西、那坡，逸为野生。生于湿润草地、树下或岩石上，常见。分布于中国海南、广东、广西、福建、台湾、云南，栽培或逸为野生。原产于非洲。

长寿花

Kalanchoe blossfeldiana Poelln.

　　草本。花期 1～4 月。玉林市、北海市、钦州市、防城港市、南宁市、崇左市、百色市有栽培。中国各地广泛栽培。原产于马达加斯加。

伽蓝菜

Kalanchoe ceratophylla Haw.

　　草本。花期几全年。玉林市、北海市、钦州市、防城港市、南宁市、崇左市、百色市有栽培。分布于中国海南、广东、广西、福建、台湾、云南。亚洲东南部以及印度也有分布。

凹叶景天

Sedum emarginatum Migo

草本。花期 5 ~ 6 月；果期 6 月。产于上思、平果。生于海拔 600 ~ 1400 m 的山坡阴湿处，少见。分布于中国广西、湖南、江西、浙江、江苏、安徽、湖北、云南、四川、甘肃、陕西。

垂盆草

Sedum sarmentosum Bunge

草本。花期 5 ~ 7 月；果期 8 月。产于平果。生于海拔 1000 m 以下的山坡阳处或石上，少见。分布于中国湖南、江西、福建、浙江、江苏、安徽、湖北、贵州、四川、甘肃、陕西、山西、河南、山东、河北、北京、辽宁、吉林。日本、朝鲜也有分布。

48. 茅膏菜科
DROSERACEAE

茅膏菜属 Drosera L.

锦地罗

Drosera burmanni Vahl

    草本。花、果期全年。产于北海、钦州、防城、东兴、南宁。生于山坡阳处或疏林中，少见。分布于中国海南、广东、广西、福建、台湾、云南。亚洲东部、东南部以及澳大利亚也有分布。

53. 石竹科
CARYOPHYLLACEAE

石竹属 Dianthus L.

石竹

Dianthus chinensis L.

　　草本。花期5～6月；果期7～9月。北海、南宁有栽培。分布于中国南、北各地。朝鲜、蒙古、俄罗斯以及欧洲也有分布。

荷莲豆草

Drymaria cordata (L.) Willd. ex Schult.

Drymaria diandra Blume

　　草本。花期 4 ~ 10 月；果期 6 ~ 12 月。产于防城、扶绥、龙州、百色、平果、德保、靖西、那坡。生于海拔 1500 m 以下的山谷溪边或林缘，少见。分布于中国海南、广东、广西、湖南、福建、台湾、浙江、贵州、云南、四川、西藏。热带亚洲以及非洲、美洲也有分布。

鹅肠菜属 Myosoton Moench

鹅肠菜（牛繁缕）

Myosoton aquaticum (L.) Moench

　　近肉质披散草本。花期 5 ~ 8 月；果期 6 ~ 9 月。产于上思、扶绥、平果、那坡。生于海拔 1600 m 以下的山谷林下、溪边、草地、路旁、荒地，常见。分布于中国南、北各地。世界各地广泛分布。

雀舌草

Stellaria alsine Grimm

草本。花期 5 ~ 6 月；果期 7 ~ 8 月。产于南宁、横县、靖西。生于田间、溪岸或潮湿地，常见。分布于中国广东、广西、湖南、江西、福建、台湾、浙江、江苏、安徽、贵州、云南、四川、西藏、甘肃、河南、内蒙古。越南、尼泊尔、不丹、印度、克什米尔地区、巴基斯坦、日本、朝鲜以及欧洲也有分布。

繁缕

Stellaria media (L.) Vill.

草本。花期 6 ~ 7 月；果期 7 ~ 8 月。产于玉林市、北海市、钦州市、防城港市、南宁市、崇左市、百色市。生于田间、路边，常见。分布于中国各地（新疆、黑龙江除外）。印度、不丹、巴基斯坦、阿富汗、日本、朝鲜、俄罗斯也有分布。

54. 粟米草科

MOLLUGINACEAE

粟米草属 Mollugo L.

粟米草

Mollugo stricta L.

Mollugo pentaphylla L.

　　草本。花期 6～8 月；果期 8～10 月。产于防城、上思、龙州。生于空旷荒地、农田或海岸沙地，常见。分布于中国海南、广东、广西、湖南、江西、福建、台湾、浙江、江苏、安徽、湖北、贵州、云南、四川、西藏、陕西、山东。亚洲热带、亚热带地区也有分布。

55. 番杏科
AIZOACEAE

海马齿属 Sesuvium L.

海马齿

Sesuvium portulacastrum (L.) L.

肉质草本。花期 4 ~ 7 月。产于北海、钦州、东兴。生于海岸沙地或珊瑚石缝中，常见。分布于中国海南、广东、广西、福建、台湾。世界热带、亚热带海滨地区均有分布。

56. 马齿苋科
PORTULACACEAE

马齿苋属 Portulaca L.

大花马齿苋

Portulaca grandiflora Hook.

草本。花期 6 ~ 9 月；果期 8 ~ 11 月。北海、南宁有栽培。中国各地有栽培。原产于巴西。

马齿苋

Portulaca oleracea L.

  草本。花期 5 ~ 8 月；果期 6 ~ 9 月。产于玉林、北流、北海、合浦、浦北、防城、南宁、隆安、扶绥、龙州、大新、百色、平果、靖西、那坡。生于菜园、农田、路旁，常见。分布于中国各地。世界热带至温带地区广泛分布。

四瓣马齿苋

Portulaca quadrifida L.

  草本。花、果期几全年。产于北海。生于海边空旷地，少见。分布于中国海南、广东、台湾、云南，广西首次记录。亚洲以及非洲热带地区也有分布。

树马齿苋

Portulacaria afra Jacq.

肉质灌木。花期 5 ~ 8 月；果期 6 ~ 9 月。北海有栽培。原产于南非。

土人参属 Talinum Adans.

土人参

Talinum paniculatum (Jacq.) Gaertn.

草本。花期 6 ~ 8 月；果期 9 ~ 11 月。产于玉林市、北海市、钦州市、防城港市、南宁市、崇左市、百色市，逸为野生。分布于中国长江以南，北至陕西等地，栽培或逸为野生。原产于热带美洲。

57. 蓼科

POLYGONACEAE

金线草属 Antenoron Raf.

金线草

Antenoron filiforme (Thunb.) Roberty & Vautier

草本。花期 7 ~ 8 月；果期 9 ~ 10 月。产于容县、防城、上思、南宁、龙州、大新、百色、那坡。生于山坡林缘或山谷路旁，少见。分布于中国华南、华中、华东、西南、华北等地。缅甸、日本、朝鲜、俄罗斯也有分布。

珊瑚藤

Antigonon leptopus Hook. & Arn.

　　藤本。花、果期几全年。玉林市、北海市、钦州市、防城港市、南宁市、崇左市、百色市有栽培。中国海南、广东、广西有栽培，或逸为野生。原产于墨西哥，现广植于各热带地区。

荞麦属 Fagopyrum Mill.

金荞麦

Fagopyrum dibotrys (D. Don) H. Hara

　　草本。花期 4 ~ 10 月；果期 5 ~ 11 月。产于容县。生于山谷潮湿地、山坡灌丛，很少见。分布于中国广东、广西、湖南、江西、福建、浙江、江苏、安徽、湖北、贵州、云南、四川、西藏、甘肃、陕西、河南。越南、缅甸、印度、尼泊尔、不丹也有分布。

何首乌

Fallopia multiflora (Thunb.) Haraldson

　　草本。花期 7～10 月；果期 8～11 月。产于陆川、钦州、龙州、田阳、平果、德保、靖西、那坡。生于海拔 200～1600 m 的山谷灌丛、山坡林下或沟边石隙，常见。分布于中国海南、广东、广西、湖南、江西、福建、台湾、浙江、江苏、安徽、湖北、贵州、云南、四川、甘肃、陕西、山东。日本也有分布。

竹节蓼属 Homalocladium (F. Muell.) L. H. Bailey

竹节蓼

Homalocladium platycladum (F. Muell. ex Hook.) L. H. Bailey

　　草木。玉林市、北海市、钦州市、防城港市、南宁市、崇左市、百色市有栽培。中国海南、广东、广西、福建有栽培。原产于南太平洋所罗门群岛。

毛蓼

Polygonum barbatum L.

草本。花期 8 ~ 9 月；果期 9 ~ 10 月。产于钦州、防城、上思、南宁、宁明、百色、平果。生于海拔 1300 m 以下的溪边、田野等潮湿处，常见。分布于中国海南、广东、广西、湖南、江西、福建、台湾、湖北、贵州、云南、四川。越南、泰国、缅甸、马来西亚、印度尼西亚、菲律宾、印度、尼泊尔、不丹、斯里兰卡、新几内亚也有分布。

头花蓼

Polygonum capitatum Buch.-Ham. ex D. Don

草本。花期 6 ~ 9 月；果期 8 ~ 10 月。产于上思、百色、田阳、田东、平果、德保、靖西、那坡。生于海拔 500 ~ 1600 m 的山坡、山谷潮湿地，常见。分布于中国广东、广西、湖南、江西、湖北、贵州、云南、四川、西藏。越南、缅甸、印度、尼泊尔、不丹也有分布。

火炭母

Polygonum chinense L.

　　草本。花期 7 ~ 9 月；果期 8 ~ 10 月。产于玉林、容县、博白、北流、北海、合浦、钦州、浦北、防城、上思、南宁、隆安、宁明、龙州、凭祥、百色、平果、靖西、那坡。生于海拔 1600 m 以下的山谷潮湿地或山坡草地，很常见。分布于中国海南、广东、广西、湖南、江西、福建、台湾、浙江、江苏、安徽、湖北、贵州、云南、四川、西藏、甘肃、陕西。越南、泰国、缅甸、马来西亚、印度尼西亚、菲律宾、印度、尼泊尔、不丹、日本也有分布。

光蓼

Polygonum glabrum Willd.

　　草本。花期 6 ~ 8 月；果期 7 ~ 9 月。产于南宁、百色。生于海拔 700 m 以下的沟边潮湿地或池塘旁，少见。分布于中国海南、广东、广西、湖南、福建、台湾、湖北。越南、泰国、缅甸、菲律宾、印度以及非洲、美洲也有分布。

水蓼（辣蓼）

Polygonum hydropiper L.

草本。花期 5～9 月；果期 6～10 月。产于玉林、博白、北流、合浦、上思、南宁、隆安、横县、崇左、扶绥、宁明、龙州、大新、凭祥、百色、平果、靖西、那坡。生于河滩、沟边或山谷潮湿地，很常见。分布于中国南、北各地。世界温带、热带地区也有分布。

酸模叶蓼

Polygonum lapathifolium L.

草本。花期 6～8 月；果期 7～9 月。产于横县、百色、那坡。生于海拔 1500 m 以下的田边、路旁、水边、荒地或沟边潮湿地，常见。分布于中国各地。越南、泰国、缅甸、马来西亚、印度尼西亚、菲律宾、印度、尼泊尔、不丹、孟加拉国、巴基斯坦、日本、朝鲜、俄罗斯、蒙古、澳大利亚、巴布亚新几内亚以及中亚、非洲北部、欧洲、北美洲也有分布。

长鬃蓼

Polygonum longisetum Bruijn

    草本。花期6～8月；果期7～9月。产于容县、上思、南宁、龙州、大新、百色、平果、德保、靖西。生于海拔1600 m以下的山谷水边或河边草地，常见。分布于中国广东、广西、湖南、江西、福建、台湾、浙江、江苏、安徽、湖北、贵州、云南、四川、甘肃、陕西、山西、河南、山东、河北、辽宁、吉林、黑龙江。缅甸、马来西亚、印度尼西亚、菲律宾、印度、尼泊尔、日本、朝鲜、俄罗斯也有分布。

小蓼花

Polygonum muricatum Meissn.

    草本。花期7～8月；果期9～10月。产于上思、横县。生于山谷水边或田边湿地，常见。分布于中国广东、广西、湖南、江西、福建、浙江、江苏、安徽、湖北、贵州、云南、四川、陕西、河南、辽宁、吉林、黑龙江。泰国、印度、尼泊尔、日本、朝鲜、俄罗斯也有分布。

尼泊尔蓼

Polygonum nepalense Meissn.

草本。花期 5 ~ 8 月；果期 7 ~ 10 月。产于上思、南宁、德保。生于山坡草地或山谷路旁，少见。分布于中国各地（新疆除外）。印度尼西亚、菲律宾、印度、尼泊尔、巴基斯坦、阿富汗、日本、朝鲜、俄罗斯以及非洲也有分布。

红蓼（荭草）

Polygonum orientale L.

草本。花期 6 ~ 9 月；果期 8 ~ 10 月。产于北海、灵山、南宁、宁明、龙州。生于路边、村旁、荒地，少见。分布于中国各地。越南、泰国、缅甸、印度尼西亚、菲律宾、印度、不丹、孟加拉国、斯里兰卡、日本、朝鲜、俄罗斯、澳大利亚以及亚洲西南部、欧洲也有分布。

杠板归

Polygonum perfoliatum (L.) L.

    草本。花期 5 ~ 8 月；果期 7 ~ 10 月。产于容县、陆川、博白、北流、北海、合浦、钦州、防城、南宁、隆安、横县、崇左、龙州、大新、百色、那坡。生于田边、路旁或山谷湿地，很常见。分布于中国海南、广东、广西、湖南、江西、福建、台湾、浙江、江苏、安徽、湖北、贵州、云南、四川、甘肃、陕西、河南、山东、河北、辽宁、吉林、黑龙江。越南、泰国、马来西亚、印度尼西亚、菲律宾、印度、尼泊尔、不丹、孟加拉国、日本、朝鲜、俄罗斯、巴布亚新几内亚、亚洲西南部、北美洲也有分布。

习见蓼（腋花蓼、铁马鞭）

Polygonum plebeium R. Br.

    草本。花期 5 ~ 8 月；果期 6 ~ 9 月。产于上思、南宁、隆安、横县、大新、天等、百色、那坡。生于田边、路旁或水边湿地，常见。分布于中国各地。泰国、缅甸、印度尼西亚、菲律宾、印度、尼泊尔、哈萨克斯坦、日本、俄罗斯、澳大利亚以及非洲北部也有分布。

丛枝蓼

Polygonum posumbu Buch.-Ham. ex D. Don

　　草本。花期 6 ~ 9 月；果期 7 ~ 10 月。产于钦州、上思、南宁、隆安、龙州、凭祥、平果、那坡。生于山坡林下或山谷水边，常见。分布于中国海南、广东、广西、湖南、江西、福建、台湾、浙江、江苏、安徽、湖北、贵州、云南、四川、西藏、甘肃、陕西、河南、山东、辽宁、吉林、黑龙江。泰国、缅甸、印度尼西亚、菲律宾、印度、尼泊尔、日本、朝鲜也有分布。

香蓼

Polygonum viscosum Buch.-Ham. ex D. Don

　　草本。花期 7 ~ 9 月；果期 8 ~ 10 月。产于扶绥、宁明。生于路旁湿地或沟边草丛，少见。分布于中国广东、广西、湖南、江西、福建、台湾、浙江、江苏、安徽、湖北、贵州、云南、四川、陕西、河南、辽宁、吉林、黑龙江。印度、尼泊尔、日本、朝鲜、俄罗斯也有分布。

虎杖

Reynoutria japonica Houtt.

Polygonum cuspidatum Sieb. & Zucc.

亚灌木。花期 8 ~ 9 月；果期 9 ~ 10 月。产于玉林、容县、陆川、博白、北流、防城、上思、南宁、崇左、龙州、大新。生于山坡灌丛、山谷、路旁或田边湿地，很常见。分布于中国海南、广东、广西、湖南、江西、福建、台湾、浙江、江苏、安徽、湖北、贵州、云南、四川、甘肃、陕西、河南、山东、辽宁、黑龙江。日本、朝鲜、俄罗斯也有分布。

酸模属 Rumex L.

羊蹄

Rumex japonicus Houtt.

草本。花期 5 ~ 6 月；果期 6 ~ 7 月。产于玉林、南宁、平果、靖西。生于田边路旁、河滩或沟边湿地，常见。分布于中国海南、广东、广西、湖南、江西、福建、台湾、浙江、江苏、安徽、贵州、四川、陕西、山西、河南、山东、河北、内蒙古、辽宁、吉林、黑龙江。日本、朝鲜、俄罗斯也有分布。

刺酸模（假菠菜）

Rumex maritimus L.

　　草本。花期 5 ~ 6 月；果期 6 ~ 7 月。产于北海、合浦、南宁。生于海拔 1000 m 以下的水田、路旁或河滩，少见。分布于中国各地。亚洲、欧洲以及美洲温带地区也有分布。

长刺酸模

Rumex trisetifer Stokes

　　草本。花期 5 ~ 6 月；果期 6 ~ 7 月。产于北海、百色、那坡。生于海拔 1300 m 以下的田野、潮湿山谷或水边，少见。分布于中国海南、广东、广西、湖南、江西、福建、台湾、浙江、江苏、安徽、湖北、贵州、云南、四川、陕西。越南、老挝、泰国、缅甸、印度、不丹也有分布。

59. 商陆科
PHYTOLACCACEAE

商陆属 Phytolacca L.

商陆

Phytolacca acinosa Roxb.

草本。花期 5 ~ 8 月；果期 6 ~ 10 月。产于北流、龙州、大新、百色、田阳、平果、那坡。生于海拔 500 ~ 1500 m 的沟谷、山坡林下或林缘路旁，少见。中国除东北、内蒙古、青海、新疆外，均有分布。越南、缅甸、印度、不丹、日本、朝鲜也有分布。

垂序商陆

Phytolacca americana L.

草本。花期 6 ~ 8 月；果期 8 ~ 10 月。产于合浦、南宁、天等、百色、平果、德保、那坡，逸为野生。中国广东、江西、福建、浙江、江苏、湖北、云南、四川、陕西、河南、山东、河北有栽培，或逸为野生。原产于北美洲，现广泛归化于亚洲和欧洲。

61. 藜科
CHENOPODIACEAE

藜属 Chenopodium L.

藜

Chenopodium album L.

　　草本。花、果期 5 ~ 10 月。产于北流、北海、合浦、钦州、南宁、隆安、百色、平果、那坡。生于路旁、荒地、田间，常见。分布于中国各地。世界温带以及热带地区也有分布。

小藜

Chenopodium ficifolium Smith

Chenopodium serotinum L.

　　草本。花期 4 ~ 5 月。产于北流、百色。生于田间、荒地、旷野，少见。分布于中国各地（西藏除外）。亚洲、欧洲、北美洲也有分布。

土荆芥

Dysphania ambrosioides (L.) Mosyakin & Clemants
Chenopodium ambrosioides L.

　　草本。花期春、夏季；果期秋、冬季。产于玉林市、北海市、钦州市、防城港市、南宁市、崇左市、百色市。生于村旁旷野、路旁、河岸或溪边，常见。分布于中国海南、广东、广西、湖南、江西、福建、台湾、浙江、江苏、四川。原产于热带美洲，现世界热带以及温带地区广泛分布。

碱蓬属 Suaeda Forssk. ex J. F. Gmel.

南方碱蓬

Suaeda australis (R. Br.) Moq.

　　小灌木。花期 7 ~ 8 月。产于北海、合浦、钦州、东兴。生于海滩沙地或盐碱地，常见。分布于中国海南、广东、广西、福建、台湾、江苏。日本、亚洲东南部以及澳大利亚也有分布。

63. 苋科
AMARANTHACEAE

牛膝属 Achyranthes L.

土牛膝

Achyranthes aspera L.

草本。花期6～7月；果期10月。产于北海、合浦、钦州、防城、上思、东兴、南宁、隆安、横县、崇左、宁明、龙州、大新、百色、平果、靖西、那坡。生于疏林或村旁空旷地，常见。分布于中国海南、广东、广西、湖南、江西、福建、台湾、浙江、湖北、贵州、云南、四川。越南、老挝、泰国、柬埔寨、马来西亚、印度尼西亚、菲律宾、印度、尼泊尔、不丹、斯里兰卡以及亚洲西南部、非洲、欧洲也有分布。

牛膝

Achyranthes bidentata Blume

草本。花期7～9月；果期9～10月。产于容县、北海、钦州、上思、南宁、隆安、崇左、宁明、龙州、大新、凭祥、百色、田东、平果、靖西。生于海拔200～1500 m的山坡林下，常见。分布于中国各地（东北除外）。越南、菲律宾、马来西亚、印度、朝鲜、俄罗斯也有分布。

柳叶牛膝

Achyranthes longifolia (Makino) Makino

　　草本。花期 7 ~ 9 月；果期 9 ~ 10 月。产于博白。生于海拔 200 ~ 900 m 的山坡林下，少见。分布于中国各地（东北除外）。越南、马来西亚、菲律宾、印度、朝鲜、俄罗斯、非洲也有分布。

白花苋属 Aerva Forssk.

少毛白花苋

Aerva glabrata Hook. f.

　　草本。花、果期 4 ~ 10 月。产于龙州、平果、靖西、那坡。生于海拔 1600 m 以下的山坡阴处，少见。分布于中国广东、广西、贵州、云南。印度也有分布。

锦绣苋

Alternanthera bettzickiana (Regel) G. Nicholson

草本。花期 8 ~ 9 月。中国各大城市普遍栽培。原产于南美洲。

红龙草

Alternanthera dentate (Moench) Stuchlik ex R. E. Fries 'Ruliginosa'

草本。花、果期夏、秋季。北海有栽培。中国华南地区有栽培。

华莲子草（星星虾钳菜）

Alternanthera paronychioides A. Saint-Hilaire

草本。花期 4 ~ 10 月。产于北海。生于海边，少见。分布于中国海南、广东、台湾，广西首次记录。原产于热带美洲。

空心莲子草（喜旱莲子草）

Alternanthera philoxeroides (Mart.) Griseb.

草本。花期 4 ~ 10 月。产于玉林市、北海市、钦州市、防城港市、南宁市、崇左市、百色市，逸为野生。生于池塘、沟边或河流中，很常见。分布于中国海南、广西、湖南、江西、福建、台湾、浙江、江苏、湖北、四川、河北、北京。原产于南美洲。

莲子草

Alternanthera sessilis (L.) R. Br. ex DC.

草木。花期 5~7 月；果期 7~9 月。产于玉林、博白、北海、钦州、东兴、南宁、龙州、百色、平果。生于沟边、田野或海边潮湿处，常见。分布于中国海南、广东、广西、湖南、江西、福建、台湾、浙江、江苏、安徽、湖北、贵州、云南、四川。越南、老挝、泰国、柬埔寨、缅甸、马来西亚、印度尼西亚、菲律宾、印度、尼泊尔、不丹也有分布。

苋属 Amaranthus L.

尾穗苋

Amaranthus caudatus L.

草本。花期 7~8 月；果期 9~10 月。南宁有栽培。中国各地有栽培。世界各地有栽培。

反枝苋

Amaranthus retroflexus L.

　　草本。花期 7 ~ 8 月；果期 8 ~ 9 月。产于北海。生于田野、路旁、荒地，少见。分布于中国东北、华北和西北。原产地不详，现归化于世界各地。

皱果苋（野苋）

Amaranthus viridis L.

　　草本。花期 6 ~ 8 月；果期 8 ~ 10 月。产于博白、北流、北海、浦北、防城、上思、南宁、隆安、百色、田阳、平果、那坡。生于草地或田野，常见。分布于中国各地（西藏、青海、甘肃、宁夏、新疆除外）。世界热带和温带地区也有分布。

青葙

Celosia argentea L.

草本。花期 5 ~ 8 月；果期 6 ~ 10 月。产于玉林、容县、北流、北海、合浦、钦州、灵山、上思、南宁、隆安、崇左、龙州、大新、凭祥、百色、田阳、平果、那坡。生于旷野、田边、丘陵或山地，很常见。分布于中国各地。越南、老挝、泰国、柬埔寨、缅甸、马来西亚、菲律宾、印度、尼泊尔、不丹、日本、朝鲜、俄罗斯以及非洲热带地区也有分布。

鸡冠花

Celosia cristata L.

草本。花、果期 7 ~ 12 月。玉林市、北海市、钦州市、防城港市、南宁市、崇左市、百色市有栽培。中国各地普遍栽培。世界热带、亚热带地区普遍栽培。

穗冠花

Celosia cristata L. var. **plumosa** Hort.

　　草本。花期全年。玉林市、北海市、钦州市、防城港市、南宁市、崇左市、百色市有栽培。中国各地普遍栽培。世界热带、亚热带地区普遍栽培。

浆果苋属 Deeringia R. Br.

浆果苋

Deeringia amaranthoides (Lam.) Merr.

Cladostachys frutescens D. Don

　　攀援灌木。花、果期10月至翌年3月。产于上思、南宁、龙州、百色、田东、平果、靖西、那坡。生于海拔1600 m以下的山坡林下或灌丛中，常见。分布于中国海南、广东、广西、台湾、贵州、云南、四川、西藏。越南、老挝、泰国、缅甸、马来西亚、印度尼西亚、印度、尼泊尔、不丹、澳大利亚也有分布。

银花苋

Gomphrena celosioides Mart.

　　草本。花、果期 2 ~ 6 月。产于北海。生于旷野、路旁、海边，少见。分布于中国海南、台湾，广西首次记录。原产于美洲热带地区，现世界热带地区广泛分布。

千日红

Gomphrena globosa L.

　　草本。花、果期 6 ~ 9 月。玉林市、北海市、钦州市、防城港市、南宁市、崇左市、百色市有栽培。中国各地有栽培。原产于美洲热带地区，现热带亚洲广为栽培。

64. 落葵科
BASELLACEAE

落葵薯属 Anredera Juss.

落葵薯

Anredera cordifolia (Ten.) Steenis

藤本。花期 6 ~ 10 月。产于北流、北海、浦北、防城、南宁、崇左、大新、百色、田阳、平果，栽培或逸为野生。分布于中国海南、广东、广西、湖南、福建、浙江、江苏、云南、四川，栽培或逸为野生。原产于南美洲热带地区。

落葵属 Basella L.

落葵

Basella alba L.

藤本。花期 3 ~ 11 月；果期 7 ~ 10 月。产于灵山、宁明、龙州、百色、平果、那坡，逸为野生。中国各地有栽培，南方多逸为野生。分布于热带亚洲以及非洲。

65. 亚麻科
LINACEAE

青篱柴属 Tirpitzia Hallier f.

米念芭
Tirpitzia ovoidea Chun & F. C. How ex W. L. Sha

灌木。花期 5 ~ 10 月；果期 10 ~ 11 月。产于南宁、隆安、扶绥、龙州、大新、百色、平果、德保、靖西。生于海拔 1500 m 以下的石灰岩山顶或山坡阳处灌丛，很常见。分布于中国广西。越南也有分布。

青篱柴
Tirpitzia sinensis (Hemsl.) H. Hallier

灌木或小乔木。花期 5 ~ 8 月；果期 8 ~ 12 月或至翌年 3 月。产于百色、靖西、那坡。生于海拔 1500 m 以下的路旁、山坡或石灰岩山顶阳处，常见。分布于中国广西、湖北、贵州、云南。越南也有分布。

67. 牻牛儿苗科
GERANIACEAE

天竺葵属 Pelargonium L' Hér. ex Aiton

天竺葵

Pelargonium hortorum L. H. Bailey

亚灌木。花期5~7月；果期6~9月。玉林市、北海市、钦州市、防城港市、南宁市、崇左市、百色市有栽培。中国各地普遍栽培。原产于非洲南部。

69. 酢浆草科
OXALIDACEAE

阳桃属 Averrhoa L.

阳桃

Averrhoa carambola L.

乔木。花期 4 ~ 12 月；
果期 7 ~ 12 月。玉林市、
北海市、钦州市、防城港市、
南宁市、崇左市、百色市
有栽培。中国海南、广东、
广西、福建、台湾、云南、
四川有栽培。原产于东南
亚热带地区，现广植于热
带各地。

感应草属 Biophytum DC.

感应草

Biophytum sensitivum (L.) DC.

草本。花期 7 ~ 12 月；果期 8
月至翌年 2 月。产于防城、崇左、宁明、
龙州、田东、平果、德保。生于海拔
200 ~ 400 m 的路旁、山坡草地或林
下，常见。分布于中国海南、广东、
广西、台湾、贵州、云南。越南、泰
国、马来西亚、印度尼西亚、菲律宾、
印度、尼泊尔、斯里兰卡以及热带非
洲也有分布。

酢浆草

Oxalis corniculata L.

　　草本。花、果期 2 ~ 10 月。产于玉林市、北海市、钦州市、防城港市、南宁市、崇左市、百色市。生于山坡草地、河谷沿岸、路旁、田边、荒地或林下阴湿处，很常见。分布于中国各地。世界热带至温带地区也有分布。

红花酢浆草

Oxalis corymbosa DC.

　　草本。花、果期 3 ~ 12 月。产于玉林市、北海市、钦州市、防城港市、南宁市、崇左市、百色市，栽培或逸为野生。生于低海拔山地、路旁、荒地或水田中，常见。分布于中国各地，栽培或逸为野生。原产于南美洲。

70. 旱金莲科

TROPAEOLACEAE

旱金莲属 Tropaeolum L.

旱金莲

Tropaeolum majus L.

草本。花期 6 ~ 10 月；果期 7 ~ 11 月。玉林市、北海市、钦州市、防城港市、南宁市、崇左市、百色市有栽培。中国广东、广西、江西、福建、江苏、贵州、云南、四川、西藏、河北等省区有栽培。原产于南美洲秘鲁、巴西等地。

71. 凤仙花科

BALSAMINACEAE

凤仙花属 Impatiens L.

凤仙花

Impatiens balsamina L.

　　草本。花期 7 ~ 10 月。玉林市、北海市、钦州市、防城港市、南宁市、崇左市、百色市有栽培。中国各地广泛栽培。原产于印度，现广植于世界热带至温带地区。

华凤仙

Impatiens chinensis L.

草本。花期 5 ~ 8 月；果期 8 ~ 10 月。产于容县、浦北、东兴、南宁、横县、田东。生于海拔
100 ~ 1000 m 的池塘、水沟旁、田边或沼泽地，少见。分布于中国海南、广东、广西、湖南、江西、福建、
浙江、安徽、云南。越南、泰国、缅甸、马来西亚、印度也有分布。

绿萼凤仙花

Impatiens chlorosepala Hand.-Mazz.

草本。花期 10 ~ 12 月。产于容县、博白、宁明、龙州、德保、靖西、那坡。生于海拔 300 ~ 1300 m
的山谷水旁阴处或疏林溪旁，常见。分布于中国广东、广西、贵州。

棒凤仙花

Impatiens claviger Hook. f.

草本。花期 10 月至翌年 1 月；果期 1 ~ 2 月。产于防城、上思、龙州、百色、靖西、那坡。生于海拔 350 ~ 1600 m 的山谷林下潮湿处，少见。分布于中国广西、云南。越南也有分布。

龙州凤仙花

Impatiens morsei Hook. f.

草本。花期 5 ~ 6 月；果期 6 ~ 7 月。产于陆川、隆安、宁明、龙州、大新、那坡。生于海拔 400 ~ 950 m 的山谷林下或灌草丛，常见。分布于中国广西、云南。越南也有分布。

凭祥凤仙花

Impatiens pingxiangensis H. Y. Bi & S. X. Yu

　　草本。花期 6 ~ 7 月；果期 7 ~ 8 月。产于扶绥、龙州、凭祥。生于海拔 200 ~ 500 m 的山坡阳处，少见。分布于中国广西。

苏丹凤仙花

Impatiens walleriana Hook. f.

　　草本。花期 6 ~ 10 月。南宁有栽培。中国各地有栽培。原产于非洲东部，现世界各地广泛栽培。

72. 千屈菜科
LYTHRACEAE

水苋菜属 Ammannia L.

水苋菜
Ammannia baccifera L.

草本。花期 8～10 月；果期 9～12 月。产于南宁、百色。生于潮湿处或水田中，少见。分布于中国广东、广西、湖南、江西、福建、台湾、浙江、江苏、安徽、湖北、云南、陕西、河北。越南、马来西亚、菲律宾、印度、阿富汗、澳大利亚以及非洲热带地区也有分布。

萼距花属 Cuphea Adans. ex P. Br.

细叶萼距花
Cuphea hyssopifolia Kunth

小灌木。花期几全年。玉林市、北海市、钦州市、防城港市、南宁市、崇左市、百色市有栽培。中国华南地区有栽培。原产于墨西哥。

紫薇

Lagerstroemia indica L.

灌木或小乔木。花期 6 ~ 9 月；果期 9 ~ 11 月。产于玉林市、北海市、钦州市、防城港市、南宁市、崇左市、百色市，栽培或半野生，少见。分布于中国海南、广东、广西、湖南、江西、福建、浙江、江苏、安徽、湖北、贵州、云南、四川、陕西、河南、山东、吉林。原产于亚洲，现广植于热带、亚热带地区。

大花紫薇

Lagerstroemia speciosa (L.) Pers.

乔木。花期 5 ~ 7 月；果期 10 ~ 11 月。玉林市、北海市、钦州市、防城港市、南宁市、崇左市、百色市有栽培。中国海南、广东、广西、福建有栽培。分布于越南、马来西亚、菲律宾、印度、斯里兰卡。

网脉紫薇

Lagerstroemia suprareticulata S. K. Lee & L. F. Lau

　　灌木或小乔木。产于南宁、扶绥、龙州、大新、平果、靖西。生于石灰岩山上，少见。分布于中国广西。

节节菜属 Rotala L.

圆叶节节菜

Rotala rotundifolia (Buch.-Ham. ex Roxb.) Koehne

　　草本。花、果期12月至翌年6月。产于玉林市、北海市、钦州市、防城港市、南宁市、崇左市、百色市。生于河流、田野或潮湿的地方，很常见。分布于中国海南、广东、广西、湖南、江西、福建、台湾、浙江、湖北、贵州、云南、四川。越南、老挝、泰国、缅甸、马来西亚、印度、尼泊尔、不丹、孟加拉国、日本也有分布。

74. 海桑科
SONNERATIACEAE

八宝树属 Duabanga Buch. -Harm.

八宝树

Duabanga grandiflora (Roxb. ex DC.) Walp.

　　乔木。花期春季。产于宁明、龙州、靖西、那坡。生于海拔 600 ~ 1500 m 的山谷或空旷地，很少见。分布于中国广西、云南。越南、老挝、泰国、柬埔寨、缅甸、马来西亚、印度尼西亚、印度也有分布。

海桑属 Sonneratia L. f.

无瓣海桑

Sonneratia apetala Buch.-Ham.

　　乔木。花期 5 ~ 12 月；果期 8 月至翌年 4 月。北海市、钦州市有栽培。栽于海岸滩涂。中国海南、广东、广西有栽培。原产于缅甸、印度、孟加拉国、斯里兰卡。

75. 石榴科
PUNICACEAE

石榴属 Punica L.

石榴
Punica granatum L.

灌木或小乔木。花期5～6月；果期8～9月。玉林市、北海市、钦州市、防城港市、南宁市、崇左市、百色市有栽培。中国各地普遍栽培，有时逸为野生。原产于巴尔干半岛至伊朗以及其邻近地区，现世界热带至温带地区广泛栽培。

77. 柳叶菜科

ONAGRACEAE

丁香蓼属 Ludwigia L.

水龙

Ludwigia adscendens (L.) H. Hara

　　草本。花期 4 ~ 11 月；果期 5 ~ 11 月。产于玉林、钦州、上思、南宁、崇左、田阳、平果、那坡。生于海拔 100 ~ 1500 m 的水田或库塘，常见。分布于中国海南、广东、广西、湖南、江西、福建、台湾、浙江、云南。南亚和东南亚、澳大利亚、非洲广泛分布。

草龙

Ludwigia hyssopifolia (G. Don) Exell

　　草本。花、果期 6 月至翌年 2 月。产于上思、南宁、龙州、百色。生于海拔 50 ~ 800 m 的田边、水沟、河滩、塘边、湿草地等湿润向阳处，常见。分布于中国海南、广东、广西、福建、台湾、云南。越南、泰国、缅甸、马来西亚、印度尼西亚、新加坡、菲律宾、印度、尼泊尔、不丹、孟加拉国、斯里兰卡、澳大利亚以及太平洋岛屿、非洲、南美洲也有分布。

毛草龙

Ludwigia octovalvis (Jacq.) P. H. Raven

　　草本。花期 6 ～ 8 月；果期 8 ～ 11 月。产于玉林、陆川、博白、北流、北海、合浦、钦州、防城、上思、东兴、南宁、隆安、崇左、宁明、龙州、百色、田阳、平果。生于田边、湖塘边、沟谷旁以及旷野湿润处，很常见。分布于中国海南、广东、广西、江西、福建、台湾、浙江、贵州、云南、四川、西藏。世界热带、亚热带地区广泛分布。

月见草属 Oenothera L.

美丽月见草

Oenothera speciosa Nutt.

　　草本。花期 4 ～ 11 月；果期 9 ～ 12 月。南宁有栽培。分布于中国海南、广东、江西、福建、浙江、贵州、云南，栽培或逸为野生。原产于美国、墨西哥。

78. 小二仙草科
HALORAGACEAE

小二仙草属 Gonocarpus J. R. Forst. & G. Forst.

黄花小二仙草

Gonocarpus chinensis (Lour.) Orchard
Haloragis chinensis (Lour.) Merr.

　　草本。花期夏、秋季；果期 5 ~ 11 月。产于陆川、北海、防城、上思。生于荒山、沙地或草丛，少见。分布于中国海南、广东、广西、湖南、江西、浙江、贵州、云南、四川。越南、马来西亚、印度尼西亚、新加坡、菲律宾、澳大利亚、巴布亚新几内亚、西亚、太平洋岛屿也有分布。

小二仙草

Gonocarpus micranthus Thunb.

Haloragis micrantha (Thunb.) R. Br. ex Sieb. & Zucc.

　　草本。花期4～8月；果期5～10月。产于容县、上思、龙州、那坡。生于海拔100～1500 m的草丛或路边，少见。分布于中国广东、广西、湖南、江西、福建、台湾、浙江、江苏、安徽、湖北、贵州、云南、四川、河南、山东、河北。越南、泰国、马来西亚、印度尼西亚、新加坡、菲律宾、印度、不丹、日本、朝鲜、澳大利亚、巴布亚新几内亚以及太平洋岛屿也有分布。

狐尾藻属 Myriophyllum L.

粉绿狐尾藻

Myriophyllum aquaticum (Vell.) Verdc.

　　草本。花期7～8月。南宁有栽培。中国南方有栽培，各地池塘、河沟、沼泽中常有生长。原产于南美洲，现世界各地栽培或逸为野生。

81. 瑞香科
THYMELAEACEAE

沉香属 Aquilaria Lam.

土沉香（白木香）

Aquilaria sinensis (Lour.) Spreng.

乔木。花期春、夏季；果期秋季。产于陆川、博白、北流、合浦、灵山、浦北、防城、东兴、南宁、崇左、大新。生于低海拔山地、丘陵以及路边阳处疏林中，很少见。分布于中国海南、广东、广西、福建。

长柱瑞香

Daphne championii Benth.

灌木。花期 2 ~ 4 月。产于平果。生于海拔 200 ~ 650 m 的密林中，少见。分布于中国广东、广西、湖南、江西、福建、江苏、贵州。

荛花属 Wikstroemia Endl.

了哥王

Wikstroemia indica (L.) C. A. Mey.

灌木。花期 3 ~ 4 月；果期 8 ~ 9 月。产于玉林、容县、博白、北流、北海、合浦、钦州、防城、上思、东兴、南宁、隆安、横县、崇左、扶绥、宁明、龙州、大新、百色、平果、德保、那坡。生于海拔 1500 m 以下的林下或灌丛，很常见。分布于中国海南、广东、广西、湖南、福建、台湾、浙江、贵州、云南、四川。越南、泰国、缅甸、马来西亚、菲律宾、印度、澳大利亚、毛里求斯、太平洋岛屿也有分布。

83. 紫茉莉科
NYCTAGINACEAE

黄细心属 Boerhavia L.

黄细心

Boerhavia diffusa L.

　　草本。花、果期夏、秋季。产于北海、东兴。生于沿海旷地，少见。分布于中国海南、广东、广西、台湾、贵州、云南、四川。越南、老挝、泰国、柬埔寨、缅甸、马来西亚、印度尼西亚、菲律宾、印度、尼泊尔、日本、澳大利亚、非洲、美洲以及太平洋岛屿也有分布。

叶子花

Bougainvillea spectabilis Willd.

　　藤状灌木。花期 11 月至翌年 6 月。玉林市、北海市、钦州市、防城港市、南宁市、崇左市、百色市有栽培。中国南方有栽培。原产于巴西，现世界各地有栽培。

紫茉莉属 Mirabilis L.

紫茉莉

Mirabilis jalapa L.

　　草本。花期 6 ~ 10 月；果期 8 ~ 11 月。产于玉林市、北海市、钦州市、防城港市、南宁市、崇左市、百色市，栽培或逸为野生。中国各地有栽培。原产于秘鲁，现热带、亚热带地区有栽培。

84. 山龙眼科

PROTEACEAE

银桦属 Grevillea R. Br.

红花银桦

Grevillea banksii R. Br.

乔木。花期几全年。玉林市、北海市、钦州市、防城港市、南宁市、崇左市、百色市有栽培。中国南部、西南部地区有栽培。原产于澳大利亚东部，现世界热带、亚热带地区广泛栽培。

银桦

Grevillea robusta A. Cunn. ex R. Br.

乔木。花期 4 月。玉林市、北海市、钦州市、防城港市、南宁市、崇左市、百色市有栽培。中国海南、广东、广西、福建、云南、四川有栽培。原产于澳大利亚，世界热带、亚热带地区有栽培。

小果山龙眼（红叶树）

Helicia cochinchinensis Lour.

　　乔木。花期 6 ~ 10 月；果期 11 月至翌年 3 月。产于博白、合浦、钦州、浦北、防城、上思、东兴、宁明、龙州、百色、德保、靖西。生于海拔 1000 m 以下的丘陵或山地阔叶林中，常见。分布于中国海南、广东、广西、湖南、江西、福建、台湾、浙江、湖北、云南、四川。越南、泰国、柬埔寨、日本也有分布。

海南山龙眼

Helicia hainanensis Hayata

　　乔木。花期 4 ~ 6 月；果期 9 月至翌年 3 月。产于钦州、防城、上思、南宁、凭祥、靖西。生于海拔 1500 m 以下的溪畔或山地湿润阔叶林中，少见。分布于中国海南、广东、广西、云南。越南、老挝、泰国也有分布。

广东山龙眼

Helicia kwangtungensis W. T. Wang

乔木。花期 6 ~ 7 月；果期 10 ~ 12 月。产于玉林、容县、博白。生于海拔 400 ~ 800 m 的山地湿润阔叶林中，少见。分布于中国海南、广东、广西、湖南、江西、福建。

长柄山龙眼

Helicia longipetiolata Merr. & Chun

乔木。花期 6 月至翌年 1 月。产于防城、上思。生于海拔 400 ~ 1000 m 的山地密林中，少见。分布于中国海南、广东、广西。越南、泰国也有分布。

网脉山龙眼

Helicia reticulata W. T. Wang

　　小乔木。花期 5 ~ 7 月；果期 10 ~ 12 月。产于容县、陆川、浦北、防城、上思、东兴、南宁、宁明、龙州、大新、凭祥、百色、德保、那坡。生于海拔 300 ~ 1500 m 的山地湿润阔叶林中，常见。分布于中国海南、广东、广西、湖南、江西、福建、贵州、云南。

假山龙眼属 Heliciopsis Sleumer

调羹树

Heliciopsis lobata (Merr.) Sleumer

　　乔木。花期 5 ~ 7 月；果期 11 ~ 12 月。产于防城、上思、龙州、凭祥、那坡。生于海拔 750 m 以下的山地、山谷、溪畔湿润阔叶林中，少见。分布于中国海南、广东、广西。

疖腮树

Heliciopsis terminalis (Kurz) Sleumer

　　乔木。花期 3 ~ 6 月；果期 8 ~ 11 月。产于防城、上思。生于海拔 100 ~ 700 m 的阔叶林中，少见。分布于中国海南、广东、广西、云南。越南、泰国、柬埔寨、缅甸、印度、不丹也有分布。

澳洲坚果属 Macadamia F. Muell.

澳洲坚果

Macadamia integrifolia Maiden & Betche

　　乔木。花期 4 ~ 5 月；果期 7 ~ 8 月。玉林市、北海市、钦州市、防城港市、南宁市、崇左市、百色市有栽培。中国海南、广东、广西、台湾、云南有栽培。原产于澳大利亚。

85. 五桠果科

DILLENIACEAE

五桠果属 Dillenia L.

五桠果

Dillenia indica L.

　　乔木。产于那坡。生于河边、沟谷阔叶林中，很少见。分布于中国广西、云南。越南、老挝、泰国、缅甸、马来西亚、印度尼西亚、菲律宾、印度、尼泊尔、不丹、斯里兰卡也有分布。

大花五桠果

Dillenia turbinata Finet & Gagnep.

乔木。花期 4 ~ 5 月。产于防城、上思、凭祥。生于海拔 600 ~ 1000 m 的山地林中，常见。分布于中国海南、广西、云南。越南也有分布。

锡叶藤属 Tetracera L.

锡叶藤

Tetracera sarmentosa (L.) Vahl

Tetracera asiatica (Lour.) Hoogland

藤本。花期 4 ~ 5 月。产于容县、北海、合浦、钦州、防城、上思、南宁、横县、宁明、龙州。生于低海拔至中海拔山地林缘或灌丛中，很常见。分布于中国海南、广东、广西、云南。泰国、缅甸、马来西亚、印度尼西亚、印度、斯里兰卡也有分布。

87. 马桑科
CORIARIACEAE

马桑属 Coriaria L.

马桑

Coriaria nepalensis Wall.

　　灌木。花期 2～5 月；果期 5～8 月。产于平果、德保、靖西、那坡。生于海拔 400～1600 m 的灌丛，少见。分布于中国广西、湖南、江苏、湖北、贵州、云南、四川、西藏、甘肃、陕西、河南。缅甸、印度、尼泊尔、不丹、巴基斯坦也有分布。

88. 海桐花科
PITTOSPORACEAE

海桐花属 Pittosporum Banks ex Gaertn.

光叶海桐

Pittosporum glabratum Lindl.

灌木。花期 4 ~ 5 月；果期 9 月。产于容县、上思。生于山地疏林中，少见。分布于中国海南、广东、广西、湖南、贵州、四川。

台琼海桐（台湾海桐）

Pittosporum pentandrum (Blanco) Merr. var. **formosanum** (Hayata) Z. Y. Zhang & Turland
Pittosporum pentandrum (Blanco) Merr. var. *hainanense* (Gagnep.) H. L. Li

　　乔木或灌木。花期 5 ~ 11 月；果期 10 ~ 12 月。产于合浦。生于低海拔林中，少见。分布于中国海南、广东、广西、台湾。越南也有分布。

秀丽海桐

Pittosporum pulchrum Gagnep.

　　灌木。花期 1 ~ 4 月；果期 3 ~ 10 月。产于隆安、崇左、扶绥、宁明、龙州、大新、天等、凭祥、百色、田阳、田东、平果、德保。生于海拔 200 ~ 500 m 的石灰岩山坡、山顶灌丛或林中，常见。分布于中国广西。越南也有分布。

海桐

Pittosporum tobira (Thunb.) W. T. Aiton

灌木或小乔木。花期 5 ~ 8 月；果期 5 ~ 10 月。玉林市、北海市、钦州市、防城港市、南宁市、崇左市、百色市有栽培。分布于中国长江以南，栽培或野生。日本、朝鲜也有分布。

四子海桐

Pittosporum tonkinense Gagnep.

灌木。花期 1 ~ 5 月；果期 1 ~ 10 月。产于龙州、平果、靖西、那坡。生于海拔 500 ~ 1500 m 的石灰岩灌丛，少见。分布于中国广西、贵州、云南。越南也有分布。

91. 红木科

BIXACEAE

红木属 Bixa L.

红木

Bixa orellana L.
小乔木。南宁有栽培。中国海南、广东、广西、台湾、云南有栽培。原产于热带美洲。

93. 大风子科
FLACOURTIACEAE

山桂花属 Bennettiodendron Merr.

山桂花（本勒木）

Bennettiodendron leprosipes (Clos) Merr.
Bennettiodendron brevipes Merr.
Bennettiodendron longipes (Oliv.) Merr.

　　乔木。花期 2 ~ 6 月；果期 4 ~ 11 月。产于容县、防城、上思、横县、宁明、龙州、平果。生于海拔 200 ~ 1400 m 的山坡、山谷混交林或灌丛中，少见。分布于中国海南、广东、广西、湖南、江西、贵州、云南。缅甸、泰国、印度尼西亚、印度、孟加拉国也有分布。

大果刺篱木

Flacourtia ramontchi L' Hér.

　　小乔木。花期 4 ~ 5 月；果期 6 ~ 10 月。产于崇左。生于山坡、村旁、河岸，少见。分布于中国广西、贵州、云南。越南、马来西亚、菲律宾、印度、斯里兰卡以及非洲也有分布。

大风子属 Hydnocarpus Gaertn.

泰国大风子

Hydnocarpus anthelminthica Pierre ex Laness

　　乔木。花期 9 月；果期 11 月至翌年 6 月。北海、南宁、龙州有栽培。中国海南、广西、台湾、云南有栽培。越南、泰国、柬埔寨、印度有分布。

海南大风子

Hydnocarpus hainanensis (Merr.) Sleumer

乔木。花期4~5月；果期6~8月。产于崇左、宁明、龙州、大新、靖西、那坡。生于石灰岩阔叶林中，常见。分布于中国海南、广西、贵州、云南。越南也有分布。

栀子皮属 Itoa Hemsl.

栀子皮（伊桐）

Itoa orientalis Hemsl.

乔木。花期5~6月；果期9~10月。产于龙州、百色、平果、德保、靖西、那坡。生于海拔300~1400 m的阔叶林中，常见。分布于中国海南、广西、贵州、云南、四川。越南也有分布。

箣柊

Scolopia chinensis (Lour.) Clos

　　灌木或小乔木。花期 6 ~ 9 月；果期 10 月至翌年 4 月。产于玉林、容县、陆川、博白、北流、北海、合浦、钦州、灵山、浦北、防城、上思、东兴、南宁、隆安、横县。生于丘陵疏林或灌丛，常见。分布于中国海南、广东、广西、福建。越南、老挝、泰国、马来西亚、印度、斯里兰卡也有分布。

柞木属 Xylosma G. Forst.

柞木

Xylosma congesta (Lour.) Merr.

　　小乔木。花期 7 ~ 11 月；果期 8 ~ 12 月。产于灵山、南宁、龙州、大新、田东、平果。生于海拔 500 ~ 1100 m 的林缘、丘陵或村边附近灌丛中，少见。分布于中国广东、广西、湖南、江西、福建、台湾、浙江、江苏、安徽、湖北、贵州、云南、四川、西藏、陕西。印度、日本、朝鲜也有分布。

南岭柞木

Xylosma controversa Clos

小乔木。花期 4 ~ 5 月；果期 8 ~ 9 月。产于上思、宁明、龙州、大新、百色、平果、德保、靖西。生于低海拔林中或林缘，常见。分布于中国海南、广东、广西、湖南、江西、福建、江苏、贵州、云南、四川。越南、马来西亚、印度、尼泊尔也有分布。

长叶柞木

Xylosma longifolia Clos

小乔木。花期 4 ~ 5 月；果期 6 ~ 10 月。产于合浦、灵山、龙州、那坡。生于海拔 500 ~ 1600 m 的山地林中，少见。分布于中国海南、广东、广西、福建、贵州、云南。越南、老挝、泰国、印度、尼泊尔也有分布。

94. 天料木科

SAMYDACEAE

脚骨脆属 Casearia Jacq.

爪哇脚骨脆（毛叶脚骨脆）

Casearia velutina Blume

Casearia balansae Gagnep.

Casearia villilimba Merr.

　　小乔木。花期 2 ~ 12 月；果期 4 ~ 6 月。产于博白、浦北、防城、横县、扶绥、龙州、那坡。生于海拔 700 m 的溪边林下，少见。分布于中国海南、广东、广西、福建、贵州、云南。越南、老挝、泰国、马来西亚、印度尼西亚也有分布。

红花天料木

Homalium hainanense Gagnep.

乔木。花期 6 月至翌年 2 月。产于北海、合浦、南宁。生于林中，少见。分布于中国海南、广西。越南也有分布。

狭叶天料木（海南天料木）

Homalium stenophyllum Merr. & Chun

乔木。花期 5 ~ 12 月；果期 12 月至翌年 1 月。产于钦州、防城、上思、龙州。生于海拔 500 ~ 1000 m 的山地林中，少见。分布于中国海南、广东、广西。

101. 西番莲科
PASSIFLORACEAE

莼莲属 Adenia Forssk.

异叶莼莲（莼莲）

Adenia heterophylla (Blume) Koord.

Adenia chevalieri Gagnep.

藤本。花、果期全年。产于钦州、防城、上思、龙州、平果。生于林下、林缘或灌丛，很少见。分布于中国海南、广东、广西、台湾。越南、老挝、泰国、東埔寨、印度尼西亚、菲律宾、澳大利亚以及太平洋岛屿也有分布。

杯叶西番莲

Passiflora cupiformis Mast.

　　藤本。花期 4 月；果期 9 月。产于龙州、那坡。生于海拔 800 ～ 1500 m 的山坡、路边草丛或沟谷灌丛，少见。分布于中国广东、广西、湖北、云南、四川。越南也有分布。

鸡蛋果

Passiflora edulis Sims

　　藤本。花期 6 月；果期 11 月。产于玉林市、北海市、钦州市、防城港市、南宁市、崇左市、百色市，栽培或逸为野生。中国海南、广东、广西、福建、台湾、云南有栽培。原产于美洲，现广植于热带和亚热带地区。

龙珠果

Passiflora foetida L.

　　藤本。花期 7 ~ 8 月；果期翌年 4 ~ 5 月。产于玉林市、北海市、钦州市、防城港市、南宁市、崇左市、百色市，栽培或逸为野生。分布于中国海南、广东、广西、福建、台湾、云南，栽培或逸为野生。原产于南美洲。

蝴蝶藤

Passiflora papilio H. L. Li

　　藤本。花期 4 ~ 5 月；果期 6 ~ 7 月。产于龙州、平果。生于石灰岩山地林中，少见。分布于中国广西。

103. 葫芦科
CUCURBITACEAE

盒子草属 Actinostemma Griff.

盒子草

Actinostemma tenerum Griff.

　　草本。花期 7 ~ 9 月；果期 9 ~ 11 月。产于南宁、龙州。生于水边草丛中，少见。分布于中国广西、湖南、江西、福建、台湾、浙江、江苏、安徽、云南、四川、西藏、河南、山东、河北、辽宁。越南、老挝、泰国、印度、日本、朝鲜也有分布。

冬瓜

Benincasa hispida (Thunb.) Cogn.

　　草质藤本。花期 6 ~ 9 月；果期 7 ~ 11 月。
玉林市、北海市、钦州市、防城港市、南宁市、
崇左市、百色市有栽培。中国各地普遍栽培。
世界热带、亚热带地区广泛栽培。

节瓜

Benincasa hispida (Thunb.) Cogn. var. **chieh-qua** F. C. How

　　草质藤本。花、果期夏、秋季。玉林市、北海市、钦州市、防城港市、南宁市、崇左市、百色市有栽培。
中国南方各地有栽培。

西瓜

Citrullus lanatus (Thunb.) Matsum. & Nakai

　　蔓生草本。花、果期 4 ~ 10 月。玉林市、北海市、钦州市、防城港市、南宁市、崇左市、百色市有栽培。中国各地普遍栽培。原产于非洲热带地区，现世界各地广泛栽培。

红瓜属 Coccinia Wight & Arn.

红瓜

Coccinia grandis (L.) Voigt

　　草质藤本。花期几全年。产于北海。生于旷野灌丛中，少见。分布于中国海南、广东、广西、云南。非洲、亚洲热带地区也有分布。

甜瓜

Cucumis melo L.

　　草质藤本。花、果期 5～9 月。玉林市、北海市、钦州市、防城港市、南宁市、崇左市、百色市有栽培。中国各地普遍栽培。世界热带至温带地区广泛栽培。

黄瓜

Cucumis sativus L.

　　草质藤本。花、果期春末至夏季。玉林市、北海市、钦州市、防城港市、南宁市、崇左市、百色市有栽培。中国各地普遍栽培。原产于印度，现世界热带至温带地区广泛栽培。

南瓜

Cucurbita moschata Duchesne

　　草质藤本。花、果期夏季。玉林市、北海市、钦州市、防城港市、南宁市、崇左市、百色市有栽培。中国各地普遍栽培。原产于墨西哥至中美洲一带，现世界各地广泛栽培。

毒瓜属 Diplocyclos (Endl.) T. Post & Kuntze

毒瓜

Diplocyclos palmatus (L.) C. Jeffrey

　　草质藤本。花期 3～8 月；果期 9～12 月。产于钦州、南宁、崇左、宁明、龙州。生于山坡疏林或灌丛中，少见。分布于中国海南、广东、广西、台湾。越南、泰国、柬埔寨、马来西亚、菲律宾、印度、尼泊尔、不丹、斯里兰卡、日本、澳大利亚、非洲也有分布。

金瓜

Gymnopetalum chinensis (Lour.) Merr.

　　草质藤本。花期 7 ~ 9 月；果期 9 ~ 12 月。产于上思、南宁、隆安、龙州、靖西。生于海拔 400 ~ 900 m 的山坡、路旁、疏林或灌丛中，少见。分布于中国海南、广东、广西、云南。越南、马来西亚、印度也有分布。

绞股蓝属 Gynostemma Blume

光叶绞股蓝

Gynostemma laxum (Wall.) Cogn.

　　草质藤本。花期 8 月；果期 8 ~ 9 月。产于龙州、平果。生于中海拔地区沟谷密林或石灰岩林中，少见。分布于中国海南、广东、广西、云南。越南、泰国、缅甸、马来西亚、印度尼西亚、菲律宾、印度、尼泊尔也有分布。

绞股蓝

Gynostemma pentaphyllum (Thunb.) Makino

　　草质藤本。花期 3 ~ 11 月；果期 4 ~ 12 月。产于容县、灵山、宁明、龙州、百色、平果、靖西、那坡。生于海拔 300 ~ 1500 m 的山谷林中、灌丛或路旁草丛，常见。分布于中国海南、广东、广西、湖南、江西、福建、台湾、浙江、江苏、安徽、湖北、贵州、云南、四川、河南、山东。亚洲东部、东南部至南部也有分布。

丝瓜属 Luffa Mill.

广东丝瓜

Luffa acutangula (L.) Roxb.

　　草质藤本。花、果期夏、秋季。玉林市、北海市、钦州市、防城港市、南宁市、崇左市、百色市有栽培。中国南部有栽培。原产于亚洲。

丝瓜

Luffa cylindrica (L.) M. Roem.

　　草质藤本。花、果期夏、秋季。玉林市、北海市、钦州市、防城港市、南宁市、崇左市、百色市有栽培。中国各地普遍栽培。世界热带、亚热带地区广泛栽培。

苦瓜属 Momordica L.

苦瓜

Momordica charantia L.

　　草质藤本。花、果期 5 ~ 10 月。玉林市、北海市、钦州市、防城港市、南宁市、崇左市、百色市有栽培。中国各地普遍栽培。世界热带至温带地区广泛栽培。

木鳖子

Momordica cochinchinensis (Lour.) Spreng.

　　草质藤本。花期 6 ~ 8 月；果期 8 ~ 10 月。产于容县、博白、北海、合浦、防城、上思、南宁、龙州、大新。生于海拔 300 ~ 1100 m 的山坡林缘或路旁，常见。分布于中国海南、广东、广西、湖南、江西、福建、台湾、浙江、江苏、安徽、贵州、云南、四川、西藏。缅甸、马来西亚、印度、孟加拉国也有分布。

凹萼木鳖

Momordica subangulata Blume

　　草质藤本。花期 6 ~ 8 月；果期 8 ~ 10 月。产于南宁、宁明、龙州、平果。生于海拔 400 ~ 1000 m 的山谷、溪边或灌丛中，少见。分布于中国广东、广西、贵州、云南。越南、老挝、缅甸、马来西亚、印度尼西亚也有分布。

爪哇帽儿瓜

Mukia javanica (Miq.) C. Jeffrey

攀援草本。花期 4 ~ 7 月；果期 7 ~ 10 月。产于容县、南宁、龙州。生于海拔 500 ~ 1000 m 的林下阴处或山坡草地，少见。分布于中国广东、广西、台湾、云南。越南、泰国、印度尼西亚、菲律宾、印度也有分布。

帽儿瓜

Mukia maderaspatana (L.) M. J. Roem.

平卧或攀援草本。花期 4 ~ 8 月；果期 8 ~ 12 月。产于上思、南宁、崇左、宁明、龙州、百色、平果、靖西。生于海拔 300 ~ 1500 m 的灌草丛，少见。分布于中国广东、广西、台湾、贵州、云南。亚洲热带和亚热带地区、澳大利亚、非洲也有分布。

佛手瓜

Sechium edule (Jacq.) Sw.

草质藤本。花期 7 ~ 9 月；果期 8 ~ 10 月。玉林市、北海市、钦州市、防城港市、南宁市、崇左市、百色市有栽培。分布于中国广东、广西、云南，栽培或逸为野生。原产于南美洲。

茅瓜属 Solena Lour.

茅瓜

Solena amplexicaulis (Lam.) Gandhi

Solena heterophylla Lour.

草质藤本。花期 5 ~ 8 月；果期 6 ~ 11 月。产于玉林、容县、博白、南宁、横县、宁明、龙州、大新、百色、平果。生于海拔 300 ~ 1500 m 的山坡路旁、林下或灌丛，常见。分布于中国海南、广东、广西、江西、福建、台湾、贵州、云南、四川、西藏。越南、泰国、缅甸、马来西亚、印度尼西亚、印度、尼泊尔、不丹、巴基斯坦、阿富汗也有分布。

大苞赤瓟

Thladiantha cordifolia (Blume) Cogn.

Thladiantha globicarpa A. M. Lu & Z. Y. Zhang

　　藤本。花、果期 5 ~ 11 月。产于上思、南宁、龙州、田阳、德保、靖西。生于海拔 1200 m 以下的山坡林下或沟谷灌丛，少见。分布于中国海南、广东、广西、云南、四川。越南、老挝、泰国、缅甸、印度尼西亚、印度、尼泊尔也有分布。

栝楼属 Trichosanthes L.

蛇瓜

Trichosanthes anguina L.

　　藤本。花期 9 ~ 12 月。北海、南宁、平果有栽培。中国南、北各地有栽培。原产于印度。

短序栝楼
Trichosanthes baviensis Gagnep.

攀援草本。花期 4 ~ 5 月；果期 5 ~ 9 月。产于防城、上思、龙州、大新、天等、平果、靖西。生于海拔 600 ~ 1400 m 的阔叶林下或灌丛中，少见。分布于中国广西、贵州、云南。越南也有分布。

王瓜
Trichosanthes cucumeroides (Ser.) Maxim.

攀援藤本。花期 5 ~ 8 月；果期 8 ~ 11 月。产于上思、南宁、平果。生于山谷、灌丛或林中，少见。分布于中国海南、广东、广西、湖南、江西、台湾、浙江、四川、西藏。印度、日本也有分布。

糙点栝楼

Trichosanthes dunniana Lévl.

　　草质藤本。花期 7 ~ 9 月；果期 10 ~ 11 月。产于上思、龙州、大新、田东、平果。生于海拔 400 ~ 1300 m 的山谷密林、山坡疏林或灌丛中，常见。分布于中国广西、贵州、云南、四川。

两广栝楼

Trichosanthes reticulinervis C. Y. Wu ex S. K. Chen

　　攀援藤本。花期 5 ~ 6 月；果期 7 ~ 8 月。产于南宁、百色。生于低海拔山地疏林中，少见。分布于中国广东、广西。

红花栝楼

Trichosanthes rubriflos Thorel ex Cayla

攀援藤本。花期 5 ～ 11 月；果期 8 ～ 12 月。产于宁明、龙州、大新、靖西。生于海拔 200 ～ 1400 m 的山谷密林、山坡疏林或灌丛中，常见。分布于中国广东、广西、贵州、云南、西藏。越南、老挝、泰国、柬埔寨、缅甸、印度也有分布。

截叶栝楼

Trichosanthes truncata C. B. Clarke

草质藤本。花期 4 ～ 5 月；果期 7 ～ 8 月。产于龙州、德保、靖西、那坡。生于海拔 300 ～ 1600 m 的山地密林或山坡灌丛中，少见。分布于中国广东、广西、云南。越南、泰国、印度、不丹、孟加拉国也有分布。

钮子瓜

Zehneria bodinieri (Lévl.) W. J. de Wilde & Duyfjes

　　草质藤本。花期 4 ~ 8 月；果期 8 ~ 11 月。产于浦北、上思、南宁、龙州、百色、平果、靖西。生于海拔 500 ~ 1000 m 的林缘或山坡路旁，常见。分布于中国海南、广东、广西、江西、福建、贵州、云南、四川。越南、老挝、泰国、缅甸、印度尼西亚、印度、斯里兰卡也有分布。

马㼎儿

Zehneria japonica (Thunb.) H. Y. Liu

Zehneria indica (Lour.) Keraudren

　　草质藤本。花期 4 ~ 7 月；果期 7 ~ 10 月。产于玉林、防城、上思、大新、平果、那坡。生于海拔 500 ~ 1200 m 的林中或路旁，少见。分布于中国长江以南。越南、印度尼西亚、菲律宾、印度、日本、朝鲜也有分布。

104. 秋海棠科

BEGONIACEAE

秋海棠属 Begonia L.

花叶秋海棠

Begonia cathayana Hemsl.

　　草本。花期 8 月；果期 9 月。产于防城、上思、靖西、那坡。生于林下或山谷阴处，很少见。分布于中国海南、广西、云南。越南也有分布。

昌感秋海棠

Begonia cavaleriei Lévl.

　　草本。花期 5 ~ 7 月；果期 7 月。产于龙州、德保、靖西、那坡。生于海拔 700 ~ 1000 m 的山谷阴湿处岩石上或潮湿密林下，很少见。分布于中国海南、广西、贵州、云南。越南也有分布。

四季秋海棠

Begonia cucullata Willd.

Begonia semperflorens Link & Otto

　　草本。花期全年。玉林市、北海市、钦州市、防城港市、南宁市、崇左市、百色市有栽培。中国各地有栽培。原产于巴西，现世界各地普遍栽培。

食用秋海棠

Begonia edulis Lévl.

草本。花期 6 ~ 9 月；果期 8 月开始。产于龙州。生于海拔 400 ~ 1000 m 的山坡岩石上或山谷潮湿处，少见。分布于中国广东、广西、云南。越南也有分布。

方氏秋海棠

Begonia fangii Y. M. Shui & C. I Peng

草本。花期 11 月至翌年 4 月；果期 2 ~ 6 月。产于龙州。生于海拔 250 ~ 700 m 的石灰岩林下，很少见。分布于中国广西。

灯果秋海棠

Begonia lanternaria Irmsch.

草本。花期8月；果期9月开始。产于龙州、靖西。生于潮湿峡谷石上，少见。分布于中国广西。

癞叶秋海棠

Begonia leprosa Hance

草本。花期9月；果期10月开始。产于宁明、龙州、那坡。生于海拔500～1500 m的林下潮湿处或山坡潮湿岩石上，少见。分布于中国广东、广西。

粗喙秋海棠

Begonia longifolia Blume

　　草本。花期 4～5 月；果期 7～8 月。产于防城、上思、龙州、大新。生于林下岩石上，常见。分布于中国海南、广东、广西、湖南、云南。越南、老挝、泰国、缅甸、马来西亚、印度尼西亚、印度、不丹也有分布。

斑叶竹节秋海棠

Begonia maculate Raddi

　　草本。花期夏、秋季。南宁有栽培。中国南方有栽培。原产于巴西，热带地区有栽培。

宁明秋海棠

Begonia ningmingensis D. Fang, Y. G. Wei & C. I Peng

　　草本。花期 8 ~ 12 月；果期 10 月至翌年 1 月。产于崇左、宁明、龙州、大新。生于海拔 100 ~ 400 m 的石灰岩林下，少见。分布于中国广西。

红孩儿

Begonia palmata D. Don var. **bowringiana** (Champ. ex Benth.) Golding & Kareg.

　　草本。花期 6 月开始；果期 7 月开始。产于玉林、容县、博白、钦州、上思、龙州、百色、靖西、那坡。生于海拔 100 ~ 1600 m 的密林中岩壁上或山谷阴处岩石上，常见。分布于中国海南、广东、香港、广西、湖南、江西、福建、台湾、贵州、云南、四川。

多花秋海棠

Begonia sinofloribunda Dorr

　　草本。花期 7 ~ 8 月；果期 8 月。产于龙州。生于海拔 160 ~ 200 m 的石灰岩山地林下，很少见。分布于中国广西。

中越秋海棠

Begonia sinoveitnamica C. Y. Wu

　　草本。花期 7 月；果期 8 月。产于防城、东兴。生于海拔 230 m 的阔叶林下，很少见。分布于中国广西。

106. 番木瓜科

CARICACEAE

番木瓜属 Carica L.

番木瓜

Carica papaya L.

　　小乔木。花、果期全年。玉林市、北海市、钦州市、防城港市、南宁市、崇左市、百色市有栽培。中国海南、广东、广西、台湾、云南等地普遍栽培。原产于热带美洲，现世界热带、亚热带地区普遍栽培。

107. 仙人掌科
CACTACEAE

金琥属 Echinocactus Link & Otto

金琥（象牙球）

Echinocactus grusonii Hildm.

　　肉质球。花期 6 ~ 10 月。北海、南宁有栽培。中国各地有栽培。原产于墨西哥，现世界热带、亚热带地区广为栽培。

昙花

Epiphyllum oxypetalum (DC.) Haw.

　　附生肉质灌木。花期 6 ～ 10 月。玉林市、北海市、钦州市、防城港市、南宁市、崇左市、百色市有栽培。中国各地有栽培。原产于墨西哥和瓜地马拉，现世界各地广泛栽培。

量天尺属 Hylocereus (A. Berger) Britton & Rose

量天尺

Hylocereus undatus (Haw.) Britton & Rose

　　肉质灌木。花期 4 ～ 7 月；果期 9 ～ 10 月。产于玉林市、北海市、钦州市、防城港市、南宁市、崇左市、百色市，栽培或逸为野生。生于村边，有时逸生于疏林或较干燥的林缘树上，常见。中国海南、广东、广西、福建、台湾有栽培。原产于墨西哥和中美洲。

胭脂掌

Opuntia cochenillifera (L.) Mill.

肉质灌木。花、果期7月至翌年2月。北海、南宁有栽培。中国海南、广东、广西有栽培。原产于墨西哥，现热带地区栽培或逸为野生。

仙人掌

Opuntia stricta (Haw.) Haw. var. **dillenii** (Ker-Gawl.) L. D. Benson

肉质植物。花期6~12月。产于玉林市、北海市、钦州市、防城港市、南宁市、崇左市、百色市，栽培或逸为野生。中国南方常见栽培，海南、广东、广西、云南、四川等地逸为野生。原产于中美洲，现世界热带、亚热带地区广泛分布。

108. 山茶科
THEACEAE

杨桐属 Adinandra Jack

两广杨桐

Adinandra glischroloma Hand.-Mazz.

灌木或小乔木。花期 5 ~ 6 月；果期 9 ~ 10 月。产于容县。生于海拔 200 ~ 1000 m 的灌丛或林中，少见。分布于中国广东、广西、湖南、江西、福建、浙江。

长毛杨桐

Adinandra glischroloma Hand.-Mazz. var. **jubata** (H. L. Li) Kobuski

乔木。花期 5 ~ 6 月；果期 9 ~ 10 月。产于上思、宁明。生于山地林中阴处，少见。分布于中国广西、福建。

海南杨桐

Adinandra hainanensis Hayata

乔木。花期 5 ~ 6 月；果期 9 ~ 10 月。产于防城、上思。生于低海拔林中、沟谷路旁林缘或灌丛中，常见。分布于中国海南、广东、广西。越南也有分布。

亮叶杨桐

Adinandra nitida Merr. ex H. L. Li

　　乔木。花期 6 ~ 7 月；果期 9 ~ 10 月。
产于防城、上思。生于海拔 500 ~ 1000 m
的沟谷溪边或山坡林中，少见。分布于中国
广东、广西、贵州。

茶梨属 Anneslea Wall.

茶梨（红楣）

Anneslea fragrans Wall.

Anneslea fragrans Wall. var. *hainanensis* Kobuski

Anneslea hainanensis (Kobuski) Hu

　　乔木。花期 10 月至翌年 3 月；果期 7 ~ 9 月。产于防城、上思。生于海拔 300 ~ 1400 m 的山坡林
中或林缘沟谷边，少见。分布于中国海南、广东、广西、湖南、江西、福建、台湾、贵州、云南。越南、
老挝、泰国、柬埔寨、缅甸、马来西亚也有分布。

越南抱茎茶

Camellia amplexicaulis (Pit.) Cohen-Stuart

　　灌木。花期夏、秋季。玉林市、北海市、钦州市、防城港市、南宁市、崇左市、百色市有栽培。中国华南、西南等地有栽培。原产于越南。

杜鹃叶山茶

Camellia azalea C. F. Wei

　　灌木。花期 10 ~ 12 月；果期 8 ~ 9 月。南宁有栽培。分布于中国广东。

显脉金花茶

Camellia euphlebia Merr. ex Sealy

　　灌木或小乔木。花期 12 月；果期 10 月。产于防城。生于常绿阔叶林下，很少见。分布于中国广西。

淡黄金花茶

Camellia flavida H. T. Chang

　　灌木。花期 11 ~ 12 月；果期 9 ~ 10 月。产于崇左、扶绥、宁明、龙州、凭祥。生于海拔 100 ~ 500 m 的石灰岩林下或灌丛中，少见。分布于中国广西。

糙果茶

Camellia furfuracea (Merr.) Cohen-Stuart

　　灌木或乔木。花期 10 ~ 11 月；果期翌年 9 ~ 10 月。产于容县、防城、东兴。生于林中，少见。分布于中国海南、广东、广西、湖南、江西、福建、台湾。越南、老挝也有分布。

凹脉金花茶

Camellia impressinervis H. T. Chang & S. Y. Liang

　　灌木。花期 1 ~ 3 月；果期 10 月。产于龙州、大新。生于海拔 100 ~ 500 m 的石灰岩林下，很少见。分布于中国广西。

东兴金花茶

Camellia indochinensis Merr. var.
tunghinensis (H. T. Chang) T. L. Ming &
W. J. Zhang

Camellia tunghinensis H. T. Chang

　　灌木。产于防城。花期 1 ~ 3 月。生于
山地常绿阔叶林或石灰岩常绿林中,很少见。
分布于中国广西。

山茶

Camellia japonica L.

　　灌木或乔木。花期 1 ~ 3 月;果期 9 ~ 10 月。玉林市、北海市、钦州市、防城港市、南宁市、崇左
市、百色市有栽培。分布于中国海南、江西、福建、台湾、浙江、四川、山东。日本、朝鲜也有分布。

油茶

Camellia oleifera Abel

　　灌木或小乔木。花期 12 月至翌年 1 月；果期 9 ~ 10 月。产于玉林市、北海市、钦州市、防城港市、南宁市、崇左市、百色市。生于林下或灌丛，很常见。中国长江流域以及华南、西南各地有栽培或野生。越南、老挝、缅甸也有分布。

四季花金花茶

Camellia perpetua S. Y. Liang & L. D. Huang

　　灌木。花期 5 ~ 12 月；果期 9 ~ 10 月。产于崇左。生于海拔 350 m 的石灰岩林下，很少见。分布于中国广西。

金花茶

Camellia petelotii (Merr.) Sealy

Camellia nitidissima Chi

Camellia chrysantha (Hu) Tuyama

　　灌木。花期 1～2 月；果期 10～11 月。产于防城、南宁、隆安、扶绥。生于海拔 200～900 m 的山谷或沟边林中，很少见。分布于中国广西。越南也有分布。

平果金花茶

Camellia pingguoensis D. Fang

　　灌木。花期 12 月至翌年 1 月；果期 9 月。产于田东、平果。生于海拔 100～700 m 的石灰岩林下或灌丛，很少见。分布于中国广西。

毛瓣金花茶

Camellia pubipetala Y. Wan & S. Z. Huang

　　灌木或小乔木。花期 11 月至翌年 4 月；果期 10 月。产于隆安、大新。生于海拔 200～400 m 的石灰岩山坡林中，很少见。分布于中国广西。

茶

Camellia sinensis (L.) Kuntze

　　灌木或小乔木。花期 10 月至翌年 2 月；果期 8～10 月。玉林市、北海市、钦州市、防城港市、南宁市、崇左市、百色市有栽培。中国长江流域及其以南地区有栽培。越南、印度、日本、朝鲜也有栽培。

米碎花

Eurya chinensis R. Br.

　　灌木。花期 11 ~ 12 月；果期翌年 6 ~ 7 月。产于博白、北海、钦州、上思、南宁、横县、平果、那坡。生于海拔 1000 m 以下的低山或沟谷中，常见。分布于中国广东、广西、湖南、江西、福建、台湾。

华南毛枰

Eurya ciliata Merr.

　　灌木。花期 10 ~ 11 月；果期翌年 4 ~ 5 月。产于容县、上思、南宁、龙州。生于海拔 100 ~ 1300 m 的山坡林下或沟谷溪旁，常见。分布于中国海南、广东、广西、福建、云南。

二列叶柃

Eurya distichophylla Hemsl.

　　灌木或小乔木。花期 10 ~ 12 月；果期翌年 6 ~ 7 月。产于容县、上思、宁明、大新、靖西。生于海拔 200 ~ 1400 m 的山坡或沟谷溪边，少见。分布于中国广东、广西、湖南、江西、福建、贵州。越南也有分布。

岗柃

Eurya groffii Merr.

　　灌木或小乔木。花期 9 ~ 11 月；果期翌年 4 月。产于玉林、容县、博白、北海、合浦、钦州、灵山、浦北、防城、上思、东兴、南宁、隆安、横县、扶绥、宁明、龙州、凭祥、百色、田阳、平果、德保、靖西、那坡。生于丘陵灌丛中，很常见。分布于中国海南、广东、广西、福建、贵州、云南、四川、西藏。越南、缅甸也有分布。

微毛枵

Eurya hebeclados Ling

灌木或小乔木。花期
12月至翌年1月；果期
8～10月。产于玉林、陆
川、上思、南宁、横县、
宁明、靖西。生于海拔
200～1400 m的山坡林中、
林缘或路旁灌丛，常见。
分布于中国广东、广西、
湖南、江西、福建、浙江、
江苏、安徽、湖北、重庆、
贵州、四川。

披针叶枵

Eurya lanciformis Kobuski

乔木。果期10～11月。产于防城、上思。生于海拔750 m的山地林中，很少见。分布于中国广西。

细枝枰

Eurya loquaiana Dunn

　　灌木或小乔木。花期 10 ~ 12 月；果期翌年 7 ~ 9 月。产于北海。生于山地林中，少见。分布于中国海南、广东、广西、湖南、江西、福建、台湾、浙江、安徽、湖北、贵州、云南、四川、河南。

细齿叶枰

Eurya nitida Korth.

　　灌木或小乔木。花期 11 月至翌年 1 月；果期翌年 7 ~ 9 月。产于防城、上思、龙州。生于海拔 1300 m 以下的山地林中、沟谷溪边以及山坡、路旁灌丛中，少见。分布于中国海南、广东、广西、湖南、江西、福建、浙江、湖北、重庆、贵州、四川。越南、老挝、泰国、柬埔寨、缅甸、马来西亚、印度尼西亚、菲律宾、印度、斯里兰卡也有分布。

大叶五室枸

Eurya quinquelocularis Kobuski

　　灌木或小乔木。花期 11 ~ 12 月；果期翌年 6 ~ 7 月。产于防城、上思、东兴、龙州、靖西、那坡。生于海拔 800 ~ 1500 m 的山地林下或沟谷溪边，少见。分布于中国广西、贵州、云南。越南也有分布。

窄叶枸

Eurya stenophylla Merr.

　　灌木。花期 10 ~ 12 月；果期翌年 7 ~ 8 月。产于防城、上思、龙州。生于海拔 250 ~ 1400 m 的山坡、溪谷或路旁灌丛中，少见。分布于中国广东、广西、湖北、贵州、四川。

长尾窄叶枸

Eurya stenophylla Merr. var. **caudata** H. T. Chang

　　灌木。果期 9 月。产于上思。生于海拔 250 ~ 1400 m 的沟谷、路旁灌丛中，少见。分布于中国广东、广西。越南也有分布。

大头茶

Polyspora axillaris (Roxb. ex Ker-Gawl.) Sweet

Gordonia axillaris (Roxb.) Dietr.

　　乔木。花期 9 ~ 10 月；果期 11 ~ 12 月。产于防城、上思、龙州、那坡。生于海拔 100 ~ 1500 m 的林中，常见。分布于中国海南、广东、广西、台湾、云南、四川。越南也有分布。

四川大头茶

Polyspora speciosa (Kochs) Barthol. & T. L. Ming

Gordonia acuminata H. T. Chang

Gordonia kwangsiensis H. T. Chang

　　乔木。花期 8 ~ 11 月；果期 9 ~ 12 月。产于防城、上思。生于海拔 1000 ~ 1400 m 的阔叶林下或灌丛中，少见。分布于中国广西、湖南、重庆、贵州、云南、四川。越南也有分布。

银木荷

Schima argentea E. Pritz.

乔木。花期 7 ~ 9 月；果期 12 月。产于钦州、防城、上思、平果。生于阔叶林或针阔混交林中，常见。分布于中国广西、江西、云南、四川。越南、缅甸也有分布。

西南木荷（红木荷）

Schima wallichii (DC.) Choisy

乔木。花期 4 ~ 5 月；果期 11 ~ 12 月。产于南宁、隆安、崇左、扶绥、宁明、龙州、大新、百色、田阳、田东、平果、德保、靖西、那坡。生于海拔 300 ~ 1500 m 的常绿阔叶林或混交林中，常见。分布于中国广西、贵州、云南、西藏。越南、老挝、泰国、缅甸、印度、尼泊尔、不丹也有分布。

柔毛紫茎

Stewartia villosa Merr.

　　乔木。花期 6～7 月；果期 10 月。产于钦州、防城、上思。生于海拔 600～700 m 的林中，常见。分布于中国广东、广西。

厚皮香属 Ternstroemia Mutis ex L. f.

小叶厚皮香

Ternstroemia microphylla Merr.

Ternstroemia oblancilimba H. T. Chang

　　乔木。花期 5～6 月；果期 8～10 月。产于陆川、博白、北流、合浦、钦州、灵山、防城、上思、东兴。生于海拔 950 m 以下的山地疏林或林缘，少见。分布于中国海南、广东、广西、福建。

108A. 五列木科
PENTAPHYLACACEAE

五列木属 Pentaphylax Gardner & Champ.

五列木

Pentaphylax euryoides Gardner & Champ.

乔木。花期 4 ~ 6 月；果期 9 ~ 11 月。产于防城、上思、德保。生于海拔 600 ~ 1500 m 的密林中，少见。分布于中国海南、广东、广西、湖南、江西、福建、贵州、云南。越南、马来西亚、印度尼西亚也有分布。

112. 猕猴桃科
ACTINIDIACEAE

猕猴桃属 Actinidia Lindl.

异色猕猴桃

Actinidia callosa Lindl. var. **discolor** C. F. Liang

藤本。产于容县、平果。生于海拔 1000 m 以下的沟谷、山坡、灌丛或林缘，少见。分布于中国广东、广西、湖南、江西、福建、台湾、浙江、安徽、贵州、云南、四川。

条叶猕猴桃

Actinidia fortunatii Finet & Gagnep.

藤本。花期 4 ~ 6 月；果期 11 月。产于防城、上思、横县、宁明、大新、平果。生于海拔 1000 m 的林中、灌丛、山坡或山谷，少见。分布于中国广东、广西、湖南、贵州。

中越猕猴桃

Actinidia indochinensis Merr.

藤本。花期 3 ~ 4 月；果期 11 月。产于容县、上思、南宁、龙州、德保、那坡。生于海拔 600 ~ 1300 m 的山地密林中，少见。分布于中国广东、广西、云南。越南也有分布。

阔叶猕猴桃

Actinidia latifolia (Gardner & Champ.) Merr.

藤本。花期 5 ~ 6 月；果期 10 ~ 11 月。产于玉林、容县、钦州、防城、上思、横县、宁明、龙州、大新、百色。生于海拔 400 ~ 800 m 的山谷、灌丛或疏林中，常见。分布于中国海南、广东、广西、湖南、江西、福建、台湾、浙江、安徽、贵州、云南、四川。越南、老挝、泰国、柬埔寨、马来西亚也有分布。

113. 水东哥科
SAURAUIACEAE

水东哥属 Saurauia Willd.

尼泊尔水东哥

Saurauia napaulensis DC.

Saurauia napaulensis DC. var. *montana* C. F. Liang & Y. S. Wang

　　乔木。花、果期7～12月。产于德保、靖西、那坡。生于海拔400～1500 m的山地、沟谷疏林或灌丛中，少见。分布于中国广西、贵州、云南、四川。越南、老挝、泰国、缅甸、马来西亚、印度、尼泊尔、不丹也有分布。

聚锥水东哥

Saurauia thyrsiflora C. F. Liang & Y. S. Wang

　　小乔木或灌木。花、果期 5 ~ 12 月。产于浦北、南宁、百色、平果、德保、那坡。生于海拔500 ~ 1300 m 的丘陵、山地沟谷林下或灌丛中，少见。分布于中国广西、贵州、云南。

水东哥

Saurauia tristyla DC.

　　灌木或小乔木。花期 5 ~ 7 月；果期 8 ~ 12 月。产于玉林、博白、北海、钦州、灵山、上思、隆安、横县、扶绥、宁明、龙州、大新、凭祥、百色、田阳、靖西、那坡。生于低海拔至中海拔林中，很常见。分布于中国海南、广东、广西、福建、台湾、贵州、云南、四川。泰国、马来西亚、印度、尼泊尔也有分布。

114. 金莲木科
OCHNACEAE

金莲木属 Ochna L.

金莲木

Ochna integerrima (Lour.) Merr.

灌木或小乔木。花期 3 ~ 4 月；果期 5 ~ 6 月。产于防城、上思、东兴。生于海拔 300 ~ 1000 m 的山谷石旁或溪边较湿润的空旷地方，很少见。分布于中国海南、广东、广西。越南、老挝、泰国、柬埔寨、缅甸、马来西亚、印度、巴基斯坦也有分布。

合柱金莲木属 Sauvagesia L.

合柱金莲木

Sauvagesia rhodoleuca (Diels) M. C. E. Amaral
Sinia rhodoleuca Diels

直立小灌木。花期 4 ~ 5 月；果期 6 ~ 7 月。产于德保。生于海拔 1000 m 的山谷水旁密林中，很少见。分布于中国广东、广西。

115. 钩枝藤科
ANCISTROCLADACEAE

钩枝藤属 Ancistrocladus Wall.

钩枝藤

Ancistrocladus tectorius (Lour.) Merr.

　　木质藤本。花期 4 ~ 6 月；果期 6 月。产于凭祥。生于海拔 300 m 的山坡林中，很少见。分布于中国海南、广西。越南、老挝、泰国、柬埔寨、缅甸、马来西亚、印度西亚、新加坡、印度也有分布。

116. 龙脑香科
DIPTEROCARPACEAE

坡垒属 Hopea Roxb.

狭叶坡垒

Hopea chinensis Hand.-Mazz.

乔木。花期 6 ~ 7 月；果期 10 ~ 12 月。产于防城、上思。生于海拔 300 ~ 600 m 的山谷、坡地、丘陵，少见。分布于中国广西、云南。越南也有分布。

坡垒

Hopea hainanensis Merr. & Chun

　　乔木。花期 6 ~ 7 月；果期 11 ~ 12 月。
龙州有栽培。分布于中国海南。越南也有分布。

柳安属 Parashorea Kurz

望天树

Parashorea chinensis H. Wang

Parashorea chinensis H. Wang var. *kwangsiensis* Lin Chi

　　大乔木。花期 5 ~ 6 月；果期 8 ~ 9 月。产于隆安、龙州、大新、田阳、那坡。生于海拔
300 ~ 1100 m 的沟谷、坡地、丘陵以及石灰岩密林中，很少见。分布于中国广西、云南。越南也有分布。

广西青梅

Vatica guangxiensis S. L. Mo

乔木。花期 4 ~ 5 月；果期 7 ~ 8 月。产于那坡。生于海拔 800 m 的沟谷林中，很少见。分布于中国广西、云南。越南也有分布。

青梅（青皮）

Vatica mangachapoi Blanco

Vatica astrotricha Hance

乔木。花期 5 ~ 6 月；果期 8 ~ 9 月。钦州有栽培。分布于中国海南。越南、泰国、马来西亚、印度尼西亚、菲律宾也有分布。

118. 桃金娘科
MYRTACEAE

岗松属 Baeckea L.

岗松

Baeckea frutescens L.

灌木。花期夏、秋季。产于玉林、容县、陆川、博白、钦州、防城、上思、东兴、南宁、横县。生于低丘、荒山草坡或灌丛中，常见。分布于中国海南、广东、广西、江西、福建、浙江。越南、泰国、柬埔寨、缅甸、马来西亚、印度尼西亚、菲律宾、印度、新几内亚也有分布。

红千层属 Callistemon R. Br.

红千层

Callistemon rigidus R. Br.

灌木或小乔木。花期 6～8 月。玉林市、北海市、钦州市、防城港市、南宁市、崇左市、百色市有栽培。中国广东、广西、福建、台湾、浙江、云南常见栽培。原产于澳大利亚。

垂枝红千层

Callistemon viminalis (Sol. ex Gaertn.) G. Don ex Loudon

灌木或小乔木。花期 4 ~ 9 月。玉林市、北海市、钦州市、防城港市、南宁市、崇左市、百色市有栽培。中国海南、广东、广西、台湾普遍栽培。原产于澳大利亚。

子楝树属 Decaspermum J. R. Forst. & G. Forst.

子楝树

Decaspermum gracilentum (Hance) Merr. & L. M. Perry

灌木或小乔木。花期 3 ~ 5 月。产于容县、钦州、浦北、防城、上思、东兴、南宁、隆安、横县、扶绥、宁明、龙州、大新、平果、靖西、那坡。生于低海拔至中海拔林中，常见。分布于中国海南、广东、广西、湖南、台湾、贵州。越南也有分布。

柠檬桉

Eucalyptus citriodora Hook. f.

　　乔木。花期 4 ～ 9 月。玉林市、北海市、钦州市、防城港市、南宁市、崇左市、百色市有栽培。中国海南、广东、广西、湖南、江西、福建、浙江、贵州、云南、四川有栽培。原产于澳大利亚。

窿缘桉

Eucalyptus exserta F. Muell.

　　乔木。花期 5 ～ 9 月。玉林有栽培。中国海南、广东、广西、湖南、江西、福建、浙江、贵州、四川有栽培。原产于澳大利亚。

毛叶桉

Eucalyptus torelliana F. Muell.

　　乔木。花期 10 ~ 11 月。北海
有栽培。中国海南、广东、广西、
江西、福建、台湾、云南有栽培。
原产于澳大利亚。

尾叶桉

Eucalyptus urophylla S. T. Blake

　　乔木。花期 10 ~ 11 月；果期翌年 6 月。玉林市、北海市、钦州市、防城港市、南宁市、崇左市、
百色市有栽培。中国海南、广东、广西、江西、福建、浙江、安徽、贵州、云南、四川有栽培。原产于
澳大利亚。

红果仔

Eugenia uniflora L.

　　灌木或小乔木。花期春季；果期春、夏季。南宁、龙州有栽培。中国海南、广东、广西、福建、台湾、云南、四川有栽培。原产于巴西。

白千层属 Melaleuca L.

下垂白千层

Melaleuca armillaris (Sol. ex Gaertn.) Smith

　　乔木。花期 4 月或 12 月；果期 7 月或翌年 3 月。南宁有栽培。原产于澳大利亚。

黄金香柳

Melaleuca bracteata F. Muell. 'Revolution Gold'

　　灌木或乔木。花期春、夏季。玉林市、北海市、钦州市、防城港市、南宁市、崇左市、百色市有栽培。中国南方有栽培。原产于新西兰。

白千层

Melaleuca cajuputi Powell subsp. **cumingiana** (Turcz.) Barlow

　　乔木。花期一年多次。玉林市、北海市、钦州市、防城港市、南宁市、崇左市、百色市有栽培。中国海南、广东、广西、福建、台湾有栽种。原产于澳大利亚。

番石榴

Psidium guajava L.

灌木或小乔木。花期 4 ～ 5 月；果期 9 ～ 10 月。产于玉林市、北海市、钦州市、防城港市、南宁市、崇左市、百色市，栽培或逸为野生。分布于中国海南、广东、广西、福建、台湾、贵州、云南、四川，栽培或逸为野生。原产于南美洲。

桃金娘属 Rhodomyrtus (DC.) Rchb.

桃金娘

Rhodomyrtus tomentosa (Aiton) Hassk.

灌木。花期 4 ～ 5 月；果期 8 ～ 10 月。产于玉林、北海、合浦、钦州、灵山、防城、上思、南宁、隆安、横县、崇左、扶绥、宁明、龙州、大新、凭祥、百色、平果、靖西、那坡。生于丘陵坡地，很常见。分布于中国海南、广东、广西、湖南、江西、福建、台湾、浙江、贵州、云南。越南、老挝、缅甸、马来西亚、印度尼西亚、菲律宾、斯里兰卡也有分布。

线枝蒲桃

Syzygium araiocladum Merr. & L. M. Perry

小乔木。花期 5 ~ 6 月；果期 11 月。产于防城、上思。生于海拔 300 ~ 1100 m 的林中，少见。分布于中国海南、广西。越南也有分布。

黑嘴蒲桃

Syzygium bullockii (Hance) Merr. & L. M. Perry

灌木或小乔木。花期 3 ~ 8 月；果期 10 ~ 11 月。产于博白、北流、北海、钦州、防城、上思。生于平地、低山次生林中，常见。分布于中国海南、广东、广西。越南、老挝也有分布。

赤楠

Syzygium buxifolium Hook. & Arn.

灌木或小乔木。花期 6 ~ 8 月；果期 10 ~ 12 月。产于博白、上思、德保、靖西。生于低山疏林或灌丛，常见。分布于中国海南、广东、广西、湖南、江西、福建、台湾、浙江、安徽、湖北、贵州、四川。越南、日本也有分布。

密脉蒲桃

Syzygium chunianum Merr. & L. M. Perry

乔木。花期 6 ~ 7 月；果期 8 ~ 12 月。产于龙州、平果。生于海拔 900 m 以下的常绿阔叶林中，少见。分布于中国海南、广西。

乌墨

Syzygium cumini (L.) Skeels

乔木。花期 2～3 月；果期 6～9 月。产于博白、北海、合浦、上思、南宁、隆安、横县、扶绥、宁明、龙州、大新、百色、田阳、田东、平果。生于低海拔疏林中，很常见。分布于中国海南、广东、广西、福建、云南。越南、老挝、泰国、印度尼西亚、马来西亚、印度、尼泊尔、不丹、斯里兰卡以及澳大利亚也有分布。

红鳞蒲桃

Syzygium hancei Merr. & L. M. Perry

灌木或乔木。花期 7～9 月；果期 11 月至翌年 1 月。产于玉林、容县、博白、北流、合浦、钦州、防城、上思、宁明、德保、靖西。生于低海拔疏林中，常见。分布于中国海南、广东、广西、福建。越南也有分布。

桂南蒲桃

Syzygium imitans Merr. & L. M. Perry

乔木。花期 8 ~ 9 月。产于防城、上思。生于海拔 300 ~ 600 m 的山谷林中，少见。分布于中国广西。越南也有分布。

蒲桃

Syzygium jambos (L.) Alston

乔木。花期 3 ~ 4 月；果期 5 ~ 6 月。产于玉林市、北海市、钦州市、防城港市、南宁市、崇左市、百色市。生于河边以及河谷湿地，很常见。分布于中国海南、广东、广西、福建、台湾、贵州、云南、四川。可能原产于马来西亚以及亚洲东南部。

山蒲桃

Syzygium levinei (Merr.) Merr. & L. M. Perry

乔木。花期 6 ~ 9 月；果期翌年 2 ~ 5 月。产于北流。生于山坡疏林中，很少见。分布于中国海南、广东、广西。越南也有分布。

水翁蒲桃

Syzygium nervosum DC.

Cleistocalyx operculatus (Roxb.) Merr. & L. M. Perry

乔木。花期 5 ~ 6 月。产于北海、合浦、上思、隆安、龙州、平果。生于海拔 200 ~ 600 m 的溪流河边，常见。分布于中国海南、广东、广西、云南、西藏。越南、泰国、缅甸、马来西亚、印度尼西亚、印度、斯里兰卡、澳大利亚也有分布。

香蒲桃

Syzygium odoratum (Lour.) DC.

　　乔木。花期 4 ~ 6 月；果期 12 月至翌年 1 月。产于东兴。生于平地疏林中，很少见。分布于中国海南、广东、广西。越南也有分布。

洋蒲桃

Syzygium samarangense (Blume) Merr. & L. M. Perry

　　乔木。花期 3 ~ 4 月；果期 5 ~ 6 月。玉林市、北海市、钦州市、防城港市、南宁市、崇左市有栽培。中国海南、广东、广西、福建、台湾、云南、四川有栽培。原产于泰国、马来西亚、印度尼西亚、印度、新几内亚。

硬叶蒲桃

Syzygium sterrophyllum Merr. & L. M. Perry

灌木或小乔木。花期 6 ~ 10 月；果期 11 月至翌年 1 月。产于防城、上思。生于阔叶林中、山谷或河边、少见。分布于中国海南、广西、云南。越南也有分布。

方枝蒲桃

Syzygium tephrodes (Hance) Merr. & L. M. Perry

灌木或小乔木。花期 5 ~ 6 月；果期 11 ~ 12 月。北海有栽培。分布于中国海南。

四角蒲桃（棱翅蒲桃）

Syzygium tetragonum (Wight) Wall. ex Walp.

Syzygium nienkui Merr. & L. M. Perry

乔木。花期 7 ~ 10 月；果期 11 月至翌年 1 月。产于龙州。生于山谷或溪边，少见。分布于中国海南、广西、云南、西藏。泰国、缅甸、印度、尼泊尔、不丹也有分布。

金缨木属 Xanthostemon F. Muell.

金蒲桃（金黄熊猫）

Xanthostemon chrysanthus (F. Muell.) Benth.

乔木。花期夏季。北海有栽培。中国广东、广西有栽培。原产于澳大利亚。

119. 玉蕊科
LECYTHIDACEAE

玉蕊属 Barringtonia J. R. Forst. & G. Forst

玉蕊

Barringtonia racemosa (L.) Spreng.

乔木。花期几全年。北海、南宁有栽培。分布于中国海南、台湾。亚洲、大洋洲、非洲的热带、亚热带地区也有分布。

120. 野牡丹科
MELASTOMATACEAE

异形木属 Allomorphia Blume

异形木

Allomorphia balansae Cogn.

灌木。花期 6 ~ 8 月；果期 10 ~ 12 月。产于博白、防城、上思、宁明。生于海拔 400 ~ 1200 m 的林中、灌丛潮湿处，少见。分布于中国海南、广西、云南。越南、泰国也有分布。

棱果花

Barthea barthei (Hance) Krass.

灌木。花期 1 ~ 4 月或 10 ~ 12 月；果期
10 ~ 12 月或 5 月。产于防城、上思。生于海拔
400 ~ 1300 m 的山坡、山谷或溪边，少见。分布
于中国广东、广西、湖南、福建、台湾。

宽翅棱果花

Barthea barthei (Hance) Krass. var. **valdealata**
C. Hansen

灌木。花期 1 ~ 5 月；果期 10 ~ 11 月。
产于防城、上思。生于海拔 500 ~ 1400 m
的山坡林中，很少见。分布于中国广西。

双腺野海棠

Bredia biglandularis C. Chen

灌木。花期 7 ~ 8 月；果期 10 月。产于防城、东兴。生于山脚、疏林或水旁岩石上，很少见。分布于中国广西。

叶底红

Bredia fordii (Hance) Diels

灌木。花期 6 ~ 8 月；果期 8 ~ 10 月。产于容县、防城、南宁、宁明、龙州。生于海拔 100 ~ 1400 m 的林下、溪边、水旁或路边，少见。分布于中国广东、广西、湖南、江西、福建、浙江、贵州、云南、四川。

北酸脚杆

Medinilla septentrionalis (W. W. Smith) H. L. Li

　　灌木或小乔木。花期 6 ~ 9 月；果期翌年 2 ~ 5 月。产于上思、隆安、扶绥、宁明、龙州、大新、百色。生于海拔 200 ~ 1500 m 的山谷、山坡密林中或林缘阴湿处，少见。分布于中国广东、广西、云南。越南、泰国、缅甸也有分布。

野牡丹属 Melastoma L.

地菍

Melastoma dodecandrum Lour.

　　小灌木。花期 5 ~ 7 月；果期 7 ~ 9 月。产于陆川、博白、北海、防城、上思、南宁、平果、靖西、那坡。生于海拔 1300 m 以下的山坡矮草丛中，为酸性土壤常见植物。分布于中国广东、广西、湖南、江西、福建、浙江、安徽、贵州。越南也有分布。

野牡丹（多花野牡丹）

Melastoma malabathricum L.

Melastoma affine D. Don

Melastoma candidum D. Don

　　灌木。花期 2 ~ 8 月；果期 7 ~ 12 月。产于玉林、容县、陆川、博白、北海、合浦、钦州、防城、上思、南宁、横县、龙州、大新、百色、田东、平果。生于灌丛、荒野、山谷或疏林下，很常见。分布于中国海南、广东、广西、湖南、江西、福建、台湾、浙江、贵州、云南、四川、西藏。越南、老挝、泰国、缅甸、柬埔寨、马来西亚、菲律宾、印度、尼泊尔、日本以及太平洋岛屿也有分布。

毛菍

Melastoma sanguineum Sims

　　灌木。花期几全年；果期 8 ~ 10 月。产于防城、上思、龙州。生于海拔 400 m 以下的坡脚、沟边、草丛或矮灌丛中，常见。分布于中国海南、广东、广西、福建。马来西亚、印度尼西亚、印度也有分布。

谷木

Memecylon ligustrifolium Champ.

　　灌木或小乔木。花期 5 ~ 8 月；果期 12 月至翌年 2 月。产于钦州、防城、上思、横县、龙州、天等、百色。生于海拔 150 ~ 1500 m 的密林下，常见。分布于中国海南、广东、广西、福建、云南。

细叶谷木

Memecylon scutellatum (Lour.) Hook. & Arn.

　　灌木，稀为小乔木。花期 6 ~ 8 月；果期翌年 1 ~ 3 月。生产于陆川、博白、北海、合浦、钦州、防城、上思、龙州、百色、平果。生于海拔 1500 m 以下的山坡、平地林中或灌丛中，常见。分布于中国海南、广东、广西。越南、老挝、泰国、柬埔寨、缅甸、马来西亚也有分布。

星毛金锦香（朝天罐）

Osbeckia stellata Buch.-Ham. ex Ker-Gawl.

Osbeckia opipara C. Y. Wu & C. Chen

　　灌木。花期 7 ~ 11 月；果期 10 ~ 12 月。产于钦州、防城、东兴、百色、田东、靖西。生于海拔 250 ~ 800 m 的山坡、山谷、疏林或灌丛中，常见。分布于中国华南、华东、华中、西南以及西藏。越南、老挝、泰国、柬埔寨、缅甸、印度、尼泊尔、不丹也有分布。

尖子木属 Oxyspora DC.

尖子木

Oxyspora paniculata (D. Don) DC.

　　灌木。花期 7 ~ 9 月，稀 10 月；果期翌年 1 ~ 3 月，稀达 5 月。产于平果、靖西。生于海拔 500 ~ 1400 m 的山谷密林下阴湿处或溪边，少见。分布于中国广西、贵州、云南、西藏。越南、老挝、柬埔寨、缅甸、印度、尼泊尔、不丹也有分布。

锦香草

Phyllagathis cavaleriei (Lévl. & Van.) Guillaum.

草本。花期 5 ~ 8 月；果期 7 ~ 10 月。产于上思、那坡。生于海拔 300 ~ 1500 m 的山谷、山坡林下阴湿处或水沟旁，少见。分布于中国广东、广西、湖南、江西、福建、浙江、贵州、云南、四川。

大叶熊巴掌

Phyllagathis longiradiosa (C. Chen) C. Chen

草本。花期 5 ~ 8 月；果期 7 ~ 10 月。产于上思、那坡。生于海拔 300 ~ 1500 m 的山谷、山坡林下阴湿处或水沟旁，少见。分布于中国广东、广西、湖南、江西、福建、浙江、贵州、云南、四川。

丽萼熊巴掌

Phyllagathis longiradiosa (C. Chen) C. Chen var. **pulchella** C. Chen

草本或小灌木。花期 5 月或 11 月。产于龙州、大新。生于海拔 200 ~ 900 m 的林下，很少见。分布于中国广西。

蜂斗草属 Sonerila Roxb.

蜂斗草

Sonerila cantonensis Stapf

草本或亚灌木。花期 6 ~ 10 月；果期 12 月至翌年 2 月。产于博白、钦州、上思、南宁、平果、靖西。生于海拔 500 ~ 1400 m 的山谷或山坡密林下，少见。分布于中国海南、广东、广西、云南。越南也有分布。

银毛蒂牡花

Tibouchina aspera Aubl. var.
asperrima Cogn.

　　灌木。花期夏季。南宁有栽培。中国南方有栽培。原产于中美洲、南美洲。

巴西野牡丹（巴西蒂牡花）

Tibouchina semidecandra Cogn.

　　灌木。花期几全年。玉林市、北海市、钦州市、防城港市、南宁市、崇左市、百色市有栽培。中国华南地区有栽培。原产于巴西。

121. 使君子科
COMBRETACEAE

风车子属 Combretum Loefl.

风车子（广西风车子）

Combretum alfredii Hance

Combretum kwangsiense H. L. Li

　　灌木。花期 5 ~ 9 月；果期 8 ~ 12 月。产于龙州。生于海拔 800 m 以下的林下、河边、谷地，少见。分布于中国广东、广西、湖南、江西。

榄形风车子

Combretum sundaicum Miq.

攀援灌木。花期7~8月；果期8月。产于龙州。生于海拔300~600 m的密林或灌丛中，很少见。分布于中国海南、广西、云南。越南、泰国、马来西亚、印度尼西亚、新加坡也有分布。

石风车子

Combretum wallichii DC.

Combretum incertum Hand.-Mazz.

灌木。花期3~8月；果期6~11月。产于龙州、百色、平果。生于海拔500~1500 m的山坡、路旁、沟边或灌丛中，少见。分布于中国广西、贵州、云南、四川。越南、缅甸、印度、尼泊尔、不丹、孟加拉国也有分布。

拉关木

Laguncularia racemosa (L.) Gaertn. f.

乔木。花期 2 ~ 9 月；果期 7 ~ 9 月。北海有栽培。中国海南、广东、广西、福建有栽培。原产于美洲、非洲。

榄李属 Lumnitzera Willd.

榄李

Lumnitzera racemosa Willd.

灌木。花、果期 12 月至翌年 3 月。产于北海、合浦、防城。生于海边沙滩，少见。分布于中国海南、广东、广西、台湾。越南、泰国、柬埔寨、马来西亚、印度尼西亚、新加坡、菲律宾、印度、孟加拉国、斯里兰卡、日本、朝鲜、澳大利亚、新几内亚以及太平洋岛屿、非洲东部也有分布。

使君子

Quisqualis indica L.

　　灌木。花期 3 ~ 11 月；果期 6 ~ 11 月。产于玉林、北海、合浦、浦北、防城、南宁、宁明、龙州、靖西。生于平地、山坡、路旁，常见。分布于中国海南、广东、广西、湖南、江西、福建、台湾、贵州、云南、四川。南亚和东南亚、太平洋岛屿、印度洋岛屿以及非洲东部沿海也有分布。

诃子属 Terminalia L.

榄仁树

Terminalia catappa L.

　　乔木。花期 3 ~ 6 月；果期 7 ~ 9 月。产于合浦、防城。生于海边沙滩上，常见。分布于中国海南、广东、广西、台湾、云南。越南、泰国、柬埔寨、缅甸、马来西亚、印度尼西亚、菲律宾、印度、孟加拉国、澳大利亚、新几内亚、马达加斯加以及太平洋岛屿、印度洋岛屿也有分也布。

诃子

Terminalia chebula Retz.

  乔木。花期5月；果期7～9月。钦州、南宁有栽培。分布于中国云南。越南、老挝、泰国、柬埔寨、缅甸、马来西亚、印度、尼泊尔也有分布。

卵果榄仁（美洲榄仁）

Terminalia muelleri Benth.

  乔木。北海、南宁有栽培。中国华南地区有栽培。原产于热带美洲。

千果榄仁

Terminalia myriocarpa Van Huerck & Muell.-Arg.

乔木。花期 8 ～ 9 月；果期 10 月至翌年 1 月。产于龙州。生于海拔 600 ～ 1000 m 的林中或山谷溪旁，很少见。分布于中国广东、广西、云南、西藏。越南、老挝、泰国、缅甸、马来西亚、印度尼西亚、印度、尼泊尔、不丹、孟加拉国也有分布。

小叶榄仁

Terminalia neotaliala Capuron

乔木。花期 9 ～ 10 月；果期 11 ～ 12 月。玉林市、北海市、钦州市、防城港市、南宁市、崇左市、百色市有栽培。中国广东、广西、福建、台湾有栽培。原产于马达加斯加。

122. 红树科
RHIZOPHORACEAE

木榄属 Bruguiera Lam.

木榄

Bruguiera gymnorhiza (L.) Lam.

乔木或灌木。花、果期几全年。产于合浦、钦州、防城。生于浅海盐滩，少见。分布于中国海南、广东、广西、福建、台湾。越南、泰国、柬埔寨、缅甸、马来西亚、印度尼西亚、菲律宾、印度、斯里兰卡、日本、澳大利亚、新几内亚、马达加斯加以及太平洋岛屿、印度洋岛屿、非洲东部也有分布。

竹节树

Carallia brachiata (Lour.) Merr.

　　乔木。花期 8 月至翌年 2 月；果期春、夏季。产于陆川、北海、合浦、防城、上思。生于海拔 900 m 以下的林中或灌丛，常见。分布于中国海南、广东、广西、福建、云南。越南、老挝、泰国、柬埔寨、缅甸、马来西亚、印度尼西亚、菲律宾、印度、尼泊尔、不丹、斯里兰卡、澳大利亚、新几内亚、马达加斯加以及太平洋岛屿也有分布。

旁杞树（旁杞木）

Carallia pectinifolia W. C. Ko

Carallia longipes Chun ex W. C. Ko

　　灌木或小乔木。花、果期春、夏季。产于容县、陆川、博白、北流、钦州、灵山、防城、上思、东兴、扶绥、宁明、龙州、大新、靖西。生于山谷或溪畔林中，常见。分布于中国广东、广西、云南。

秋茄树

Kandelia obovata Sheue, H. Y. Liu & J. Yong

灌木或小乔木。花期几全年。产于北海、合浦、钦州、防城、东兴。生于海滩，常见。分布于中国海南、广东、广西、福建、台湾。亚洲东部也有分布。

红树属 Rhizophora L.

红海榄

Rhizophora stylosa Griff.

小乔木或灌木。花期几全年。产于北海、合浦、钦州。生于海边泥滩，少见。分布于中国海南、广东、广西、台湾。菲律宾、马来西亚、澳大利亚也有分布。

123. 金丝桃科

HYPERICACEAE

黄牛木属 Cratoxylum Blume

黄牛木

Cratoxylum cochinchinense (Lour.) Blume

灌木或乔木。花期 4 ~ 5 月；果期 6 月以后。产于北流、浦北、上思、隆安、龙州、大新、平果。生于丘陵、山地的次生林或灌丛中，常见。分布于中国海南、广东、广西、云南。越南、泰国、缅甸、马来西亚、印度尼西亚、菲律宾也有分布。

地耳草（田基黄）

Hypericum japonicum Thunb.

　　草本。花期 3 ~ 10 月；果期 4 ~ 11 月。产于玉林、容县、陆川、博白、北海、合浦、钦州、浦北、防城、上思、南宁、隆安、横县、扶绥、龙州、大新、百色、田阳、平果、德保、那坡。生于海拔 1600 m 以下的田边、沟旁或草地，很常见。分布于中国长江以南以及山东、辽宁。越南、老挝、泰国、柬埔寨、缅甸、马来西亚、印度尼西亚、菲律宾、印度、尼泊尔、不丹、斯里兰卡、日本、朝鲜、澳大利亚以及太平洋岛屿也有分布。

元宝草

Hypericum sampsonii Hance

　　草本。花期 5 ~ 7 月；果期 6 ~ 8 月。产于南宁、龙州、百色。生于海拔 100 ~ 1500 m 的路旁、山坡、草地、灌丛、田野，少见。分布于中国广东、广西、湖南、江西、福建、台湾、浙江、江苏、安徽、湖北、贵州、云南、四川、陕西、河南。越南、缅甸、日本也有分布。

126. 藤黄科
GUTTIFERAE

红厚壳属 Calophyllum L.

薄叶红厚壳

Calophyllum membranaceum Gardner & Champ.

乔木。花期 3 ~ 5 月；果期 8 ~ 12 月。产于玉林、陆川、博白、浦北、防城、上思、南宁、横县、德保。生于山地阔叶林中，少见。分布于中国海南、广东、广西。越南也有分布。

锈毛红厚壳

Calophyllum retusum Wall. ex Planch. & Triana

乔木。花期 3 ~ 6 月；果期 9 ~ 11 月。产于钦州、东兴。生于海岛或海岸带林中，很少见。分布于中国广西。越南、老挝、泰国、柬埔寨、马来半岛也有分布。

大苞藤黄

Garcinia bracteata C. Y. Wu ex Y. H. Li

    乔木。花期 4 ~ 5 月；果期 11 ~ 12 月。产于隆安、龙州、大新、田阳、平果、德保、靖西、那坡。生于海拔 400 ~ 1300 m 的石灰岩林中，常见。分布于中国广西、云南。

木竹子（多花山竹子）

Garcinia multiflora Champ. ex Benth.

    乔木。花期 6 ~ 8 月；果期 11 ~ 12 月。产于玉林、容县、陆川、钦州、浦北、防城、上思、东兴、宁明、龙州、大新、天等、凭祥、德保、靖西、那坡。生于海拔 400 ~ 1500 m 的山坡林中或灌丛中，常见。分布于中国海南、广东、广西、湖南、江西、福建、台湾、贵州、云南。越南也有分布。

岭南山竹子

Garcinia oblongifolia Champ. ex Benth.

乔木。花期 4 ~ 5 月；果期 10 ~ 12 月。产于容县、博白、北流、合浦、钦州、灵山、浦北、防城、东兴、扶绥、宁明、龙州、大新、百色。生于海拔 200 ~ 1200 m 的平地、丘陵或沟谷林中，常见。分布于中国海南、广东、广西。越南也有分布。

金丝李

Garcinia paucinervis Chun ex F. C. How

乔木。花期 6 ~ 7 月；果期 11 ~ 12 月。产于隆安、崇左、宁明、龙州、大新、田东、平果、德保、靖西、那坡。生于海拔 300 ~ 800 m 的石灰岩林中，少见。分布于中国广西、云南。

尖叶藤黄

Garcinia subfalcata Y. H. Li & F. N. Wei

　　乔木。花期 4 ~ 5 月；果期 9 ~ 10 月。产于防城、上思、靖西。生于海拔 550 m 的山谷、水边阔叶林中，很少见。分布于中国广西。

铁力木属 Mesua L.

铁力木

Mesua ferrea L.

　　乔木。花期 3 ~ 5 月；果期 8 ~ 10 月。容县、南宁、崇左有栽培。分布于中国广东、广西、云南。泰国、马来西亚、印度尼西亚、印度、孟加拉国、斯里兰卡也有分布。

128. 椴树科

TLLIACEAE

黄麻属 Corchorus L.

甜麻

Corchorus aestuans L.

Corchorus acutangulus Lam.

草本。花期夏季；果期秋季。产于玉林、北海、钦州、防城、上思、南宁、隆安、宁明、龙州、大新、凭祥、百色、田阳、平果、那坡。生于荒地旷野，常见。分布于中国长江以南。热带亚洲、非洲、美洲也有分布。

黄麻

Corchorus capsularis L.

　　草本。花期夏季。产于玉林、博白、北海、上思、南宁、崇左、宁明、龙州，栽培或逸为野生。分布于中国长江以南，栽培或逸为野生。原产于热带亚洲，现世界热带地区有栽培。

长蒴黄麻

Corchorus olitorius L.

　　草本。花、果期夏、秋季。产于北海、合浦、龙州、百色、田阳、平果，栽培或逸为野生。分布于中国海南、广东、广西、湖南、江西、福建、安徽、云南，栽培或逸为野生。世界热带地区广泛分布。

海南椴

Diplodiscus trichospermus (Merr.) Y. Tang, M. G. Gilbert & Dorr
Hainania trichosperma Merr.

乔木。花期秋季；果期冬季。产于隆安、崇左、宁明、龙州、大新、平果。生于低海拔山地疏林中，少见。分布于中国海南、广西。

蚬木属 Excentrodendron H. T. Chang

蚬木

Excentrodendron tonkinense (A. Chev.) H. T. Chang & R. H. Miao

乔木。花、果期春、夏季。产于隆安、崇左、扶绥、宁明、龙州、大新、天等、凭祥、百色、田阳、田东、平果、德保、靖西、那坡。生于石灰岩林中，常见。分布于中国广西、云南。越南也有分布。

苘麻叶扁担杆

Grewia abutilifolia W. Vent. ex Juss.

灌木。花、果期几全年。产于博白、钦州、隆安、崇左、扶绥、宁明、龙州、大新、百色、田阳、平果、那坡。生于低海拔至中海拔灌丛中，常见。分布于中国海南、广东、广西、台湾、贵州、云南。越南、老挝、泰国、柬埔寨、缅甸、马来西亚、印度尼西亚、印度也有分布。

毛果扁担杆

Grewia eriocarpa Juss.

灌木或小乔木。花期几全年。产于龙州、百色、平果。生于丘陵、山谷以及旷野，少见。分布于中国海南、广东、广西、台湾、贵州、云南。越南、老挝、泰国、柬埔寨、缅甸、马来西亚、印度尼西亚、菲律宾、印度、尼泊尔、不丹、斯里兰卡也有分布。

镰叶扁担杆

Grewia falcate C. Y. Wu

灌木或小乔木。产于博白、钦州、隆安、崇左、扶绥、宁明、龙州、大新、百色、田阳、平果、那坡。生于海拔 800 ~ 1500 m 的林下，少见。分布于中国广西、云南。越南、老挝、泰国、柬埔寨、缅甸、马来西亚也有分布。

黄麻叶扁担杆

Grewia henryi Burret

灌木或小乔木。产于龙州、百色、平果。生于林下或灌丛，少见。分布于中国广东、广西、江西、福建、贵州、云南。

钝叶扁担杆

Grewia retusifolia Pierre

    灌木或小乔木。产于南宁、扶绥、百色。生于次生林中，少见。分布于中国广西。越南、印度尼西亚、澳大利亚也有分布。

破布叶属 Microcos L.

破布叶

Microcos paniculata L.

    灌木或小乔木。花期 6 ~ 7 月。产于玉林、容县、陆川、博白、北海、钦州、灵山、浦北、防城、上思、东兴、南宁、隆安、横县、扶绥、龙州、大新、百色、平果、那坡。生于疏林或灌丛中，很常见。分布于中国海南、广东、广西、云南。越南、老挝、泰国、柬埔寨、缅甸、马来西亚、印度尼西亚、印度、斯里兰卡也有分布。

长勾刺蒴麻

Triumfetta pilosa Roth

　　木质草本或亚灌木。花期夏、秋季。产于博白、钦州、防城、上思、东兴、隆安、扶绥、宁明、龙州、大新、天等、凭祥、百色、德保、靖西、那坡。生于低坡灌丛中，很常见。分布于中国广东、广西、贵州、云南、四川。泰国、马来西亚、印度、尼泊尔、不丹、斯里兰卡、澳大利亚、新几内亚以及热带非洲也有分布。

刺蒴麻

Triumfetta rhomboidea Jacq.

Triumfetta bartramia L.

　　亚灌木。花期秋季；果期冬季。产于北海、上思、崇左、龙州。生于旷野，常见。分布于中国海南、广东、广西、福建、台湾、云南。热带亚洲以及非洲也有分布。

128A. 杜英科
ELAEOCARPACEAE

杜英属 Elaeocarpus L.

显脉杜英

Elaeocarpus dubius A. DC.

乔木。花期 3 ~ 4 月；果期 4 ~ 6月。产于陆川、北流、合浦、浦北、防城、上思、东兴、南宁、扶绥。生于海拔 500 ~ 700 m 的林中，少见。分布于中国海南、广东、广西、贵州、云南。越南也有分布。

水石榕

Elaeocarpus hainanensis Oliv.

小乔木。花期夏季。产于防城、那坡。生于海拔 200 ~ 500 m 的河边潮湿地，很少见。分布于中国海南、广西、云南。越南、泰国也有分布。

日本杜英（薯豆）

Elaeocarpus japonicus Sieb. & Zucc.

Elaeocarpus yunnanensis Brandis ex Tutcher

乔木。花期 4～5 月；果期 9 月。产于防城、上思。生于中海拔林中，常见。分布于中国长江以南。越南、日本也有分布。

灰毛杜英

Elaeocarpus limitaneus Hand.-Mazz.

乔木。花期 7 月；果期 8～9 月。产于防城、上思、东兴。生于海岸带林中，少见。分布于中国海南、广东、广西、福建、云南。越南也有分布。

绢毛杜英

Elaeocarpus nitentifolius Merr. & Chun

　　乔木。花期 4 ~ 5 月；果期 9 月。产于防城、上思。生于低海拔林中，少见。分布于中国海南、广东、广西、云南。越南也有分布。

长柄杜英

Elaeocarpus petiolatus (Jack) Wall. ex Kurz

　　乔木。花期 8 ~ 9 月；果期 9 ~ 12 月。产于容县。生于低海拔林中，很少见。分布于中国海南、广东、广西、云南。越南、老挝、泰国、柬埔寨、缅甸、马来西亚、印度尼西亚、印度也有分布。

毛果杜英（长芒杜英）

Elaeocarpus rugosus Roxb.

　　乔木。花期 3 ~ 5 月；果期 5 ~ 8 月。南宁有栽培。分布于中国海南、云南。泰国、缅甸、马来西亚、印度也有分布。

山杜英

Elaeocarpus sylvestris (Lour.) Poir.

　　小乔木。花期 4 ~ 5 月；果期 5 ~ 8 月。产于陆川、北海、钦州、灵山、防城、上思、东兴、横县、宁明、龙州、百色、平果、德保、靖西。生于中海拔至高海拔林中，常见。分布于中国海南、广东、广西、湖南、江西、福建、浙江、贵州、云南、四川。越南也有分布。

百色猴欢喜

Sloanea chingiana Hu

　　乔木。花期5月；果期9～10月。产于上思、百色。生于海拔600～1100 m的林中，少见。分布于中国广西。

薄果猴欢喜

Sloanea leptocarpa Diels

　　乔木。花期4～5月；果期9月。产于容县、防城、上思、那坡。生于海拔700～1000 m的林中，少见。分布于中国广东、广西、湖南、福建、贵州、云南、四川。

128B. 斜翼科
PLAGIOPTERACEAE

斜翼属 Plagiopteron Griff.

斜翼

Plagiopteron suaveolens Griff.

木质藤木。产于崇左、龙州。生于石灰岩山谷或林缘，很少见。分布于中国广西。泰国、缅甸也有分布。

130. 梧桐科
STERCULIACEAE

昂天莲属 Ambroma L. f.

昂天莲

Ambroma augusta (L.) L. f.

灌木。花期春、夏季。产于上思、龙州、百色、那坡。生于沟谷边或灌草丛，少见。分布于中国海南、广西、贵州、云南。越南、泰国、马来西亚、印度尼西亚、菲律宾、印度也有分布。

槭叶酒瓶树（澳洲火焰木）

Brachychiton acerifolius (A. Cunn. ex G. Don) F. Müll.

乔木。花期 4 ~ 7 月；果期 9 ~ 10 月。北海、南宁有栽培。中国南方有栽培。原产于澳大利亚。

昆士兰瓶树（瓶干树）

Brachychiton rupestris K. Schum.

乔木。北海有栽培。中国南方有栽培。原产于澳大利亚。

刺果藤

Byttneria grandifolia DC.

Byttneria aspera Colebr. ex Wall.

　　木质大藤本。花期春、夏季。产于北流、上思、东兴、南宁、龙州。生于海拔 200 ~ 300 m 的山坡林中，少见。分布于中国海南、广东、广西、云南。越南、老挝、泰国、柬埔寨、印度、尼泊尔、不丹、孟加拉国也有分布。

火绳树属 Eriolaena DC.

桂火绳

Eriolaena kwangsiensis Hand.-Mazz.

　　小乔木。花期 6 ~ 8 月。产于南宁、崇左、宁明、龙州、大新、百色、平果、德保。生于海拔 300 ~ 1200 m 的山谷密林或灌丛中，常见。分布于中国广西、云南。

石山梧桐

Firmiana calcarea C. F. Liang & S. L. Mo ex Y. S. Huang

　　灌木。花期 4 ~ 8 月；果期 7 ~ 9 月。产于宁明、龙州。生于海拔 300 ~ 500 m 的石灰岩山顶石缝中，很少见。分布于中国广西。

广西火桐

Firmiana kwangsiensis H. H. Hsue

Erythropsis kwangsiensis (H. H. Hsue) H. H. Hsue

　　乔木。花期 5 ~ 6 月。产于崇左、平果、靖西、那坡。生于海拔 500 ~ 1000 m 的山谷缓坡疏林或灌丛中，很少见。分布于中国广西。

梧桐

Firmiana simplex (L.) W. Wight

Firmiana platanifolia (L. f.) Marsili

　　乔木。花期 6 月；果期 9 ~ 10 月。产于龙州、平果。生于山坡疏林中，少见。分布于中国各地，野生或栽培。

山芝麻属 Helicteres L.

山芝麻（山油麻）

Helicteres angustifolia L.

　　小灌木。花期几全年。产于玉林、容县、陆川、博白、北海、合浦、钦州、防城、南宁、横县、扶绥、宁明、龙州、百色、田阳。生于草坡、灌丛，常见。分布于中国海南、广东、广西、湖南、江西、福建、台湾、贵州、云南。越南、老挝、泰国、柬埔寨、缅甸、马来西亚、印度尼西亚、菲律宾、日本、澳大利亚也有分布。

长序山芝麻

Helicteres elongata Wall. ex Mast.

灌木。花期6～10月。产于横县。生于海拔200～1000 m的路边、村旁荒地或干旱草坡上，少见。分布于中国广西、云南。泰国、缅甸、印度、孟加拉国也有分布。

细齿山芝麻

Helicteres glabriuscula Wall. ex Mast.

灌木。花期几全年。产于宁明、龙州、平果。生于草坡上或灌丛中，常见。分布于中国广西、贵州、云南。缅甸也有分布。

雁婆麻

Helicteres hirsuta Lour.

　　灌木。花期 4 ~ 9 月。产于博白、北流、合浦、宁明、龙州。生于疏林、灌丛中，少见。分布于中国海南、广东、广西。越南、老挝、泰国、柬埔寨、马来西亚、菲律宾、印度也有分布。

剑叶山芝麻

Helicteres lanceolata DC.

　　灌木。花期 7 ~ 11 月。产于博白、北流、上思、宁明、龙州、那坡。生于丘陵灌丛或草地，常见。分布于中国海南、广东、广西、云南。越南、老挝、泰国、柬埔寨、缅甸、印度尼西亚也有分布。

银叶树

Heritiera littoralis Dryand.

　　乔木。花期夏季。产于北海、防城。生于海岸带林中，少见。分布于中国海南、广东、广西、台湾。越南、柬埔寨、马来西亚、印度尼西亚、菲律宾、印度、斯里兰卡、澳大利亚以及非洲东部也有分布。

马松子属 Melochia L.

马松子（野路葵）

Melochia corchorifolia L.

　　草本。花期夏、秋季。产于龙州。生于低山丘陵或田野，常见。分布于中国华南、华东。亚洲热带地区也有分布。

翻白叶树

Pterospermum heterophyllum Hance

　　乔木。花期夏、秋季。产于玉林、陆川、博白、上思、南宁、龙州、大新、天等、百色、平果。生于山地林中，常见。分布于中国海南、广东、广西、福建。

截裂翅子树

Pterospermum truncatolobatum Gagnep.

　　乔木。花期 7 月。产于隆安、扶绥、宁明、龙州。生于海拔 300 ~ 500 m 的石灰岩林中，少见。分布于中国广西、云南。越南也有分布。

粗齿梭罗

Reevesia rotundifolia Chun

乔木。花期 5 月；果期 10 月。产于防城、上思。生于海拔 1000 m 的林中，很少见。分布于中国广东、广西。

两广梭罗

Reevesia thyrsoidea Lindl.

乔木。花期 3 ~ 4 月；果期 10 月。产于容县、防城、上思、宁明。生于海拔 500 ~ 1300 m 的密林中，常见。分布于中国海南、广东、广西、云南。越南、柬埔寨也有分布。

粉苹婆

Sterculia euosma W. W. Smith

乔木。花、果期春、夏季。产于横县、崇左、扶绥、宁明、龙州、大新、天等、凭祥、田阳、田东、平果、德保、靖西、那坡。生于海拔1500 m以下的石灰岩林中，常见。分布于中国广西、贵州、云南、西藏。

海南苹婆

Sterculia hainanensis Merr. & Chun

灌木或小乔木。花期1～4月；果期7～8月。产于钦州、防城。生于山谷密林中，少见。分布于中国海南、广西。

假苹婆

Sterculia lanceolata Cav.

　　乔木。花期 4~6 月。产于玉林、容县、博白、北流、北海、合浦、钦州、灵山、防城、上思、东兴、南宁、隆安、横县、扶绥、宁明、龙州、大新、百色、德保、那坡。生于山谷溪旁或山坡、丘陵地区，很常见。分布于中国海南、广东、广西、贵州、云南、四川。越南、泰国也有分布。

苹婆

Sterculia monosperma Vent.

Sterculia nobilis Smith

　　乔木。花期 4~5 月，偶有 10~11 月二次开花。产于容县、博白、北流、灵山、防城、上思、宁明、龙州、大新、天等、百色、平果。生于密林中，常见。分布于中国广东、广西、福建、台湾、云南。越南、泰国、马来西亚、印度尼西亚、印度也有分布。

家麻树

Sterculia pexa Pierre

　　乔木。花期 10 月。产于扶绥、龙州、百色、田阳、田东、平果、德保、靖西。生于阳光充足的干旱坡地，也栽培于村边、路旁，常见。分布于中国广西、云南。越南、老挝、泰国也有分布。

蛇婆子属 Waltheria L.

蛇婆子

Waltheria indica L.

Waltheria americana L.

　　亚灌木。花期夏、秋季。产于北海、崇左、龙州、田阳。生于向阳草坡，常见。分布于中国海南、广东、广西、云南。越南、泰国、印度尼西亚、印度也有分布。

131. 木棉科

BOMBACACEAE

木棉属 Bombax L.

木棉（红棉、英雄树）

Bombax ceiba L.

Bombax malabaricum DC.

乔木。花期 3 ~ 4 月；果期夏季。产于玉林市、北海市、钦州市、防城港市、南宁市、崇左市、百色市。生于海拔 1400 m 以下的干热河谷以及稀树草原，很常见。分布于中国海南、广东、广西、江西、福建、台湾、贵州、云南、四川。老挝、缅甸、马来西亚、印度尼西亚、菲律宾、印度、尼泊尔、不丹、孟加拉国、斯里兰卡、巴布亚新几内亚也有分布。

美丽异木棉

Ceiba speciosa (A. St.-Hil.) Ravenna

乔木。花期秋、冬季。玉林市、北海市、钦州市、防城港市、南宁市、崇左市、百色市有栽培。中国南方广为栽培。原产于南美洲，现热带地区多有栽培。

瓜栗属 Pachira Aublet

瓜栗

Pachira aquatica Aublet

乔木。花期 5 ~ 11 月。北海、钦州、南宁、宁明有栽培。中国南方有栽培。原产于墨西哥，现热带地区多有栽培。

132. 锦葵科
MALVACEAE

秋葵属 Abelmoschus Medik.

咖啡黄葵（秋葵）
Abelmoschus esculentus (L.) Moench

　　草本。花期5～9月。玉林市、北海市、钦州市、防城港市、南宁市、崇左市、百色市有栽培。中国海南、广东、广西、湖南、浙江、江苏、湖北、云南、山东、河北有栽培。原产于印度。

黄蜀葵
Abelmoschus manihot (L.) Medik.

　　草本。花期8～10月。产于博白、防城、龙州、百色、田东、平果、靖西、那坡。生于海拔1500 m以下的山谷草丛、田边或沟旁灌丛，常见。分布于中国广东、广西、湖南、福建、台湾、湖北、贵州、云南、四川、陕西、河南、山东、河北。泰国、菲律宾、印度、尼泊尔也有分布。

黄葵

Abelmoschus moschatus (L.) Medik.

草本。花期 6 ~ 10 月。产于博白、防城、上思、南宁、龙州。生于山谷、溪涧旁或山坡灌丛中，常见。分布于中国海南、广东、广西、湖南、江西、台湾、云南。越南、老挝、泰国、柬埔寨、印度也有分布。

箭叶秋葵（红花参）

Abelmoschus sagittifolius (Kurz) Merr.

草本。花期 6 ~ 10 月。产于南宁、宁明、龙州。生于低丘、草坡、稀疏林下或瘠地，少见。分布于中国海南、广东、广西、贵州、云南。越南、老挝、泰国、柬埔寨、马来西亚、澳大利亚也有分布。

磨盘草

Abutilon indicum (L.) Sweet

亚灌木。花期 6 ~ 12 月。产于玉林、北流、北海、合浦、南宁、龙州。生于海拔 800 m 以下的旷野、山坡、海边、河谷或路旁，常见。分布于中国长江以南。世界热带、亚热带地区也有分布。

金铃花（灯笼花）

Abutilon pictum (Gillies ex Hook.) Walp.

Abutilon striatum Dickson

灌木。花期 5 ~ 10 月。南宁有栽培。中国广泛栽培。原产于南美洲。

蜀葵

Alcea rosea L.

　　草本。花期 2 ~ 8 月。玉林市、北海市、钦州市、防城港市、南宁市、崇左市、百色市有栽培。中国各地广泛栽培。世界各地广泛栽培。

棉属 Gossypium L.

陆地棉

Gossypium hirsutum L.

　　草本或灌木。花期夏、秋季。北海有栽培。中国各地有栽培。原产于墨西哥。

大麻槿（洋麻）

Hibiscus cannabinus L.

灌木状草本。花期秋季。崇
左、扶绥有栽培。中国南、北各
地有栽培。原产于非洲，现热带、
亚热带地区广泛栽培。

木芙蓉（芙蓉花）

Hibiscus mutabilis L.

灌木。花期 8 ~ 10 月。产于陆川、博白、北流、南宁，栽培或逸为野生。分布于中国广东、湖南、
福建、台湾、云南。

朱槿（扶桑、大红花）

Hibiscus rosa-sinensis L.

　　灌木。花期全年。玉林市、北海市、钦州市、防城港市、南宁市、崇左市、百色市有栽培。中国长江流域以南有栽培。

重瓣朱槿

Hibiscus rosa-sinensis L. var. **rubro-plenus** Sweet

　　灌木。花期几全年。北海、南宁有栽培。中国广东、广西、云南、四川等地有栽培。

玫瑰茄

Hibiscus sabdariffa L.

　　灌木。花期 7 ~ 10 月。南宁有栽培。中国海南、广东、广西、福建、台湾、云南有栽培。可能原产于非洲，现热带地区广泛栽培。

吊灯扶桑

Hibiscus schizopetalus (Dyer ex Masters) Hook. f.

　　灌木。花期 3 ~ 11 月。玉林市、北海市、钦州市、防城港市、南宁市、崇左市、百色市有栽培。中国海南、广东、广西、福建、台湾、云南有栽培。原产于非洲东部地区。

木槿

Hibiscus syriacus L.

　　灌木。花期 7 ~ 10 月。北海、南宁、宁明、龙州、百色有栽培。分布于中国广东、广西、台湾、浙江、江苏、安徽、云南、四川。世界热带和温带大部分地区有栽培。

黄槿

Hibiscus tiliaceus L.

　　灌木或小乔木。花期 6 ~ 9 月。产于北海、合浦、钦州、防城，其它地方零星栽培。生于海岸或潮水能达到的河岸，常见。分布于中国海南、广西、福建、台湾。世界热带、亚热带沿海地区也有分布。

野西瓜苗

Hibiscus trionum L.

草本。花期 7 ~ 10 月。南宁有栽培。分布于中国各地。原产于非洲中部，现欧洲至亚洲各地栽培或逸为野生。

赛葵属 Malvastrum A. Gray

赛葵

Malvastrum coromandelianum (L.) Garcke

草本。花、果期几全年。产于北海、南宁、龙州、百色、平果。生于旷野草丛，常见。分布于中国海南、广东、广西、福建、台湾、云南。可能原产于美洲，现泛热带地区广泛分布。

垂花悬铃花

Malvaviscus penduliflorus DC.

　　灌木。花期夏、秋季。玉林市、北海市、钦州市、防城港市、南宁市、崇左市、百色市有栽培。中国南方有栽培。可能原产于墨西哥。

黄花棯属 Sida L.

黄花棯

Sida acuta Burm. f.

　　亚灌木。花期冬、春季。产于北海、钦州、上思、百色、田阳、田东。生于灌丛、路旁、荒地，常见。分布于中国海南、广东、广西、福建、台湾、云南。越南、老挝、泰国、柬埔寨、印度、尼泊尔、不丹也有分布。

栀叶黄花稔

Sida alnifolia L.

亚灌木。花期 7 ~ 12 月。产于容县、北海、防城、南宁、宁明、平果。生于旷野、草丛，常见。分布于中国海南、广东、广西、江西、福建、台湾、云南。越南、泰国、印度也有分布。

心叶黄花稔

Sida cordifolia L.

亚灌木。花期几全年。产于陆川、北海、合浦、南宁、龙州、百色。生于村旁、旷地，常见。分布于中国海南、广东、广西、福建、台湾、云南。世界热带、亚热带地区也有分布。

白背黄花稔

Sida rhombifolia L.

亚灌木。花期 5 ~ 12 月。产于北海、南宁、扶绥、龙州、百色、平果。生于旷地、灌丛、溪边，常见。分布于中国海南、广东、广西、福建、台湾、湖北、贵州、云南、四川。世界热带地区广泛分布。

榛叶黄花稔

Sida subcordata Span.

亚灌木。花期 10 月至翌年 1 月。产于宁明、龙州、平果、那坡。生于低山疏林下，少见。分布于中国海南、广东、广西、云南。越南、老挝、泰国、缅甸、印度尼西亚、印度也有分布。

桐棉（杨叶肖槿）

Thespesia populnea (L.) Sol. ex Corrêa

Hibiscus populneus L.

　　小乔木。花期几全年。产于北海、合浦。生于海滨灌丛中，少见。分布于中国海南、广东、广西、台湾。世界热带地区海岸广泛分布。

梵天花属 Urena L.

地桃花（肖梵天花）

Urena lobata L.

　　小灌木。花期7月至翌年2月。产于玉林、容县、北海、合浦、上思、南宁、横县、宁明、龙州、凭祥、平果、靖西。生于村旁、旷地或灌丛中，很常见。分布于中国海南、广东、广西、湖南、江西、福建、台湾、浙江、江苏、安徽、贵州、云南、四川、西藏。世界热带地区广泛分布。

粗叶地桃花

Urena lobata L. var. *glauca* (Blume) Borssum
Waalkes

灌木。花期 7 ~ 10 月。产于南宁、龙州。生于
海拔 500 ~ 1000 m 的草坡、灌丛或路旁，常见。分
布于中国广东、广西、福建、贵州、云南、四川。缅甸、
印度尼西亚、印度、孟加拉国也有分布。

梵天花（狗脚迹）

Urena procumbens L.

小灌木。花期 7 ~ 11 月。产于玉林、陆川、博白、防城、龙州。生于山坡灌丛、路旁、旷地，常见。
分布于中国海南、广东、广西、湖南、江西、福建、台湾、浙江。

133. 金虎尾科

MALPIGHIACEAE

盾翅藤属 Aspidopterys A. Juss.

广西盾翅藤

Aspidopterys concava (Wall.) A. Juss.

　　木质藤本。花期 7 ~ 8 月；果期 10 ~ 12 月。产于扶绥、宁明、龙州、靖西。生于海拔 300 ~ 600 m 的石灰岩密林或灌丛中，少见。分布于中国广西。越南、老挝、泰国、柬埔寨、马来西亚、印度尼西亚、菲律宾也有分布。

风筝果（风车藤）

Hiptage benghalensis (L.) Kurz

攀援灌木或藤本。花期 2 ~ 4 月；果期 4 ~ 5 月。产于上思、扶绥、田阳、平果、那坡。生于密林中或沟边、路旁，常见。分布于中国海南、广东、广西、福建、台湾、贵州、云南。越南、老挝、泰国、柬埔寨、马来西亚、印度尼西亚、菲律宾、印度、尼泊尔、不丹、孟加拉国也有分布。

金英属 Thryallis L.

金英

Thryallis gracilis Kuntze

灌木。花期 8 ~ 9 月；果期 10 ~ 11 月。南宁有栽培。中国广东、广西、云南有栽培。原产于墨西哥、巴拿马，现热带地区广为栽培。

135. 古柯科
ERYTHROXYLACEAE

古柯属 Erythroxylum P. Br.

东方古柯（华古柯）

Erythroxylum sinense Y. C. Wu

Erythroxylum kunthianum (Wall) Kurz

　　灌木或小乔木。花期8月至翌年5月；果期5～10月。产于容县、钦州、上思、大新、田阳。生于山谷林下、水旁或山坡阳处，少见。分布于中国海南、广东、广西、江西、福建、浙江、贵州、云南。越南、缅甸、印度也有分布。

135A. 黏木科
IXONANTHACEAE

黏木属 Ixonanthes Jack

黏木

Ixonanthes reticulata Jack

灌木或小乔木。花期8月至翌年6月；果期6~10月。产于陆川、合浦、钦州、浦北、防城、上思、东兴、龙州、德保。生于海拔1000 m以下的路旁、山谷、林中或海滨，很少见。分布于中国海南、广东、广西、湖南、福建、贵州、云南。越南、泰国、缅甸、马来西亚、印度尼西亚、菲律宾、印度、新几内亚也有分布。

136. 大戟科
EUPHORBIACEAE

铁苋菜属 Acalypha L.

铁苋菜（海蚌含珠、人苋）

Acalypha australis L.

草本。花、果期夏、秋季。产于玉林市、北海市、钦州市、防城港市、南宁市、崇左市、百色市。生于林缘、路旁或旷野潮湿处，常见。分布于中国各地（内蒙古、新疆除外）。越南、缅甸、印度尼西亚、菲律宾、印度、斯里兰卡、日本、澳大利亚以及太平洋岛屿也有分布。

红尾铁苋

Acalypha chamaedrifolia (Lam.) Müll. Arg.

Acalypha pendula C. Wright ex Griseb.

灌木。花期春季至秋季。南宁有栽培。中国南方有栽培。原产于西印度群岛。

卵叶铁苋菜

Acalypha kerrii Craib

灌木。花期 3 ~ 8 月。产于龙州、那坡。生于海拔 200 ~ 500 m 的石灰岩林下或灌丛，少见。分布于中国广西、云南。越南、泰国、缅甸也有分布。

红桑

Acalypha wilkesiana Müll. Arg.

灌木。花期几全年。北海、防城、南宁有栽培。中国华南地区有栽培。热带、亚热带地区广泛栽培。

山麻杆属 Alchornea Sw.

羽脉山麻杆（三稔蒟）

Alchornea rugosa (Lour.) Müll. Arg.

灌木或小乔木。花、果期几全年。产于北海、宁明、龙州。生于疏林或旷野中，少见。分布于中国海南、广东、广西、云南。泰国、缅甸、马来西亚、印度尼西亚、菲律宾、印度、澳大利亚、新几内亚也有分布。

椴叶山麻杆

Alchornea tiliifolia (Benth.) Müll. Arg.

　　灌木或小乔木。花期 3～6 月；果期 6～9 月。产于上思、扶绥、龙州、平果。生于海拔 200～1000 m 的山坡、疏林或旷野中，少见。分布于中国广西、贵州、云南。越南、泰国、缅甸、马来西亚、印度、不丹、孟加拉国也有分布。

红背山麻杆

Alchornea trewioides (Benth.) Müll. Arg.

　　灌木。花期 3～6 月；果期 6～8 月。产于北流、北海、合浦、钦州、防城、隆安、横县、扶绥、宁明、龙州、凭祥、百色、田东、平果、那坡。生于疏林或旷野中，很常见。分布于中国海南、广东、广西、湖南、江西、福建、云南、四川。越南、老挝、泰国、缅甸、日本也有分布。

石栗

Aleurites moluccanus (L.) Willd.

乔木。花期 3～10 月；果期 10～12 月。产于玉林、南宁、龙州、百色。生于村旁、路边或疏林中，少见。分布于中国海南、广东、广西、福建、台湾、云南。越南、泰国、缅甸、印度尼西亚、菲律宾、印度、斯里兰卡、新西兰、波利尼西亚也有分布。

五月茶属 Antidesma L.

五月茶

Antidesma bunius (L.) Spreng.

乔木。花期 3～5 月；果期 6～12 月。产于宁明、龙州。生于山谷、山坡林中，少见。分布于中国海南、广东、广西、江西、福建、贵州、云南、西藏。热带亚洲、大洋洲、太平洋岛屿也有分布。

黄毛五月茶

Antidesma fordii Hemsl.

　　灌木或小乔木。花期 5 ~ 6 月；果期 7 ~ 12 月。产于陆川、博白、钦州、防城、上思、横县、扶绥、龙州、百色。生于密林中，常见。分布于中国海南、广东、广西、福建、云南。越南、老挝也有分布。

方叶五月茶

Antidesma ghaesembilla Gaertn.

　　灌木或小乔木。花期 3 ~ 9 月；果期 6 ~ 12 月。产于防城、横县、崇左、宁明、龙州、百色。生于山坡、旷野或疏林中，常见。分布于中国海南、广东、广西、云南。越南、老挝、泰国、柬埔寨、缅甸、马来西亚、印度尼西亚、菲律宾、印度、尼泊尔、孟加拉国、斯里兰卡、澳大利亚、巴布亚新几内亚也有分布。

日本五月茶（酸味子）

Antidesma japonicum Sieb. & Zucc.

灌木。花期5～6月；果期6～10月。产于容县、博白、钦州、防城、上思、隆安、横县、宁明、龙州、大新、百色、平果、靖西。生于湿润山谷疏林中，常见。分布于中国东南部至南部。越南、泰国、马来西亚、日本也有分布。

山地五月茶

Antidesma montanum Blume

灌木或小乔木。花期4～7月；果期8～11月。产于钦州、宁明、龙州、大新。生于山地林中，常见。分布于中国海南、广东、广西、湖南、台湾、贵州、云南、四川、西藏。越南、老挝、泰国、柬埔寨、缅甸、马来西亚、印度尼西亚、菲律宾、印度、不丹、孟加拉国、日本、澳大利亚也有分布。

小叶五月茶（狭叶五月茶）

Antidesma montanum Blume var. **microphyllum** Petra ex Hoffmam.

Antidesma microphyllum Hemsl.

Antidesma pseudomicrophyllum Croiz.

　　乔木或灌木。花期 4～6 月；果期 6～11 月。产于容县、上思、百色、那坡。生于海拔 1200 m 以下的林中或河岸，少见。分布于中国海南、广东、广西、湖南、贵州、云南、四川。越南、老挝、泰国也有分布。

银柴属 Aporosa Blume

银柴（大沙叶）

Aporosa dioica (Roxb.) Müll. Arg.

　　灌木。花、果期全年。产于玉林、陆川、博白、合浦、防城、上思、横县、扶绥、宁明、龙州、百色、田阳、平果、那坡。生于低海拔至中海拔的旷野、路旁或灌丛中，常见。分布于中国海南、广东、广西、云南。越南、泰国、缅甸、马来西亚、印度尼西亚、尼泊尔、不丹也有分布。

毛银柴（毛大沙叶）

Aporosa villosa (Lindl.) Baill.

　　乔木或灌木。花、果期全年。产于合浦、龙州、平果。生于山地密林或山谷灌丛中，常见。分布于中国海南、广东、广西、云南。越南、老挝、泰国、柬埔寨、缅甸、印度也有分布。

云南银柴（云南大沙叶）

Aporosa yunnanensis (Pax & Hoffm.) F. P. Metcalf

　　乔木。花、果期1~10月。产于陆川、上思、横县、宁明、龙州、百色、靖西、那坡。生于林缘、溪边或灌丛中，少见。分布于中国海南、广东、广西、江西、贵州、云南。越南、泰国、缅甸、印度也有分布。

木奶果（枝花木奶果、火果）

Baccaurea ramiflora Lour.

　　乔木。花、果期 1 ~ 10 月。产于浦北、防城、上思、崇左、扶绥、宁明、龙州、大新、靖西、那坡。生于低海拔至中海拔山坡林中，常见。分布于中国海南、广东、广西、云南。越南、老挝、泰国、柬埔寨、缅甸、马来西亚、尼泊尔、不丹也有分布。

秋枫属 Bischofia Blume

秋枫

Bischofia javanica Blume

　　乔木。花期 4 ~ 5 月；果期 8 ~ 11 月。产于博白、北流、浦北、防城、上思、宁明、龙州、大新、百色、平果、德保、靖西、那坡。生于山谷林中，常见。分布于中国长江以南。越南、老挝、泰国、柬埔寨、缅甸、马来西亚、印度尼西亚、菲律宾、印度、尼泊尔、不丹、斯里兰卡、日本、澳大利亚、波利尼西亚也有分布。

重阳木

Bischofia polycarpa (Lévl.) Airy Shaw

　　乔木。花期 4～5 月；果期 10～11 月。产于龙州、天等。生于山地林中或河岸，很少见。分布于中国广东、广西、湖南、江西、福建、浙江、江苏、安徽、贵州、云南、陕西。

黑面神属 Breynia J. R. Forst. & G. Forst.

黑面神

Breynia fruticosa (L.) Müll. Arg.

　　灌木。花、果期几全年。产于玉林、容县、陆川、博白、北流、北海、合浦、钦州、灵山、浦北、防城、上思、东兴、南宁、隆安、横县、崇左、宁明、龙州、大新、凭祥、百色、田阳、田东、平果、德保、那坡。生于山地、旷野或疏林中，很常见。分布于中国海南、广东、广西、福建、浙江、贵州、云南、四川。越南、老挝、泰国也有分布。

雪花木

Breynia nivosa (Bull ex W. G. Smith) Small

灌木。花期秋、冬季。南宁有栽培。中国南方有栽培。原产于哥伦比亚。

钝叶黑面神

Breynia retusa (Dennst.) Alston

灌木。花期 4～9 月；果期 7～11 月。产于龙州、靖西。生于海拔 800～1300 m 的山地疏林下或山谷灌丛中，少见。分布于中国贵州、云南、西藏。越南、泰国、缅甸、印度、斯里兰卡也有分布。

喙果黑面神

Breynia rostrata Merr.

灌木或小乔木。花期 4 ~ 10 月；果期 8 ~ 12 月。产于防城、上思、龙州、平果。生于山坡、山谷林中，少见。分布于中国海南、广东、广西、福建、浙江、云南。越南也有分布。

土蜜树属 Bridelia Willd.

禾串树（尖叶土蜜树）

Bridelia balansae Tutcher

Bridelia insulana Hance

乔木。花期 5 ~ 8 月；果期 9 ~ 12 月。产于防城、上思、宁明、龙州、田阳、靖西、那坡。生于密林中，少见。分布于中国海南、广东、广西、福建、台湾、贵州、云南、四川。越南也有分布。

大叶土蜜树（虾公木）

Bridelia retusa (L.) A. Juss.

乔木。花期 4～9 月；果期 8 月至翌年 1 月。产于龙州、平果、那坡。生于海拔 100～1400 m 的林中，常见。分布于中国海南、广东、广西、湖南、贵州、云南。越南、老挝、泰国、柬埔寨、缅甸、印度尼西亚、印度、尼泊尔、不丹、斯里兰卡也有分布。

土蜜藤（托叶土蜜树）

Bridelia stipularis (L.) Blume

藤本。花、果期几全年。产于龙州、百色、那坡。生于山地疏林下或溪边灌丛，少见。分布于中国海南、广东、广西、台湾、云南。越南、老挝、泰国、柬埔寨、缅甸、马来西亚、文莱、印度尼西亚、新加坡、菲律宾、帝汶、印度、斯里兰卡、尼泊尔、不丹也有分布。

土蜜树（逼迫子）

Bridelia tomentosa Blume

Bridelia monoica (L.) Merr.

灌木或小乔木。花、果期几全年。产于容县、陆川、博白、北流、钦州、防城、南宁、扶绥、宁明、龙州、田东、平果。生于山地林中，常见。分布于中国海南、广东、广西、福建、台湾、云南。越南、老挝、泰国、柬埔寨、缅甸、马来西亚、印度尼西亚、新加坡、菲律宾、印度、尼泊尔、不丹、孟加拉国、澳大利亚、新几内亚也有分布。

肥牛树属 Cephalomappa Baill.

肥牛树

Cephalomappa sinensis (Chun & F. C. How) Kosterm.

乔木。花期 3 ~ 4 月；果期 5 ~ 7 月。产于上思、隆安、宁明、龙州、大新、天等、凭祥、田阳、靖西。生于海拔 100 ~ 500 m 的石灰岩林中，常见。分布于中国广西、云南。越南也有分布。

白大凤（东方枝实）

Cladogynos orientalis Zipp. ex Span.

　　灌木。花、果期 3 ~ 11 月。产于隆安、崇左、宁明、龙州、大新、天等、田阳、田东、平果。生于海拔 200 ~ 500 m 的石灰岩疏林或灌丛中，常见。分布于中国广西。越南、老挝、泰国、柬埔寨、马来西亚、印度尼西亚、菲律宾也有分布。

白桐树属 Claoxylon A. Juss.

白桐树（丢了棒）

Claoxylon indicum (Reinw. ex Blume) Hassk.

　　灌木或小乔木。花、果期 3 ~ 12 月。产于隆安、扶绥、宁明、龙州、大新、天等。生于山地林中，常见。分布于中国海南、广东、广西、云南。越南、泰国、马来西亚、印度尼西亚、印度、新几内亚也有分布。

蝴蝶果

Cleidiocarpon cavaleriei
(Lévl.) Airy Shaw

 乔木。花、果期 5 ~ 11 月。产于东兴、宁明、龙州、靖西。生于海拔 100 ~ 1000 m 的石灰岩山坡或沟谷中，很少见。分布于中国广西、贵州、云南。越南也有分布。

棒柄花属 Cleidion Blume

灰岩棒柄花

Cleidion bracteosum Gagnep.

 乔木。花期 12 月至翌年 2 月；果期 4 ~ 5 月。产于龙州、平果、德保、靖西、那坡。生于石灰岩林中，少见。分布于中国海南、广西、贵州、云南。越南也有分布。

棒柄花

Cleidion brevipetiolatum Pax & Hoffm.

小乔木。花、果期 3 ~ 10 月。产于陆川、博白、上思、隆安、崇左、扶绥、宁明、龙州、大新、天等、凭祥、田阳、靖西、那坡。生于山地林中，常见。分布于中国海南、广东、广西、贵州、云南。越南、老挝、泰国也有分布。

闭花木属 Cleistanthus Hook. f. ex Planch.

假肥牛树

Cleistanthus petelotii Merr. ex Croiz.

乔木。花期 4 ~ 6 月；果期 5 ~ 11月。产于崇左、扶绥、宁明、龙州、大新。生于石灰岩林中，常见。分布于中国广西。越南也有分布。

闭花木（尾叶木）

Cleistanthus sumatranus (Miq.) Müll. Arg.

灌木或乔木。花期 3 ~ 8 月；果期 4 ~ 10 月。产于博白、防城、上思、隆安、崇左、扶绥、宁明、龙州、天等、平果。生于山地密林或灌丛中，常见。分布于中国海南、广东、广西、云南。越南、泰国、柬埔寨、马来西亚、印度尼西亚、新加坡、菲律宾也有分布。

馒头果（馒头闭花木）

Cleistanthus tonkinensis Jabl.

小乔木或灌木。花期 4 ~ 6 月；果期 6 ~ 8 月。产于钦州、宁明、大新。生于海拔 100 ~ 800 m 的山地林中，很少见。分布于中国广东、广西、云南。越南也有分布。

灰岩粗毛藤（异萼粗毛藤）

Cnesmone tonkinensis (Gagnep.) Croizat

Cnesmone anisosepala (Merr. & Chun) Croizat

藤本或攀缘状灌木。花期4～9月；果期5～10月。产于隆安、龙州、平果。生于山谷林下或灌丛，少见。分布于中国海南、广西。越南、泰国也有分布。

变叶木属 Codiaeum Rumph. ex A. Juss.

变叶木（洒金榕）

Codiaeum variegatum (L.) Rumph. ex A. Juss.

灌木。花期9～10月。玉林市、北海市、钦州市、防城港市、南宁市、崇左市、百色市有栽培。中国海南、广东、广西、福建、云南有栽培。原产于马来半岛至大洋洲，现广泛栽培于热带地区。

银叶巴豆

Croton cascarilloides Raeusch.

灌木。花、果期几全年。产于宁明、龙州、大新。生于山谷林中，少见。分布于中国海南、广东、广西、福建、台湾、云南。越南、老挝、泰国、缅甸、马来西亚、菲律宾、日本也有分布。

鸡骨香

Croton crassifolius Geisel.

灌木。花期 11 月至翌年 6 月；果期 2 ~ 9 月。产于北海、合浦。生于海拔 100 ~ 500 m 的山坡、灌丛、荒地，少见。分布于中国海南、广东、广西、福建。越南、老挝、泰国、缅甸也有分布。

石山巴豆

Croton euryphyllus W. W. Smith

　　灌木。花期 4 ~ 5 月；果期 6 ~ 9 月。产于龙州、大新、天等、田东、平果。生于石灰岩疏林或灌丛中，常见。分布于中国广西、贵州、云南、四川。

毛果巴豆

Croton lachnocarpus Benth.

　　灌木。花期 4 ~ 5 月；果期 6 ~ 9 月。产于钦州、防城、上思、龙州。生于海拔 100 ~ 900 m 的山地疏林或灌丛中，少见。分布于中国广东、广西、湖南、江西、贵州。越南、老挝、泰国、缅甸也有分布。

巴豆

Croton tiglium L.

灌木或小乔木。花期 4 ～ 7 月；果期 5 ～ 9 月。产于玉林、博白、北海、合浦、浦北、防城、上思、南宁、横县、宁明、龙州、大新、平果、靖西、那坡。生于旷野或林中，常见。分布于中国海南、广东、广西、江西、福建、台湾、浙江、江苏、贵州、云南、四川。越南、泰国、缅甸、柬埔寨、印度尼西亚、菲律宾、印度、尼泊尔、不丹、孟加拉国、斯里兰卡、日本也有分布。

小巴豆

Croton tiglium L. var. **xiaopadou** Y. T. Chang & S. Z. Huang

灌木。花期 5 ～ 7 月。产于龙州、大新、天等、德保、靖西、那坡。生于疏林或石灰岩灌丛中，少见。分布于中国广东、广西、湖南、贵州。

东京桐

Deutzianthus tonkinensis Gagnep.

　　乔木。花期 4 ~ 6 月；果期 7 ~ 9 月。产于崇左、宁明、龙州。生于海拔 900 m 以下的密林中，少见。分布于中国广西、云南。越南也有分布。

黄桐属 Endospermum Benth.

黄桐

Endospermum chinense Benth.

　　乔木。花期 5 ~ 8 月；果期 8 ~ 11 月。产于玉林、容县、陆川、北流、合浦、钦州、防城、上思、龙州。生于山地林中，少见。分布于中国海南、广东、广西、福建、云南。越南、泰国、缅甸、印度也有分布。

紫锦木（肖黄栌）

Euphorbia cotinifolia L. subsp. **cotinoides**
(Miq.) Christenson

乔木。花、果期 4 ~ 11 月。南宁有栽培。
分布于中国海南、福建、台湾，栽培或逸为野生，
中国中部以及北部的温室有栽培。原产于中美
洲、南美洲。

猩猩草

Euphorbia cyathophora Murray

草本。花、果期 4 ~ 11 月。产于玉林市、
北海市、钦州市、防城港市、南宁市、崇左市、
百色市，栽培或逸为野生。分布于中国南部。
原产于南美洲。

白苞猩猩草

Euphorbia heterophylla L.

草本。产于南宁、宁明、龙州、百色。生于路边、旷野，常见。分布于中国海南、广东、广西、湖南、福建、台湾、浙江、江苏、安徽、湖北、贵州、云南、四川、河南、山东、河北。原产于美洲，现热带地区广泛分布。

飞扬草

Euphorbia hirta L.

草本。花、果期 4～11 月。产于玉林、容县、陆川、博白、北海、合浦、浦北、防城、上思、南宁、隆安、龙州、大新、凭祥、百色、田阳、平果、那坡。生于路旁、旷野、林缘，常见。分布于中国海南、广东、广西、湖南、江西、福建、台湾、贵州、云南、四川。世界热带、亚热带地区广泛分布。

通奶草

Euphorbia hypericifolia L.

草本。花、果期5～12月。产于北流、浦北、南宁、隆安、宁明、龙州、大新、天等、百色、平果、那坡。生于田边、村旁或湿润荒地，少见。分布于中国海南、广东、广西、湖南、江西、台湾、云南、四川。世界热带、亚热带地区广泛分布。

续随子

Euphorbia lathyris L.

草本。花期4～6月。南宁、靖西有栽培。中国大部分地区有栽培。分布于亚洲、北非、美国、欧洲，可能原产于地中海地区。

铁海棠

Euphorbia milii Des Moul.

灌木。花、果期全年。玉林市、北海市、钦州市、防城港市、南宁市、崇左市、百色市有栽培。中国各地有栽培。原产于马达加斯加，现广泛栽培于世界热带地区。

金刚篡

Euphorbia neriifolia L.

灌木。花期 6～9 月。南宁有栽培。中国各地有栽培。原产于印度，现广泛栽培于亚洲热带地区。

大戟

Euphorbia pekinensis Rupr.

草本。花期 5 ~ 8 月。产于南宁、平果。生于山坡、路旁、荒地、灌草丛或疏林中，常见。分布于中国各地（台湾、云南、西藏、新疆除外）。日本、朝鲜也有分布。

匍匐大戟（铺地草）

Euphorbia prostrata Aiton

草本。花、果期 4 ~ 10 月。产于北海、南宁。生于路边、村旁或荒地灌丛，少见。分布于中国海南、广东、广西、福建、台湾、江苏、湖北、云南。世界热带、亚热带地区广泛分布。

一品红

Euphorbia pulcherrima Willd. ex Klotzsch

　　灌木。花期 11 ~ 12 月。玉林市、北海市、钦州市、防城港市、南宁市、崇左市、百色市有栽培。中国各地有栽培。原产于中美洲。

千根草（小飞扬、小乳汁草）

Euphorbia thymifolia L.

　　草本。花、果期 6 ~ 11 月。产于钦州、南宁。生于低海拔旷野、路旁，常见。分布于中国海南、广东、广西、湖南、江西、福建、台湾、浙江、江苏、云南。亚洲热带、亚热带地区也有分布。

绿玉树（光棍树）

Euphorbia tirucalli L.

灌木。花、果期 7 ~ 10 月。产于玉林、龙州、百色、田阳，栽培或逸为野生。中国南部地区广泛栽培。原产于南非，现亚洲热带地区广泛栽培。

海漆属 Excoecaria L.

海漆

Excoecaria agallocha L.

小乔木。花、果期 1 ~ 9 月。产于北海、合浦、钦州、防城。生于海滨潮湿处，常见。分布于中国海南、广东、广西、台湾。越南、泰国、柬埔寨、马来西亚、印度尼西亚、菲律宾、印度、斯里兰卡、日本、澳大利亚、巴布亚新几内亚以及太平洋岛屿也有分布。

红背桂（红背桂花）

Excoecaria cochinchinensis Lour.

灌木。花、果期全年。玉林市、北海市、钦州市、防城港市、南宁市、崇左市、百色市有栽培。中国海南、广东、广西、福建、台湾、云南有栽培。原产于越南，现世界热带地区广泛栽培。

鸡尾木

Excoecaria venenata S. K. Lee & F. N. Wei

灌木。花期 8～10 月。产于南宁、崇左、宁明、龙州、平果、靖西。生于石灰岩林下或灌丛中，常见。分布于中国广西。

白饭树

Flueggea virosa (Roxb. ex Willd.) Voigt

　　灌木。花期 3 ~ 8 月；果期 6 ~ 11 月。产于容县、北海、合浦、防城、南宁、隆安、横县、崇左、宁明、龙州、大新、百色、田阳、田东、平果、德保、靖西、那坡。生于海拔 100 ~ 1600 m 的山地灌丛中，很常见。分布于中国海南、广东、广西、湖南、台湾、贵州、云南、河南、山东、河北。东亚和东南亚、大洋洲、非洲广泛分布。

算盘子属 Glochidion J. R. Forst. & G. Forst.

四裂算盘子

Glochidion ellipticum Wight

　　乔木。花期 5 ~ 8 月；果期 6 ~ 11 月。产于龙州、田阳、平果。生于海拔 100 ~ 1000 m 的阔叶林或溪边灌丛中，少见。分布于中国海南、广东、广西、台湾、贵州、云南。越南、泰国、缅甸、印度、尼泊尔、不丹也有分布。

毛果算盘子

Glochidion eriocarpum Champ. ex Benth.

　　灌木。花、果期全年。产于玉林、容县、陆川、博白、钦州、浦北、防城、上思、东兴、南宁、隆安、横县、扶绥、宁明、龙州、大新、凭祥、百色、平果、德保、靖西、那坡。生于海拔 100 ~ 1600 m 的山坡、山谷、路旁向阳处灌丛中，很常见。分布于中国海南、广东、广西、湖南、福建、台湾、贵州、云南。越南、泰国也有分布。

厚叶算盘子（毛叶算盘子）

Glochidion hirsutum (Roxb.) Voigt

　　灌木。花、果期全年。产于合浦、防城、横县、龙州、平果。生于海拔 100 ~ 1400 m 的河边、沼地或山地林下，常见。分布于中国海南、广东、广西、福建、台湾、云南、西藏。印度也有分布。

艾胶算盘子

Glochidion lanceolarium (Roxb.) Voigt

　　灌木。花期4～9月；果期7月至翌年2月。产于容县、陆川、博白、北流、上思、横县、龙州、德保。生于海拔500～1200 m的山地疏林下或路旁，少见。分布于中国海南、广东、广西、福建、云南。越南、老挝、泰国、缅甸、印度也有分布。

算盘子

Glochidion puberum (L.) Hutch.

　　灌木。花期4～8月；果期7～11月。产于玉林、容县、陆川、博白、钦州、防城、南宁、横县、崇左、龙州、大新、天等、百色、田东、平果、德保。生于山坡、溪旁灌丛或林缘，常见。分布于中国海南、广东、广西、湖南、江西、福建、台湾、浙江、江苏、安徽、湖北、贵州、云南、四川、西藏、甘肃、陕西、河南。日本也有分布。

圆果算盘子（粟叶算盘子、山柑算盘子）

Glochidion sphaerogynum (Müll. Arg.) Kurz

　　灌木或乔木。花期 12 月至翌年 4 月；果期 4 ~ 10 月。产于龙州、平果、靖西、那坡。生于海拔 100 ~ 1600 m 的山地疏林或旷野灌丛中，少见。分布于中国海南、广东、广西、云南。越南、缅甸、印度也有分布。

里白算盘子（里白馒头果）

Glochidion triandrum (Blanco) C. B. Rob.

　　灌木。花期 5 ~ 8 月；果期 7 ~ 12 月。产于平果。生于海拔 500 ~ 900 m 的山地疏林或灌丛中，少见。分布于中国海南、广东、广西、湖南、福建、台湾、贵州、云南、四川。泰国、缅甸、菲律宾、印度、尼泊尔、日本也有分布。

白背算盘子

Glochidion wrightii Benth.

灌木或乔木。花、果期 10 月至翌年 6 月。产于防城、上思、横县、龙州、百色、田东、平果。生于海拔 200 ~ 1000 m 的山谷、山坡林中，常见。分布于中国海南、广东、广西、福建、云南。

香港算盘子（槌柱算盘子、锡兰算盘子）

Glochidion zeylanicum (Gaertn.) A. Juss.
Glochidion hongkongense Müll. Arg.

灌木或小乔木。花期 3 ~ 8 月；果期 7 ~ 11 月。产于容县、北海、上思、宁明、龙州、平果。生于海拔 100 ~ 600 m 的山谷、平地潮湿处，常见。分布于中国海南、广东、广西、福建、台湾、云南。越南、泰国、缅甸、马来西亚、印度尼西亚、印度、孟加拉国、斯里兰卡、日本、澳大利亚以及太平洋岛屿也有分布。

水柳（水柳仔、水杨柳）

Homonoia riparia Lour.

灌木。花期 3 ~ 5 月；果期 4 ~ 7 月。产于钦州、防城、上思、宁明、龙州、大新、百色、田阳、平果、那坡。生于海拔 1000 m 以下的河岸灌丛，常见。分布于中国海南、广西、台湾、贵州、云南、四川。越南、老挝、泰国、柬埔寨、缅甸、马来西亚、印度尼西亚、菲律宾、印度也有分布。

麻风树属 Jatropha L.

麻风树（木花生）

Jatropha curcas L.

灌木或小乔木。花期 4 ~ 10 月；果期 10 ~ 12 月。产于北海、钦州、南宁、崇左、扶绥、宁明、龙州、百色、田阳，栽培或逸为野生。中国海南、广东、广西、福建、台湾、云南、四川有栽培。原产于美洲，现世界热带地区广泛分布。

棉叶麻风树

Jatropha gossypiifolia L.

　　灌木。花、果期夏季至冬季。北海、南宁有栽培。中国海南、广东、广西、云南有栽培。原产于美洲，现世界热带地区有栽培。

琴叶珊瑚

Jatropha integerrima Jacq.

　　灌木。花期几全年。玉林市、北海市、钦州市、防城港市、南宁市、崇左市、百色市有栽培。中国南方有栽培。原产于古巴、西印度群岛。

佛肚树

Jatropha podagrica Hook.

    灌木。花、果期几全年。南宁有栽培。中国海南、广东、广西、福建、云南有栽培。原产于中美洲，现世界各地广泛栽培。

血桐属 Macaranga Thouars

安达曼血桐（灰岩血桐、轮芭血桐）

Macaranga andamanica Kurz

Macaranga esquirolii (Lévl.) Rehd.

Macaranga rosuliflora Croiz.

Macaranga trigonostemonoides Croiz.

    小乔木。花、果期全年。产于钦州、防城、上思。生于山谷林中，常见。分布于中国海南、广东、广西、贵州、云南。越南、泰国、缅甸、马来西亚、印度也有分布。

中平树

Macaranga denticulata (Blume) Müll. Arg.

　　乔木。花期 3～6 月；果期 5～8 月。产于防城、上思、扶绥、龙州、平果、德保、靖西、那坡。生于海拔 100～1300 m 的林中或灌丛，很常见。分布于中国海南、广西、贵州、云南、西藏。越南、老挝、泰国、缅甸、马来西亚、印度尼西亚、印度、尼泊尔、不丹也有分布。

草鞋木

Macaranga henryi (Pax & Hoffm.) Rehd.

　　灌木或乔木。花期 3～5 月；果期 7～9 月。产于防城、上思、宁明、大新、德保、靖西、那坡。生于海拔 300～1400 m 的山谷、山坡阔叶林中，常见。分布于中国广西、贵州、云南。越南也有分布。

印度血桐（盾叶木）

Macaranga indica Wight

Macaranga adenantha Gagnep.

乔木。花期 8 ~ 10 月；果期 10 ~ 11 月。产于防城、上思、龙州、百色、德保、靖西、那坡。生于海拔 300 ~ 1500 m 的山谷、溪畔阔叶林中，常见。分布于中国广东、广西、贵州、云南、西藏。越南、老挝、泰国、缅甸、马来西亚、印度尼西亚、印度、尼泊尔、不丹、斯里兰卡也有分布。

鼎湖血桐（海南血桐）

Macaranga sampsonii Hance

Macaranga hemsleyana Pax & Hoffm.

灌木或小乔木。花期 5 ~ 6 月；果期 7 ~ 8 月。产于钦州、防城、上思、龙州。生于海拔 200 ~ 800 m 的山地密林中，常见。分布于中国海南、广东、广西、福建、云南。越南也有分布。

血桐

Macaranga tanarius (L.) Müell. Arg. var. **tomentosa** (Blume) Müll. Arg.

　　乔木。花期 4 ~ 6 月；果期 6 ~ 7 月。北海、钦州有栽培。分布于中国广东、台湾。越南、泰国、缅甸、马来西亚、印度尼西亚、菲律宾、印度、日本、澳大利亚也有分布。

野桐属 Mallotus Lour.

白背叶

Mallotus apelta (Lour.) Müll. Arg.

　　灌木或小乔木。花期 7 ~ 9 月；果期 8 ~ 11 月。产于容县、博白、北海、合浦、上思、南宁、龙州、平果、那坡。生于海拔 100 ~ 1000 m 的灌丛或疏林中，常见。分布于中国海南、广东、广西、湖南、江西、福建、云南。越南也有分布。

毛桐（盾叶野桐）

Mallotus barbatus (Wall.) Müll. Arg.

　　小乔木。花期4～5月；果期9～10月。产于玉林、陆川、博白、钦州、上思、东兴、横县、宁明、龙州、大新、凭祥、百色、平果、德保、那坡。生于海拔200～1300 m的丘陵、荒地、河边，很常见。分布于中国广东、广西、湖南、湖北、贵州、云南、四川。越南、泰国、缅甸、马来西亚、印度也有分布。

桂野桐

Mallotus conspurcatus Croiz.

　　灌木。果期9月。产于田阳、田东、平果、靖西。生于海拔400～500 m的石灰岩林中，很少见。分布于中国广西。

粗毛野桐

Mallotus hookerianus (Seem.) Müll. Arg.

Hancea hookeriana Seem.

灌木或小乔木。花期 4 ~ 8 月；果期 6 ~ 12 月。产于钦州、防城、上思。生于海拔 900 m 以下的山地林中或山谷，常见。分布于中国海南、广东、广西。越南也有分布。

小果野桐

Mallotus microcarpus Pax & Hoffm.

灌木。花期 4 ~ 7 月；果期 8 ~ 10 月。产于上思、扶绥、龙州、平果。生于海拔 200 ~ 1000 m 的疏林或林缘灌丛中，常见。分布于中国广东、广西、湖南、江西、贵州。越南也有分布。

白楸

Mallotus paniculatus (Lam.) Müll. Arg.

乔木。花期 6～10 月；果期 10～12 月。产于博白、钦州、防城、东兴、南宁、百色。生于海拔 100～1300 m 的山地、丘陵灌丛或疏林中，常见。分布于中国海南、广东、广西、福建、台湾、贵州、云南。越南、老挝、泰国、柬埔寨、缅甸、马来西亚、印度尼西亚、菲律宾、印度、孟加拉国、澳大利亚、巴布亚新几内亚也有分布。

粗糠柴

Mallotus philippensis (Lam.) Müll. Arg.

小乔木。花期 3～5 月；果期 5～8 月。产于容县、北海、合浦、钦州、防城、上思、南宁、隆安、崇左、扶绥、宁明、龙州、大新、凭祥、百色、田阳、田东、平果、德保、靖西、那坡。生于海拔 300～1600 m 的灌丛、林缘，很常见。分布于中国海南、广东、广西、湖南、江西、福建、台湾、浙江、江苏、安徽、湖北、贵州、云南、四川、西藏。越南、老挝、泰国、缅甸、马来西亚、菲律宾、印度、尼泊尔、不丹、孟加拉国、斯里兰卡、巴基斯坦、澳大利亚、新几内亚也有分布。

石岩枫

Mallotus repandus (Willd.) Müll. Arg.

　　攀援灌木。花期 3 ~ 5 月；果期 6 ~ 9 月。产于防城、龙州、平果、靖西。生于海拔 100 ~ 500 m 的山地疏林或灌丛中，常见。分布于中国海南、广东、广西、福建、台湾、云南。越南、老挝、泰国、柬埔寨、缅甸、马来西亚、印度尼西亚、菲律宾、印度、尼泊尔、不丹、孟加拉国、斯里兰卡、澳大利亚、新几内亚以及太平洋岛屿也有分布。

云南野桐（海南野桐）

Mallotus yunnanensis Pax & Hoffm.

Mallotus hainanensis S. M. Hwang

　　小乔木或灌木。花、果期 4 ~ 12 月。产于崇左、扶绥、龙州、田东、平果、德保、靖西。生于海拔 100 ~ 1400 m 的灌丛中，常见。分布于中国海南、广西、贵州、云南。越南也有分布。

木薯

Manihot esculenta Crantz

灌木。花期 4 ~ 11 月。玉林市、北海市、钦州市、防城港市、南宁市、崇左市、百色市有栽培。中国海南、广东、广西、福建、台湾、贵州、云南广泛栽培。原产于巴西。

红雀珊瑚属 Pedilanthus Neck. ex Poit.

红雀珊瑚（拖鞋红）

Pedilanthus tithymaloides (L.) Poit.

亚灌木。花期夏、秋季。玉林市、北海市、钦州市、南宁市、崇左市、百色市有栽培。中国海南、广东、广西、云南有栽培。原产于热带美洲，现世界热带地区常见栽培。

珠子木

Phyllanthodendron anthopotamicum (Hand.-Mazz.) Croiz.

　　灌木。花期 5 ~ 9 月；果期 9 ~ 12 月。产于龙州、大新、天等、德保、靖西。生于海拔 800 ~ 1300 m 的山地疏林或灌丛中，常见。分布于中国广东、广西、贵州、云南。

龙州珠子木

Phyllanthodendron breynioides P. T. Li

　　灌木。花期 7 ~ 8 月；果期 8 ~ 12 月。产于龙州、百色、平果、德保。生于石灰岩疏林或灌丛中，少见。分布于中国广西。

枝翅珠子木

Phyllanthodendron dunnianum Lévl.

灌木或小乔木。花期 5 ~ 7 月；果期 7 ~ 10 月。产于百色、平果、靖西、那坡。生于石灰岩阔叶林或灌丛中，常见。分布于中国广西、贵州、云南。

圆叶珠子木

Phyllanthodendron orbicularifolium P. T. Li

灌木。花、果期 8 ~ 12 月。产于龙州、平果、靖西。生于海拔 500 ~ 800 m 的石灰岩密林中，常见。分布于中国广西。

岩生珠子木

Phyllanthodendron petraeum P. T. Li

灌木。花期5~8月；果期7~11月。产于龙州。生于石灰岩灌丛中，少见。分布于中国广西。

叶下珠属 Phyllanthus L.

苦味叶下珠（珍珠草、珠子草）

Phyllanthus amarus Shumach. & Thonn.

草本。花、果期全年。产于北海、宁明、百色。生于村边、路旁、旷野，常见。分布于中国海南、广东、广西、台湾、云南。美洲也有分布。

滇藏叶下珠

Phyllanthus clarkei Hook. f.

　　灌木。花期 6 ~ 9 月; 果期 7 ~ 11 月。产于龙州。生于海拔 500 ~ 1000 m 的疏林或河边灌丛中, 很少见。分布于中国广西、贵州、云南、西藏。越南、泰国、缅甸、印度、巴基斯坦也有分布。

越南叶下珠

Phyllanthus cochinchinensis (Lour.) Spreng.

　　灌木。花、果期 7 ~ 11 月。产于博白、北海、合浦、钦州、防城。生于山坡、草地或疏林中, 常见。分布于中国海南、广东、广西、福建、云南、四川、西藏。越南、老挝、柬埔寨、印度也有分布。

余甘子

Phyllanthus emblica L.

　　灌木或小乔木。花、果期3～11月。产于玉林、北流、北海、合浦、钦州、浦北、防城、上思、东兴、南宁、隆安、横县、崇左、扶绥、宁明、龙州、大新、百色、平果。生于海拔1500 m以下的山坡、草地或疏林中，很常见。分布于中国海南、广东、广西、江西、福建、台湾、贵州、云南、四川。老挝、泰国、柬埔寨、缅甸、马来西亚、印度尼西亚、菲律宾、印度、尼泊尔、不丹、斯里兰卡也有分布。

落萼叶下珠

Phyllanthus flexuosus (Sieb. & Zucc.) Müll. Arg.

　　灌木。花期4～5月；果期6～9月。产于凭祥。生于疏林下或灌丛中，少见。分布于中国广东、广西、湖南、江西、福建、浙江、江苏、安徽、湖北、贵州、云南、四川。日本也有分布。

小果叶下珠（龙眼睛）

Phyllanthus reticulatus Poir.

　　灌木。花期3～6月；果期6～10月。产于北海、防城、南宁、宁明、龙州、大新、百色、平果。生于海拔200～800 m的沟谷、林缘或山坡湿润处，常见。分布于中国海南、广东、广西、湖南、江西、福建、台湾、贵州、云南、四川。越南、老挝、泰国、柬埔寨、马来西亚、印度尼西亚、菲律宾、印度、尼泊尔、不丹、斯里兰卡、澳大利亚、非洲也有分布。

叶下珠

Phyllanthus urinaria L.

　　草本。花期 4 ~ 6 月；果期 7 ~ 11 月。产于玉林、陆川、博白、北海、钦州、防城、上思、东兴、南宁、隆安、崇左、龙州、大新、百色、平果、那坡。生于海拔 100 ~ 600 m 的林缘、路旁、荒地，常见。分布于中国海南、广东、广西、湖南、江西、福建、台湾、浙江、江苏、安徽、湖北、贵州、云南、四川、西藏、陕西、山西、河南、山东、河北。越南、老挝、泰国、马来西亚、印度尼西亚、印度、尼泊尔、不丹、斯里兰卡、日本、南美洲也有分布。

黄珠子草

Phyllanthus virgatus G. Forst.

　　草本。花期 4 ~ 5 月；果期 6 ~ 11 月。产于玉林、北海、钦州、上思、南宁、隆安、龙州、大新、凭祥、百色。生于海拔 200 ~ 1400 m 的山地草坡或路旁灌丛中，常见。分布于中国海南、广东、广西、湖南、台湾、浙江、湖北、贵州、云南、四川、陕西、山西、河南、河北。越南、老挝、泰国、柬埔寨、马来西亚、印度尼西亚、印度、尼泊尔、不丹、斯里兰卡以及太平洋岛屿也有分布。

蓖麻

Ricinus communis L.

　　灌木或小乔木。花期 3 ~ 12 月。产于玉林市、北海市、钦州市、防城港市、南宁市、崇左市、百色市，栽培或逸为野生，常见。分布于中国各地。世界热带地区广泛分布。

守宫木属 Sauropus Blume

守宫木（树仔菜）

Sauropus androgynus (L.) Merr.

　　灌木。花期 4 ~ 7 月；果期 7 ~ 12 月。产于那坡。生于山坡灌丛或林下，很少见。分布于中国海南、广东、广西、云南。越南、老挝、泰国、柬埔寨、缅甸、马来西亚、印度尼西亚、菲律宾、印度、孟加拉国、斯里兰卡也有分布。

茎花守宫木

Sauropus bonii Beille

灌木。花期 4 ~ 8 月；果期 6 ~ 10 月。产于崇左、宁明、龙州、大新。生于海拔 200 ~ 500 m 的石灰岩灌丛中，少见。分布于中国海南、广西。越南、泰国也有分布。

龙脷叶

Sauropus spatulifolius Beille

灌木。花期 2 ~ 10 月。北海、南宁有栽培。中国海南、广东、广西、福建有栽培。原产于越南，马来西亚、菲律宾、泰国有栽培。

宿萼木（繸萼木）

Strophioblachia fimbricalyx Boerl.

　　灌木。花期 3 ~ 10 月；果期 6 ~ 12 月。产于龙州。生于海拔 200 ~ 400 m 的密林或灌丛中，少见。分布于中国海南、广西、云南。越南、菲律宾、印度尼西亚也有分布。

白树属 Suregada Roxb. ex Rottler

白树

Suregada multiflora (A. Juss.) Baill.

　　灌木或乔木。花期 5 ~ 9 月；果期 6 ~ 11 月。产于北海、防城。生于海拔 100 ~ 600 m 的低洼地或山地密林中，少见。分布于中国海南、广东、广西、云南。越南、老挝、泰国、柬埔寨、缅甸、马来西亚、孟加拉国也有分布。

山乌桕

Triadica cochinchinensis Lour.

Sapium discolor (Champ. ex Benth.) Müll. Arg.

　　乔木。花期4～6月；果期5～12月。产于容县、陆川、北流、北海、合浦、防城、上思、横县、龙州、大新、凭祥、百色、平果、那坡。生于山地林中，很常见。分布于中国海南、广东、广西、湖南、江西、福建、台湾、浙江、安徽、湖北、贵州、云南、四川。越南、老挝、泰国、柬埔寨、缅甸、马来西亚、印度尼西亚、菲律宾、印度也有分布。

圆叶乌桕

Triadica rotundifolia (Hemsl.) Esser

Sapium rotundifolium Hemsl.

　　乔木。花期4～6月；果期7～10月。产于容县、灵山、南宁、隆安、横县、崇左、扶绥、宁明、龙州、大新、天等、凭祥、百色、田阳、田东、平果、德保、靖西、那坡。生于海拔100～800 m的石灰岩林中或山顶灌丛中，很常见。分布于中国广东、广西、湖南、贵州、云南。越南也有分布。

乌桕

Triadica sebifera (L.) Small

Sapium sebiferum (L.) Roxb.

　　乔木。花、果期 4 ~ 12 月。产于防城、龙州、大新、天等、田阳、平果。生于旷野或疏林中，常见。分布于中国海南、广东、广西、江西、福建、台湾、浙江、江苏、安徽、湖北、贵州、云南、四川、甘肃、陕西、山东。越南、日本也有分布，印度、非洲、美洲、欧洲有栽培。

三宝木属 Trigonostemon Blume

黄花三宝木（红花三宝木）

Trigonostemon fragilis (Gagnep.) Airy Shaw

　　灌木。花期 4 ~ 5 月；果期 6 ~ 8 月。产于防城、崇左、宁明、龙州、田东。生于海拔 400 ~ 600 m 的石灰岩密林中，少见。分布于中国海南、广西。越南也有分布。

油桐（三年桐、光桐）

Vernicia fordii (Hemsl.) Airy Shaw

　　乔木。花期 3 ~ 5 月；果期 8 ~ 11 月。产于玉林市、北海市、钦州市、防城港市、南宁市、崇左市、百色市。生于海拔 1000 m 以下丘陵山地，常见。中国秦岭以南有野生或栽培。越南也有分布。

木油桐（千年桐、皱桐）

Vernicia montana Lour.

　　乔木。花期 4 ~ 6 月；果期 7 ~ 10 月。产于玉林市、北海市、钦州市、防城港市、南宁市、崇左市、百色市。生于海拔 1600 m 以下的疏林中，常见。分布于中国长江以南。越南、泰国、缅甸也有分布。

136A. 虎皮楠科

DAPHNIPHYLLACEAE

虎皮楠属 Daphniphyllum Blume

牛耳枫

Daphniphyllum calycinum Benth.

　　灌木。花期4~6月；果期8~9月。产于玉林、容县、陆川、博白、北流、北海、合浦、钦州、灵山、浦北、防城、上思、东兴、南宁、隆安、横县、崇左、扶绥、宁明、龙州、大新、田阳、平果、那坡。生于路旁、山坡或疏林中，常见。分布于中国海南、广东、广西、湖南、江西、福建。越南、日本也有分布。

虎皮楠

Daphniphyllum oldhamii (Hemsl.) Rosenth.

　　乔木。花期3~5月；果期8~11月。产于上思。生于海拔100~1400 m的林中，少见。分布于中国广东、广西、湖南、江西、福建、台湾、浙江、湖北、四川。日本、朝鲜也有分布。

136B. 小盘木科
PANDACEAE

小盘木属 Microdesmis Hook. f.

小盘木

Microdesmis caseariifolia Planch. ex Hook. f.

　　乔木或灌木。花期 3 ~ 9 月；果期 7 ~ 11 月。产于钦州、防城、上思、横县、扶绥、宁明、龙州、百色。生于海拔 800 m 以下的山谷、山坡密林下或灌丛中，常见。分布于中国海南、广东、广西、云南。越南、老挝、泰国、柬埔寨、缅甸、马来西亚、印度尼西亚、菲律宾、孟加拉国也有分布。

139. 鼠刺科
ESCALLONIACEAE

鼠刺属 Itea L.

秀丽鼠刺

Itea amoena Chun

　　灌木。花期 6 月；果期 7 ~ 11 月。产于防城、上思。生于海拔 100 ~ 800 m 的山坡溪边或阴湿山谷中，常见。分布于中国广东、广西。

鼠刺

Itea chinensis Hook. & Arn.

　　灌木或小乔木。花期 3 ~ 5 月；果期 5 ~ 12 月。产于防城、上思、崇左、百色。生于海拔 1500 m 以下的山地、山谷、路边、溪旁，常见。分布于中国广东、广西、湖南、福建、云南、西藏。越南、老挝、印度、不丹也有分布。

多香木属 Polyosma Blume

多香木

Polyosma cambodiana Gagnep.

　　乔木。花期夏季；果期冬季。产于钦州、防城、上思。生于山地林中，少见。分布于中国海南、广东、广西、云南。越南、泰国、柬埔寨也有分布。

142. 绣球科

HYDRANGEACEAE

常山属 Dichroa Lour.

常山

Dichroa febrifuga Lour.

灌木。花期 2 ~ 4 月；果期 5 ~ 8 月。产于容县、博白、北海、钦州、浦北、防城、上思、东兴、横县、宁明、龙州、大新、凭祥、百色、田阳、平果、德保、靖西、那坡。生于海拔 200 ~ 1500 m 的山谷阴湿处，常见。分布于中国广东、广西、湖南、江西、福建、台湾、安徽、湖北、贵州、四川、西藏、甘肃、陕西。越南、老挝、泰国、柬埔寨、缅甸、印度尼西亚、印度、尼泊尔、不丹也有分布。

绣球属 Hydrangea L.

绣球

Hydrangea macrophylla (Thunb.) Ser.

灌木。花期 6 ~ 8 月。玉林市、北海市、钦州市、防城港市、南宁市、崇左市、百色市有栽培。中国各地广泛栽培。日本、朝鲜有分布。

星毛冠盖藤

Pileostegia tomentella Hand.-Mazz.

　　灌木。花期 3 ~ 8 月；果期 9 ~ 12 月。产于北流、上思。生于海拔 300 ~ 700 m 的山谷林中，常见。分布于中国广东、广西、湖南、江西、福建。

冠盖藤

Pileostegia viburnoides Hook. f. & Thomson

　　藤本。花期 7 ~ 8 月；果期 9 ~ 12 月。产于容县、上思。生于海拔 600 ~ 1000 m 的山谷林中，少见。分布于中国海南、广东、广西、湖南、江西、福建、台湾、浙江、安徽、湖北、贵州、云南、四川。日本也有分布。

143. 蔷薇科
ROSACEAE

龙芽草属 Agrimonia L.

小花龙芽草

Agrimonia nipponica Koidz. var. **occidentalis** Koidz.

　　草本。花、果期 8 ～ 11 月。产于龙州、百色、靖西、那坡。生于海拔 200 ～ 1500 m 的山坡草地、山谷溪边、灌丛、林缘以及疏林下，常见。分布于中国广东、广西、江西、浙江、安徽、贵州。老挝也有分布。

龙芽草

Agrimonia pilosa Ledeb.

　　草本。花、果期 5 ～ 12 月。产于北流、平果。生于海拔 100 ～ 900 m 的溪边、路旁、草地、灌丛、林缘以及疏林下，常见。分布于中国各地。越南、日本、朝鲜、蒙古、俄罗斯以及东欧也有分布。

桃

Amygdalus persica L.

小乔木。花期 3 ~ 4 月；果期 8 ~ 9 月。玉林市、北海市、钦州市、防城港市、南宁市、崇左市、百色市有栽培。原产于中国，现世界各地广泛栽培。

杏属 Armeniaca Scopoli

梅

Armeniaca mume Sieb.

小乔木。花期 3 ~ 4 月；果期 8 ~ 9 月。北海有栽培。原产于中国，现世界各地广泛栽培。

贴梗海棠（皱皮木瓜）

Chaenomeles speciosa (Sweet) Nakai

灌木。花期 3 ~ 5 月；果期 9 ~ 10 月。北海、南宁有栽培。分布于中国广东、贵州、云南、四川、甘肃、陕西。缅甸也有分布。

蛇莓属 Duchesnea Smith

蛇莓

Duchesnea indica (Andrews) Focke

草本。花期 4 ~ 8 月；果期 8 ~ 10 月。产于玉林、横县、龙州、平果。生于海拔1000 m以下的溪边草地，少见。分布于中国辽宁以南各省区。亚洲、欧洲、美洲也有分布。

大花枇杷（山枇杷、野枇杷）

Eriobotrya cavaleriei (Lévl.) Rehd.

　　乔木。花期 4 ~ 5 月；果期 7 ~ 8 月。产于容县、防城、上思、龙州、那坡。生于海拔 500 ~ 1500 m 的山坡、河边阔叶林中，常见。分布于中国广东、广西、湖南、江西、福建、湖北、贵州、四川。越南也有分布。

香花枇杷

Eriobotrya fragrans Champ. ex Benth.

　　乔木。花期 4 ~ 5 月；果期 8 ~ 9 月。产于容县、上思。生于山坡林中，少见。分布于中国广东、广西、西藏。越南也有分布。

枇杷

Eriobotrya japonica (Thunb.) Lindl.

　　乔木。花期 6 ~ 12 月；果期 4 ~ 8 月。玉林市、北海市、钦州市、防城港市、南宁市、崇左市、百色市有栽培。中国广泛栽培。东南亚有栽培。

草莓属 Fragaria L.

草莓

Fragaria × ananassa Duch.

　　草本。花期 4 ~ 5 月；果期 6 ~ 7 月。玉林市、北海市、钦州市、防城港市、南宁市、崇左市、百色市有栽培。中国各地栽培。原产于南美洲。

南方桂樱

Laurocerasus australis T. T. Yü & L. T. Lu

灌木或小乔木。花期夏、秋季；果期冬季至翌年春季。产于平果、德保。生于石灰岩山坡或山顶林中，少见。分布于中国广西、贵州。

腺叶桂樱

Laurocerasus phaeosticta (Hance) C. K. Schneid.

小乔木。花期 4 ~ 5 月；果期 7 ~ 10 月。产于容县、博白、钦州、上思、横县、百色、德保、靖西、那坡。生于山地林中，常见。分布于中国海南、广东、广西、湖南、江西、福建、台湾、浙江、安徽、贵州、云南、四川、西藏。越南、泰国、缅甸、印度、孟加拉国也有分布。

大叶桂樱

Laurocerasus zippeliana (Miq.) Browicz

乔木。花期 7 ~ 10 月；果期冬季。产于容县、龙州、大新、平果、德保、靖西。生于海拔 400 ~ 1500 m 的山坡林中，少见。分布于中国广东、广西、湖南、江西、福建、台湾、浙江、湖北、贵州、云南、四川、甘肃、陕西。越南、日本也有分布。

苹果属 Malus Mill.

台湾林檎（台湾海棠）

Malus doumeri (Bois) Chev.

Malus formosana (Kawak. & Koidz. ex Hayata) Kawak. & Koidz.

乔木。花期 5 月；果期 8 ~ 9 月。产于容县、陆川、宁明、平果、靖西。生于海拔 400 ~ 1400 m 的林中，少见。分布于中国广东、广西、湖南、江西、台湾、浙江、贵州、云南。越南、老挝也有分布。

贵州石楠

Photinia bodinieri Lévl.

　　乔木。花期 4 ~ 5 月；果期 9 ~ 10 月。产于防城、上思、田阳。生于海拔 300 ~ 1300 m 的林缘、灌丛或路边，常见。分布于中国广东、广西、湖南、福建、浙江、江苏、安徽、湖北、贵州、云南、四川、陕西。越南、印度尼西亚也有分布。

厚齿石楠

Photinia callosa Chun ex Kuan

　　灌木或小乔木。花期 4 ~ 5 月；果期 8 ~ 9 月。产于容县、防城、上思、德保。生于海拔 400 ~ 800 m 的山坡或山谷阔叶林中，少见。分布于中国广东、广西。

厚叶石楠

Photinia crassifolia Lévl.

灌木。花期 5 ~ 6 月；果期 9 ~ 11 月。产于那坡。生于海拔 500 ~ 1600 m 的向阳山坡丛林中，少见。分布于中国广西、贵州、云南。

红叶石楠

Photinia × fraseri Dress

灌木或小乔木。花期 5 ~ 7 月；果期 9 ~ 10 月。北海有栽培。中国各地有栽培。

小叶石楠（秤锤子）

Photinia parvifolia (E. Pritz.) C. K. Schneid.

灌木。花期 4 ~ 5 月；果期 7 ~ 8 月。产于上思。生于海拔 300 ~ 1400 m 的山谷、丘陵或灌丛中，少见。分布于中国广东、广西、湖南、江西、福建、台湾、浙江、江苏、安徽、湖北、贵州、四川、河南。

毛果石楠

Photinia pilosicalyx T. T. Yü

灌木。产于防城、上思、东兴。生于海拔 600 ~ 1200 m 的山麓混交林中，少见。分布于中国广西、贵州。

罗汉松叶石楠

Photinia podocarpifolia T. T. Yü

　　灌木。花期 4 ~ 5 月；果期 9 ~ 10 月。产于百色。生于海拔 200 ~ 1000 m 的向阳山坡灌丛或河边林中，很少见。分布于中国广西、贵州。

桃叶石楠

Photinia prunifolia (Hook. & Arn.) Lindl.

　　乔木。花期 3 ~ 4 月；果期 5 ~ 12 月。产于容县、陆川、北流、上思、横县、大新。生于海拔 200 ~ 1300 m 的山坡、溪边疏林中，常见。分布于中国海南、广东、广西、湖南、江西、福建、浙江、贵州、云南。越南、马来西亚、印度尼西亚、日本也有分布。

蛇含委陵菜

Potentilla kleiniana Wight & Arn.

草本。花、果期 4 ~ 9 月。产于横县、龙州、平果、靖西、那坡。生于海拔 200 ~ 1400 m 的田边、山谷或平地潮湿处，常见。分布于中国广东、广西、湖南、江西、福建、浙江、江苏、安徽、湖北、贵州、云南、四川、西藏、陕西、河南、山东、辽宁。马来西亚、印度尼西亚、印度、日本、朝鲜也有分布。

李属 Prunus L.

李

Prunus salicina Lindl.

乔木。花期 4 月；果期 7 ~ 8 月。玉林市、北海市、钦州市、防城港市、南宁市、崇左市、百色市有栽培。中国各省有栽培。世界各地有栽培。

疏花臀果木

Pygeum laxiflorum Merr. ex H. L. Li

乔木。花期 8 ~ 10 月；果期 11 ~ 12 月。产于钦州、防城、上思。生于海拔 100 ~ 700 m 的山麓或溪边林中，少见。分布于中国广东、广西。

梨属 Pyrus L.

楔叶豆梨（棠梨）

Pyrus calleryana Decne var. **koehnei** (C. K. Schneid.) T. T. Yü

乔木。花期 2 ~ 5 月；果期 4 ~ 11 月。产于容县、钦州、横县、大新。生于丘陵山地疏林中，常见。分布于中国广东、广西、福建、浙江。

沙梨

Pyrus pyrifolia (Burm. f.) Nakai

乔木。花期 4 月；果期 8 月。玉林市、北海市、钦州市、防城港市、南宁市、崇左市、百色市有栽培。分布于中国广东、广西、湖南、江西、福建、浙江、江苏、安徽、湖北、贵州、云南、四川。越南、老挝也有分布。

石斑木属 Rhaphiolepis Lindl.

石斑木（春花木）

Rhaphiolepis indica (L.) Lindl.

灌木或小乔木。花期 2 ~ 4 月；果期 7 ~ 8 月。产于玉林、容县、陆川、博白、北流、北海、合浦、钦州、灵山、浦北、防城、上思、东兴、南宁、横县、宁明、龙州。生于海拔 500 ~ 1400 m 的山谷林中或溪边灌丛，常见。分布于中国海南、广东、广西、湖南、江西、福建、台湾、浙江、安徽、贵州、云南。越南、老挝、泰国、柬埔寨、日本也有分布。

细叶石斑木

Rhaphiolepis lanceolata Hu

　　灌木。花期 6 月；果期 10 ~ 11 月。产于上思。生于海拔 400 ~ 1400 m 的山谷或溪边，很少见。分布于中国海南、广东、广西。

柳叶石斑木

Rhaphiolepis salicifolia Lindl.

　　灌木或小乔木。花期 4 月；果期 10 月。产于博白、防城、上思、南宁、龙州、那坡。生于山坡林缘或山顶疏林下，少见。分布于中国广东、广西、福建。越南也有分布。

月季花（月月红）

Rosa chinensis Jacq.

灌木。花期 4 ~ 9 月；果期 6 ~ 11 月。玉林市、北海市、钦州市、防城港市、南宁市、崇左市、百色市有栽培。原产于中国，现世界各地广泛栽培。

小果蔷薇（白刺花）

Rosa cymosa Tratt.

灌木。花期 5 ~ 6 月；果期 7 ~ 11 月。产于龙州、平果。生于海拔 200 ~ 1000 m 的向阳山坡、路旁、溪边或丘陵地，常见。分布于中国广东、广西、湖南、江西、福建、台湾、浙江、江苏、安徽、贵州、云南、四川。越南、老挝也有分布。

金樱子

Rosa laevigata Michx.

　　攀援灌木。花期 4 ~ 6 月；果期 7 ~ 11 月。
产于玉林、陆川、博白、北流、北海、合浦、
钦州、防城、上思、东兴、南宁、隆安、横县、
龙州、大新、天等、平果、德保、那坡。生于
海拔 200 ~ 1600 m 的向阳山坡、田边、溪旁灌
丛中，很常见。分布于中国海南、广东、广西、
湖南、江西、福建、台湾、浙江、江苏、安徽、
湖北、贵州、云南、四川、陕西。越南也有分布。

悬钩子属 Rubus L.

粗叶悬钩子

Rubus alceifolius Poir.

　　攀援灌木。花期 3 ~ 10 月；果期 6 ~ 12 月。
产于玉林、容县、博白、上思、宁明、龙州、百色、
平果。生于海拔 500 ~ 1500 m 的灌丛中，常见。
分布于中国海南、广东、广西、湖南、江西、福建、
台湾、浙江、江苏、贵州、云南。越南、老挝、
泰国、柬埔寨、缅甸、马来西亚、印度尼西亚、
菲律宾、日本也有分布。

蛇泡筋（越南悬钩子）

Rubus cochinchinensis Tratt.

攀援灌木。花期 3～5 月；果期 7～8 月。产于防城、上思、南宁、隆安、横县、崇左、龙州、平果。生于低海拔至中海拔灌丛中，很常见。分布于中国海南、广东、广西、云南、四川。越南、老挝、泰国、柬埔寨也有分布。

小柱悬钩子（三叶吊杆泡）

Rubus columellaris Tutcher

攀援灌木。花期 4～5 月；果期 6～7 月。产于容县、上思、扶绥、龙州、平果。生于海拔 300～1300 m 的山坡、山谷林下，常见。分布于中国广东、广西、湖南、江西、福建、贵州、云南、四川。越南也有分布。

黔桂悬钩子

Rubus feddei Lévl. & Vant.

攀援灌木。花期 7 ~ 8 月；果期 9 ~ 10 月。产于隆安、龙州、大新、平果。生于低海拔山坡林下、灌丛中或路旁，少见。分布于中国广西、贵州、云南。越南也有分布。

白花悬钩子（巨花悬钩子）

Rubus leucanthus Hance

攀援灌木。花期 4 ~ 5 月；果期 6 ~ 7 月。产于防城、扶绥、龙州。生于低海拔至中海拔疏林或旷野，少见。分布于中国海南、广东、广西、湖南、福建、贵州、云南。越南、老挝、泰国、柬埔寨也有分布。

楸叶悬钩子

Rubus mallotifolius C. Y. Wu ex T. T. Yü & L. T. Lu

攀援灌木。花期 6 ~ 7 月。产于防城、宁明、那坡。生于海拔 1000 ~ 1600 m 的山谷或密林中，少见。分布于中国广西、云南。

红泡刺藤（乌泡）

Rubus niveus Thunb.

攀援灌木。花期 5 ~ 7 月；果期 8 ~ 9 月。产于平果、靖西、那坡。生于海拔 500 ~ 1600 m 的山坡灌丛、疏林或山谷河滩、溪流旁，常见。分布于中国广西、贵州、云南、四川、西藏、甘肃、陕西。越南、老挝、泰国、缅甸、马来西亚、印度尼西亚、菲律宾、印度、尼泊尔、不丹、斯里兰卡、阿富汗也有分布。

茅莓

Rubus parvifolius L.

攀援灌木。花期 4 ~ 6 月；果期 6 ~ 8 月。产于玉林、博白、钦州、南宁、横县、扶绥、龙州、天等、百色、田东、平果。生于海拔 300 ~ 1500 m 的山谷、路旁或荒野，很常见。分布于中国各地。越南、日本、朝鲜也有分布。

梨叶悬钩子

Rubus pirifolius Smith

攀援灌木。花期 4 ~ 7 月；果期 8 ~ 12 月。产于龙州、平果、德保。生于低海拔至中海拔的林下、林缘阴蔽处，常见。分布于中国海南、广东、广西、福建、台湾、贵州、云南、四川。越南、老挝、泰国、柬埔寨、马来西亚、印度尼西亚、菲律宾也有分布。

浅裂锈毛莓

Rubus reflexus Ker-Gawl. var. **hui** (Diels ex Hu) F. P. Metcalf

攀援灌木。花期 6 ~ 7 月；果期 8 ~ 9 月。产于容县、龙州。生于海拔 300 ~ 1000 m 的林中，少见。分布于中国海南、广东、广西、湖南、江西、福建、台湾、浙江、贵州、云南。

深裂锈毛莓

Rubus reflexus Ker-Gawl. var. **lanceolobus** F. P. Metcalf

攀援灌木。花期 6 ~ 7 月；果期 8 ~ 9 月。产于容县、陆川、博白、防城、扶绥、龙州。生于山坡、山谷灌丛或疏林中，常见。分布于中国广东、广西、湖南、福建。

空心泡（白烟泡）

Rubus rosifolius Smith

　　攀援灌木。花期 3 ~ 5 月；果期 6 ~ 7 月。产于玉林、防城、上思、横县、百色、平果、德保。生于低海拔至中海拔山地林下、草坡或路旁，常见。分布于中国广东、广西、湖南、江西、福建、台湾、浙江、安徽、湖北、贵州、四川、陕西。越南、老挝、泰国、柬埔寨、缅甸、马来西亚、印度尼西亚、菲律宾、印度、日本、澳大利亚以及非洲也有分布。

桂滇悬钩子

Rubus shihae F. P. Metcalf

　　攀援灌木。花期 6 ~ 7 月；果期 8 ~ 9 月。产于隆安、龙州、平果。生于低海拔至中海拔的丘陵或山谷密林中，少见。分布于中国广西、贵州、云南。

红毛悬钩子

Rubus wallichianus Wight & Arn.
Rubus pinfaensis Lévl. & Vant.

攀援灌木。花期 3 ~ 4 月; 果期 5 ~ 6 月。产于那坡。生于海拔 300 ~ 1500 m 的山坡灌丛、林缘或山谷, 少见。分布于中国海南、广西、湖南、台湾、湖北、贵州、云南、四川。越南、印度、尼泊尔、不丹也有分布。

地榆属 Sanguisorba L.

地榆

Sanguisorba officinalis L.

草本。花、果期 7 ~ 11 月。产于灵山、百色。生于山坡草丛、潮湿草地或沼泽地以及山地路旁, 少见。分布于中国大部分地区。亚洲温带地区以及欧洲也有分布。

美脉花楸

Sorbus caloneura (Stapf) Rehd.

　　乔木或灌木。花期 4 ~ 5 月；果期 8 ~ 10 月。产于防城、上思。生于海拔 600 ~ 1300 m 的山谷、溪旁疏林或山坡林中，常见。分布于中国广东、广西、湖南、江西、福建、湖北、贵州、云南、四川。

疣果花楸

Sorbus corymbifera (Miq.) Khep & Yakovlev
Sorbus granulosa (Bertol.) Rehd.

　　乔木。花期 1 ~ 2 月；果期 8 ~ 9 月。产于德保。生于海拔 1000 ~ 1500 m 的林中，很少见。分布于中国海南、广东、广西、湖南、贵州、云南。越南、老挝、泰国、柬埔寨、缅甸、印度尼西亚、印度也有分布。

144. 毒鼠子科

DICHAPETALACEAE

毒鼠子属 Dichapetalum Thouars

海南毒鼠子

Dichapetalum longipetalum (Turcz.) Engl.

攀援灌木或藤本。花期全年；果期 1 ~ 6 月。产于钦州、防城、上思、宁明。生于中海拔山地沟谷林中，很少见。分布于中国海南、广东、广西。越南、泰国、柬埔寨、缅甸、马来西亚也有分布。

146. 含羞草科
MIMOSACEAE

金合欢属 Acacia Mill.

大叶相思

Acacia auriculiformis A. Cunn. ex Benth.

乔木。合浦、防城有栽培。中国海南、广东、广西、福建、浙江有栽培。原产于澳大利亚、新西兰。

儿茶

Acacia catechu (L. f.) Willd.

小乔木。花期 4 ~ 8 月；果期 9 月至翌年 1 月。南宁有栽培。中国海南、广东、广西、福建、台湾、浙江、云南有栽培。缅甸、印度、非洲均有分布。

藤金合欢

Acacia concinna (Willd.) DC.
Acacia sinuata (Lour.) Merr.

　　木质藤本。花期4~6月；果期7~12月。产于上思、宁明、百色、平果。生于疏林或灌丛中，少见。分布于中国海南、广东、广西、湖南、江西、福建、贵州、云南。亚洲热带地区也有分布。

台湾相思

Acacia confusa Merr.

　　乔木。花期3~10月；果期8~12月。产于玉林市、北海市、钦州市、防城港市、南宁市、崇左市、百色市，栽培或逸为野生。中国海南、广东、广西、江西、福建、台湾、浙江、云南、四川有栽培。原产于菲律宾。

丝毛相思（绢毛相思）

Acacia holosericea G. Don

乔木。花期春季；果期夏季。北海市、钦州市、防城港市有栽培。中国华南地区有栽培。原产于澳大利亚。

马占相思

Acacia mangium Willd.

乔木。花期 9 ~ 10 月；果期翌年 5 ~ 6 月。北海市、钦州市、防城港市有栽培。中国南方有栽培。原产于印度尼西亚、澳大利亚、巴布亚新几内亚。

钝叶金合欢

Acacia megaladena Desv.

藤本。花期 5 ~ 6 月；果期 9 ~ 10 月。产于龙州。生于疏林或灌丛中，少见。分布于中国广西、云南。亚洲热带地区广泛分布。

羽叶金合欢（蛇藤）

Acacia pennata (L.) Willd.

藤本。花期 3 ~ 10 月；果期 7 月至翌年 4 月。产于博白、上思、扶绥、龙州、平果、靖西。生于低海拔疏林中，常见。分布于中国海南、广东、广西、福建、浙江、贵州、云南。亚洲、非洲热带地区也有分布。

海红豆（小籽海红豆、孔雀豆）

Adenanthera microsperma Teijsm. & Binn.

Adenanthera pavonina L. var. *microsperma*
(Teijsm. & Binn.) I. C. Nielsen

乔木。花期 4 ~ 7 月；果期 7 ~ 10 月。产于
北流、东兴、南宁、隆安、龙州、大新、百色、平果。
生于沟谷、溪边、林中，常见。分布于中国海南、
广东、广西、福建、台湾、贵州、云南。越南、老挝、
泰国、柬埔寨、缅甸、马来西亚、印度尼西亚也
有分布。

合欢属 Albizia Durazz.

楹树

Albizia chinensis (Osbeck) Merr.

乔木。花期 3 ~ 5 月；果期 6 ~ 12
月。产于玉林、容县、北海、合浦、钦州、
防城、上思、南宁、扶绥、宁明、龙州、
百色、平果、德保、靖西、那坡。生
于林中或旷野，常见。分布于中国海南、
广东、广西、湖南、福建、浙江、贵州、
云南、西藏。东南亚至南亚也有分布。

天香藤

Albizia corniculata (Lour.) Druce
Albizia millettii Benth.

攀援灌木。花期 4 ~ 7 月；果期 8 ~ 11 月。产于防城、上思。生于旷野或山地疏林中，常见。分布于中国海南、广东、广西、福建。越南、老挝、泰国、柬埔寨、印度尼西亚、菲律宾、马来西亚也有分布。

合欢

Albizia julibrissin Durazz.

乔木。花期 5 ~ 7 月；果期 8 ~ 10 月。玉林、南宁有栽培。中国广西、湖南、江西、福建、台湾、浙江、江苏、安徽、湖北、贵州、云南、甘肃、山西、河南、山东有栽培。亚洲中部、东部和西南部有分布。

山槐（山合欢）

Albizia kalkora (Roxb.) Prain

乔木。花期5～6月；果期8～10月。产于南宁、龙州、百色、平果。生于低海拔山坡灌丛或疏林中，常见。分布于中国海南、广东、广西、湖南、江西、福建、台湾、浙江、江苏、安徽、湖北、贵州、四川、甘肃、陕西、山西、河南、山东。越南、缅甸、印度、日本也有分布。

阔荚合欢

Albizia lebbeck (L.) Benth.

乔木。花期5～9月；果期10月至翌年5月。北海、南宁、田阳、德保、靖西有栽培。中国海南、广东、广西、福建、台湾有栽培。原产于热带非洲。

光叶合欢

Albizia lucidior (Steud.) I. C. Nielsen

乔木。花期4～6月；果期9～11月。产于南宁、龙州、大新、田东、平果、德保。生于次生林或灌丛中，少见。分布于中国广西、台湾、贵州、云南。东南亚至南亚也有分布。

香合欢

Albizia odoratissima (L. f.) Benth.

乔木。花期4～7月；果期6～10月。产于宁明、龙州、大新、百色、田阳、那坡。生于低海拔疏林中，少见。分布于中国海南、广东、广西、福建、贵州、云南。印度、马来西亚也有分布。

黄豆树

Albizia procera (Roxb.) Benth.

乔木。花期 5 ~ 9 月；果期 9 月至翌年 2 月。产于上思、龙州。生于海拔 100 ~ 600 m 的疏林或灌丛中，少见。分布于中国海南、广东、广西、台湾、云南。东南亚至南亚也有分布。

猴耳环属 Archidendron F. Muell.

坛腺棋子豆

Archidendron chevalieri (Kosterm.) I. C. Nielsen

Cylindrokelupha chevalieri Kosterm.

乔木。花期 5 月；果期 7 月。产于钦州、防城、上思、龙州。生于海拔 1300 m 以下的山地密林中，少见。分布于中国广西。越南也有分布。

猴耳环

Archidendron clypearia (Jack) I. C. Nielsen
Pithecellobium clypearia (Jack) Benth.

　　乔木。花期 2～6 月；果期 4～8 月。产于容县、陆川、博白、北流、浦北、防城、上思、东兴、南宁、横县、扶绥、宁明、龙州、大新、百色、田阳、平果、靖西、那坡。生于山地林中，很常见。分布于中国海南、广东、广西、福建、台湾、浙江、云南。亚洲热带地区也有分布。

碟腺棋子豆

Archidendron kerrii (Gagnep.) I. C. Nielsen
Cylindrokelupha kerrii (Gagnep.) T. L. Wu

　　乔木。花期 5 月；果期 8 月。产于防城、上思。生于海拔 200～1400 m 的密林中，少见。分布于中国广西、云南、西藏。越南、老挝、印度也有分布。

亮叶猴耳环

Archidendron lucidum (Benth.) I. C. Nielsen

Pithecellobium lucidum Benth.

乔木。花期 4 ~ 6 月；果期 7 ~ 12 月。产于钦州、横县、宁明、百色、平果。生于海拔 100 ~ 1400 m 的疏林中，常见。分布于中国海南、广东、广西、福建、台湾、浙江、云南、四川。越南、老挝、泰国、柬埔寨也有分布。

绢毛棋子豆

Archidendron tonkinense I. C. Nielsen

Cylindrokelupha tonkinensis (I. C. Nielsen) T. L. Wu

小乔木。产于上思、宁明、平果。生于山谷疏林中，少见。分布于中国广西。越南也有分布。

大叶合欢

Archidendron turgidum (Merr.) I. C. Nielsen

乔木。花期 3 ~ 5 月；果期 7 ~ 12 月。产于钦州、防城、龙州、平果、德保、靖西、那坡。生于林中，少见。分布于中国广东、广西。越南也有分布。

朱缨花（红绒球、美蕊花）

Calliandra haematocephala Hassk.

　　灌木或小乔木。花期 8 ~ 9 月；果期 10 ~ 11 月。玉林市、北海市、钦州市、防城港市、南宁市、崇左市、百色市有栽培。中国华南地区有栽培。原产于南美洲。

楹藤属 Entada Adans.

榼藤（过江龙）

Entada phaseoloides (L.) Merr.

　　大藤本。花期 3 ~ 6 月；果期 8 ~ 11 月。产于容县、博白、钦州、防城、上思、南宁、宁明、龙州。生于山涧或山坡混交林中，攀援于大乔木上，常见。分布于中国海南、广东、广西、福建、台湾、云南、西藏。亚洲热带、亚热带地区以及大洋洲热带地区也有分布。

南洋楹

Falcataria moluccana (Miq.) Barneby & J. W. Grimes

Albizia falcataria (L.) Fosberg

　　乔木。花期 4～7 月。南宁有栽培。中国华南地区广泛栽培。原产于东南亚。

银合欢属 Leucaena Benth.

银合欢（白合欢）

Leucaena leucocephala (Lam.) de Wit

　　灌木或小乔木。花期 4～7 月；果期 8～10 月。产于玉林、北海、钦州、东兴、南宁、隆安、崇左、宁明、龙州、大新、凭祥、百色、田东、平果、那坡，逸为野生。生于低海拔荒地、灌丛或疏林中，常见。分布于中国海南、广东、广西、福建、台湾、贵州、云南，栽培或逸为野生。原产于热带美洲。

光荚含羞草（簕仔树）

Mimosa bimucronata (DC.) Kuntze

Mimosa sepiaria Benth.

　　小乔木。产于玉林市、北海市、钦州市、防城港市、南宁市、崇左市、百色市，栽培或逸为野生。分布于中国海南、广东、广西，栽培或逸为野生。原产于热带美洲。

含羞草

Mimosa pudica L.

　　草本。花期 3 ~ 10 月；果期 5 ~ 11 月。产于玉林市、北海市、钦州市、防城港市、南宁市、崇左市、百色市，栽培或逸为野生。中国华南各地逸为野生。原产于热带美洲。

147. 苏木科
CAESALPINIACEAE

顶果树属 Acrocarpus Wight ex Arn.

顶果树（格郎央）

Acrocarpus fraxinifolius Wight ex Arn.

乔木。花期 3 ~ 4 月；果期 5 ~ 8 月。产于崇左、宁明、龙州、大新、田东、平果、德保、那坡。生于海拔 300 ~ 1200 m 的疏林中，少见。分布于中国广西、云南。老挝、泰国、缅甸、印度尼西亚、印度、斯里兰卡也有分布。

火索藤（红绒毛羊蹄甲）

Bauhinia aurea Lévl.

　　木质藤本。花期 4 ~ 5 月；果期
7 ~ 12 月。产于陆川、博白、龙州、
平果。生于山坡或山沟岩石边灌丛中，
常见。分布于中国广西、贵州、云南、
四川。

红花羊蹄甲

Bauhinia × blakeana Dunn

　　乔木。花期全年，3 ~ 4 月为盛花期。玉林市、北海市、钦州市、防城港市、南宁市、崇左市、百色
市有栽培。中国华南地区有栽培。世界各地有栽培。

刀果鞍叶羊蹄甲

Bauhinia brachycarpa Wall. ex Benth. var. **cavaleriei** (Lévl.) T. C. Chen

小乔木。花期 4～7 月；果期 7～9 月。产于天等、百色、靖西、那坡。生于海拔 400～1600 m 的山地林中或灌丛中，常见。分布于中国广西、贵州、云南。

龙须藤（九龙藤）

Bauhinia championii (Benth.) Benth.

藤本。花期 6～10 月；果期 7～12 月。产于容县、博白、北流、钦州、防城、上思、东兴、南宁、隆安、扶绥、宁明、龙州、大新、百色、田阳、田东、平果、靖西、那坡。生于山谷疏林或灌丛中，很常见。分布于中国海南、广东、广西、湖南、江西、福建、台湾、浙江、湖北、贵州、云南。越南、印度尼西亚、印度也有分布。

粉叶羊蹄甲

Bauhinia glauca (Wall. ex Benth.) Benth.

　　藤本。产于防城、平果。生于山坡阳处疏林中或山谷蔽阴的密林或灌丛中，少见。分布于中国广东、广西、湖南、湖北、贵州、云南、陕西。越南、老挝、泰国、柬埔寨、缅甸、马来西亚、印度尼西亚、印度也有分布。

少脉羊蹄甲

Bauhinia paucinervata T. C. Chen

　　木质藤本。花期 6 ~ 8 月；果期 10 月。产于崇左、龙州。生于海拔 300 ~ 600 m 的石灰岩灌丛中，少见。分布于中国广西。

羊蹄甲

Bauhinia purpurea L.

　　乔木。花期 9 ～ 11 月;
果期翌年 2 ～ 3 月。北海、
防城、南宁、靖西有栽培。
分布于中国海南、广东、
广西、福建、台湾、云南,
广泛栽培于庭园供观赏。
越南、老挝、泰国、柬埔寨、
缅甸也有分布。

洋紫荆(红紫荆)

Bauhinia variegata L.

　　乔木。盛花期 3 月;果期 5 月。玉林市、北海市、钦州市、防城港市、南宁市、崇左市、百色市有栽培。
中国南方广泛栽培。越南、老挝、泰国、柬埔寨、缅甸有分布,世界热带、亚热带地区广泛栽培。

刺果苏木

Caesalpinia bonduc (L.) Roxb.

藤本。花期 7 ~ 10 月；果期 10 月至翌年 5 月。产于博白、合浦、南宁、崇左、龙州。生于海拔 600 m 以下的灌丛、路旁或海边，少见。分布于中国海南、广东、广西、台湾。世界热带地区也有分布。

云实（鸡爪刺）

Caesalpinia decapetala (Roth) Alston

Caesalpinia sepiaria Roxb.

藤本。花、果期 4 ~ 10 月。产于北海、南宁、隆安、崇左、宁明、龙州、大新、百色、田阳、平果、靖西、那坡。生于疏林中，常见。分布于中国海南、广东、广西、湖南、江西、福建、台湾、浙江、江苏、安徽、湖北、贵州、云南、四川、甘肃、陕西、河南、河北。越南、老挝、泰国、缅甸、马来西亚、印度、尼泊尔、不丹、孟加拉国、斯里兰卡、巴基斯坦、日本也有分布。

九羽见血飞

Caesalpinia enneaphylla Roxb.

藤本。花期 9 ~ 10 月；果期 10 月至翌年 2 月。产于龙州、天等、那坡。生于海拔 600 m 的山坡、山脚灌丛或疏林中，少见。分布于中国广西、云南。越南、泰国、缅甸、马来西亚、印度尼西亚、印度、孟加拉国、斯里兰卡、巴基斯坦也有分布。

大叶云实

Caesalpinia magnifoliolata F. P. Metcalf

藤本。花期 2 ~ 7 月；果期 5 ~ 11 月。产于防城、上思、龙州、平果、德保、那坡。生于海拔 400 ~ 1600 m 的林下或灌丛中，少见。分布于中国广东、广西、贵州、云南。

喙荚云实（南蛇簕）

Caesalpinia minax Hance

　　藤本。花期 3 ~ 11 月；果期 4 ~ 12 月。产于北海、合浦、钦州、灵山、浦北、上思、南宁、隆安、扶绥、宁明、龙州、大新、百色、平果、靖西、那坡。生于丘陵山坡或灌丛中，常见。分布于中国海南、广东、广西、台湾、贵州、云南、四川。越南、老挝、泰国、缅甸、印度也有分布。

洋金凤（金凤花）

Caesalpinia pulcherrima (L.) Sw.

　　小乔木。花、果期几全年。产于玉林市、北海市、钦州市、防城港市、南宁市、崇左市、百色市，栽培或逸为野生。中国海南、广东、广西、台湾、云南有栽培。原产于南美洲，热带地区有栽培。

苏木

Caesalpinia sappan L.

　　小乔木。花期 5 ~ 10 月；果期 7 月至翌年 3 月。产于陆川、南宁、龙州、大新、凭祥、田阳、田东。生于林中或较肥沃的山麓，很少见。分布于中国海南、广东、广西、福建、台湾、贵州、云南、四川。越南、老挝、柬埔寨、缅甸、马来西亚、印度、斯里兰卡以及非洲、美洲也有分布。

鸡嘴簕

Caesalpinia sinensis (Hemsl.) J. E. Vidal

　　藤本。花期 4 ~ 5 月；果期 7 ~ 8 月。产于崇左、扶绥、宁明、龙州、大新、天等、田阳、平果。生于海拔 100 ~ 900 m 的林下或灌丛中，常见。分布于中国广东、广西、湖北、贵州、云南。越南、老挝、缅甸也有分布。

腊肠树

Cassia fistula L.

　　乔木。花期 6 ~ 8 月；果期 10 月。南宁有栽培。中国南部、西南部有栽培。原产于印度，现世界热带地区广泛栽培。

爪哇决明

Cassia javanica L.

Cassia agnes (de Wit) Brenan

　　乔木。花期 4 ~ 9 月。南宁有栽培。中国华南地区以及台湾有栽培。原产于东南亚。

含羞草决明（山扁豆）

Chamaecrista mimosoides (L.) Greene

Cassia mimosoides L.

　　草本。花、果期 8 ～ 10 月。产于龙州、平果。生于旷野、林缘，常见。中国西南至东南各省区逸为野生。原产于美洲热带地区，现世界热带、亚热带地区广泛分布。

凤凰木属 Delonix Raf.

凤凰木

Delonix regia (Boj.) Raf.

　　乔木。花期 5 ～ 7 月；果期 8 ～ 10 月。南宁、宁明、龙州、百色有栽培。中国海南、广东、广西、福建、台湾、云南有栽培。原产于马达加斯加，现世界热带地区广泛栽培。

格木

Erythrophleum fordii Oliv.

　　乔木。花期 5 ~ 6 月；果期 8 ~ 10 月。产于玉林、容县、陆川、博白、合浦、钦州、浦北、东兴、龙州、靖西。生于山地密林或疏林中，少见。分布于中国广东、广西、福建、台湾、浙江。越南也有分布。

仪花属 Lysidice Hance

仪花

Lysidice rhodostegia Hance

Lysidice brevicalyx Wei

　　灌木或小乔木。花期 6 ~ 8 月；果期 9 ~ 11 月。产于容县、崇左、龙州、百色、平果。生于海拔 500 m 以下的山地林中、灌丛、路旁或山谷溪边，常见。分布于中国广东、广西、云南。越南也有分布。

盾柱木

Peltophorum pterocarpum (DC.) K. Heyne

乔木。花期 6 月。北海有栽培。中国广东、广西、云南有栽培。分布于越南、泰国、马来西亚、印度尼西亚、印度、斯里兰卡、大洋洲北部。

老虎刺属 Pterolobium R. Br. ex Wight & Arn.

老虎刺

Pterolobium punctatum Hemsl.

藤本。花期 6 ~ 8 月；果期 9 月至翌年 1 月。产于南宁、隆安、横县、崇左、扶绥、宁明、龙州、大新、天等、凭祥、百色、田阳、田东、平果、德保、靖西、那坡。生于海拔 300 ~ 1500 m 的山坡疏林向阳处或石灰岩山上，很常见。分布于中国海南、广东、广西、湖南、江西、福建、湖北、贵州、云南、四川。老挝也有分布。

中国无忧花（火焰花）

Saraca dives Pierre

乔木。花期 4 ~ 5 月；果期 7 ~ 10 月。产于扶绥、宁明、龙州、凭祥、百色、田阳、靖西、那坡。生于海拔 200 ~ 1000 m 的林中，常见。分布于中国广东、广西、云南。越南、老挝也有分布。

决明属 Senna Mill.

翅荚决明

Senna alata (L.) Roxb.

Cassia alata L.

灌木。花期 11 月至翌年 1 月；果期 12 月至翌年 2 月。南宁有栽培。中国南方广为栽培。原产于热带美洲，现世界热带地区广泛分布。

双荚决明

Senna bicapsularis (L.) Roxb.

Cassia bicapsularis L.

灌木。南宁有栽培。中国华南地区有栽培。原产于热带美洲。

望江南

Senna occidentalis (L.) Link

Cassia occidentalis L.

灌木。花期 4 ~ 8 月；果期 6 ~ 10 月。产于玉林市、北海市、钦州市、防城港市、南宁市、崇左市、百色市，逸为野生。生于旷野或疏林中，很常见。分布于中国东南以及西南各省区。原产于热带美洲，现世界热带、亚热带地区广泛分布。

铁刀木

Senna siamea (Lam.) H. S. Irwin & Barneby

Cassia siamea Lam.

　　乔木。花期 11 月；果期 12 月。北海、南宁有栽培。中国华南地区有栽培，云南有野生。泰国、缅甸、印度也有分布。

黄槐决明

Senna surattensis (Burm. f.) H. S. Irwin & Barneby

Cassia surattensis Burm. f.

　　灌木或小乔木。花、果期几全年。南宁、宁明、百色、田东有栽培。中国海南、广东、广西、福建、台湾有栽培。

决明

Senna tora (L.) Roxb.

Cassia tora L.

　　草本。花、果期 8 ~ 11 月。产于玉林市、北海市、钦州市、防城港市、南宁市、崇左市、百色市，逸为野生。生于草丛、路边、田野，很常见。分布于中国长江以南，逸为野生。原产于热带美洲，现世界热带、亚热带地区广泛分布。

东京油楠

Sindora tonkinensis A. Cheval. ex K. Larsen & S. S. Larsen

　　乔木。花期 5 ~ 6 月；果期 8 ~ 9 月。南宁、崇左有栽培。中国海南、广东、广西有栽培。原产于越南、柬埔寨。

任豆属 Zenia Chun

任豆

Zenia insignis Chun

　　乔木。花期 4 ~ 5 月；果期 6 ~ 8 月。产于宁明、龙州、大新、百色、田东、平果、德保、靖西、那坡。生于海拔 200 ~ 1000 m 的山地林中或林缘，常见。分布于中国广东、广西、云南。越南也有分布。

148. 蝶形花科

PAPILIONACEAE

相思子属 Abrus Adans.

相思子

Abrus precatorius L.

藤本。花期 3 ~ 6 月；果期 9 ~ 10 月。产于容县、陆川、博白、北流、北海、合浦、钦州、防城、上思、南宁、扶绥、宁明、龙州、百色、田阳。生于疏林或灌丛中，常见。分布于中国海南、广东、广西、台湾、云南。世界热带地区广泛分布。

毛相思子（毛鸡骨草）

Abrus pulchellus Wall. ex Thwaites subsp. **mollis** (Hance) Verdc.

Abrus mollis Hance

藤本。花期 8 月；果期 9 月。产于玉林、陆川、博白、北流、钦州、防城、横县。生于海拔 200 ~ 1300 m 的路边、山谷疏林或灌丛中，常见。分布于中国海南、广东、广西、福建。越南、老挝、泰国、柬埔寨、马来西亚、印度尼西亚也有分布。

合萌（田皂角）

Aeschynomene indica L.

草本。花期 7 ~ 9 月；果期 7 ~ 10 月。产于玉林、上思、南宁、横县。生于向阳地带的田边、草丛、路边，常见。分布于中国大部分地区。亚洲东部和东南部、澳大利亚、太平洋岛屿、南美洲也有分布。

猪腰豆属 Afgekia Craib

猪腰豆

Afgekia filipes (Dunn) R. Geesink
Whitfordiodendron filipes (Dunn) Dunn

攀援灌木。花期 7 ~ 8 月；果期 9 ~ 11 月。产于龙州、田阳、田东、平果、德保、靖西、那坡。生于海拔 200 ~ 1300 m 的山谷疏林中，少见。分布于中国广西、云南。越南、老挝、泰国、缅甸也有分布。

链荚豆

Alysicarpus vaginalis (L.) DC.

　　草本。花期9月；果期9～11月。产于玉林、北海、南宁、宁明、龙州、百色、田阳。生于空旷草坡、田野、路旁或海边沙地，常见。分布于中国海南、广东、广西、福建、台湾、云南。越南、老挝、泰国、柬埔寨、马来西亚、印度尼西亚、菲律宾、印度、尼泊尔、斯里兰卡、日本以及非洲也有分布。

落花生属 Arachis L.

蔓花生

Arachis duranensis Krapov. & W. C. Greg.

　　草本。花期3～10月。玉林市、北海市、钦州市、防城港市、南宁市、崇左市、百色市有栽培。中国华南地区有栽培。原产于南美洲。

落花生（花生）

Arachis hypogaea L.

　　草本。花、果期 6 ~ 8 月。玉林市、北海市、钦州市、防城港市、南宁市、崇左市、百色市有栽培。中国各地有栽培。原产于巴西，现世界各地广泛栽培。

藤槐属 Bowringia Champ. ex Benth.

藤槐

Bowringia callicarpa Champ. ex Benth.

　　攀援灌木。花期 4 ~ 6 月；果期 7 ~ 9 月。产于博白、浦北、防城、上思、横县。生于低海拔山谷林中，常见。分布于中国海南、广东、广西、福建、云南、四川。越南也有分布。

木豆

Cajanus cajan (L.) Huth

　　灌木。花、果期 1 ～ 11 月。产于玉林市、北海市、钦州市、防城港市、南宁市、崇左市、百色市，栽培或逸为野生。分布于中国海南、广东、广西、湖南、江西、福建、台湾、浙江、贵州、云南、四川。可能原产于亚洲热带地区，现世界热带、亚热带地区广泛分布。

蔓草虫豆

Cajanus scarabaeoides (L.) Thouars

　　蔓生或缠绕状草质藤本。花期 9 ～ 10 月；果期 11 ～ 12 月。产于玉林、钦州、上思、宁明、龙州、百色、平果。生于旷野、路旁或山坡草丛中，常见。分布于中国海南、广东、广西、福建、台湾、贵州、云南、四川。东南亚、南亚、大洋洲至非洲也有分布。

灰毛鸡血藤（皱果崖豆藤）

Callerya cinerea (Benth.) Schot

Millettia cinerea Benth.

Millettia oosperma Dunn

攀援灌木。花期 2 ~ 7 月；果期 8 ~ 11 月。产于容县、上思、龙州、百色、平果、德保。生于山坡林中，常见。分布于中国广西、云南、四川、西藏。泰国、缅甸、印度、尼泊尔、不丹、孟加拉国也有分布。

香花鸡血藤（山鸡血藤）

Callerya dielsiana (Harms) P. K. Lôc ex Z. Wei & Pedley

Millettia dielsiana Harms.

藤本。花期 5 ~ 9 月；果期 6 ~ 11 月。产于龙州、平果。生于海拔 300 ~ 1000 m 的路旁、谷地、山坡林缘或灌丛中，少见。分布于中国海南、广东、广西、湖南、江西、福建、浙江、安徽、湖北、贵州、云南、四川、甘肃、陕西。

网络鸡血藤（网脉崖豆藤）

Callerya reticulata (Benth.) Schot

Millettia reticulata Benth.

　　藤本。花期 4 ~ 8 月；果期 6 ~ 11 月。产于博白、合浦、灵山、上思、南宁、隆安、横县、宁明、龙州、平果。生于海拔 100 ~ 1200 m 的灌丛或疏林中，常见。分布于中国海南、广东、广西、湖南、江西、福建、台湾、浙江、江苏、安徽、湖北、贵州、云南、四川、陕西。越南也有分布。

美丽鸡血藤（美丽崖豆藤、牛大力藤）

Callerya speciosa (Champ. ex Benth.) Schot

Millettia speciosa Champ. ex Benth.

　　乔木。花期 7 ~ 10 月；果期翌年 2 月。产于博白、钦州、上思、南宁、宁明、那坡。生于海拔 200 ~ 1500 m 的灌丛或疏林中，少见。分布于中国海南、广东、广西、湖南、福建、贵州、云南。越南也有分布。

杭子梢

Campylotropis macrocarpa (Bge.) Rehd.

灌木。花、果期 6 ~ 10 月。产于扶绥、平果、德保、靖西。生于海拔 100 ~ 1500 m 的山坡、灌丛、林缘或山谷沟边，常见。分布于中国海南、广东、广西、湖南、江西、福建、台湾、浙江、江苏、安徽、湖北、贵州、云南、四川、西藏、甘肃、陕西、山西、河南、山东、河北、辽宁。朝鲜也有分布。

刀豆属 Canavalia Adans.

小刀豆

Canavalia cathartica Thouars
Canavalia microcarpa (DC.) Piper

藤本。花期 7 月；果期 10 月。产于博白、北流、东兴、南宁、隆安、宁明、龙州、百色、平果、靖西。生于疏林、海滨或河边，常见。分布于中国海南、广东、广西、台湾。热带亚洲、澳大利亚、非洲也有分布。

海刀豆

Canavalia rosea (Sw.) DC.

Canavalia maritima (Aubl.) Thouars

　　藤本。花、果期 6 ~ 12 月。产于北海、钦州、防城、东兴。生于平地、海边或疏林中，常见。分布于中国海南、广东、广西、福建、台湾、浙江。世界热带海岸广泛分布。

蝙蝠草属 Christia Moench

蝙蝠草

Christia vespertilionis (L. f.) Bakh. f.

　　草本。花期 3 ~ 5 月；果期 10 ~ 12 月。产于容县、南宁、隆安、崇左、宁明、龙州、田东、平果。生于海拔 50 ~ 450 m 的路旁、海边、山坡或草地上，常见。分布于中国海南、广东、广西。世界热带地区广泛分布。

翅荚香槐

Cladrastis platycarpa (Maxim.) Makino

　　乔木。花期4～6月；果期7～10月。产于合浦、龙州、大新、平果、靖西。生于海拔1000 m以下的山谷疏林或山坡林中，少见。分布于中国广东、广西、湖南、浙江、江苏、贵州、云南。日本也有分布。

舞草属 Codoriocalyx Hassk.

舞草

Codoriocalyx motorius (Houtt.) H. Ohashi
Desmodium gyrans (L. f.) DC.

　　灌木。花期7～9月；果期10～11月。产于南宁、隆安、龙州、百色。生于丘陵山坡灌丛中，少见。分布于中国广东、广西、江西、福建、台湾、贵州、云南、四川、西藏。越南、老挝、泰国、柬埔寨、缅甸、马来西亚、印度尼西亚、菲律宾、印度、尼泊尔、不丹、斯里兰卡也有分布。

翅托叶猪屎豆

Crotalaria alata Buch.-Ham. ex D. Don

　　草本或亚灌木。花期 6 ~ 8 月；果期 9 ~ 12 月。产于浦北、龙州、百色、那坡。生于旷野或林中，少见。分布于中国海南、广东、广西、湖南、福建、台湾、云南、四川。越南、老挝、泰国、柬埔寨、缅甸、马来西亚、印度尼西亚、印度、尼泊尔、不丹、孟加拉国、斯里兰卡也有分布，非洲有栽培并归化。

响铃豆

Crotalaria albida B. Heyne ex Roth

　　草本。花期 5 ~ 9 月；果期 9 ~ 12 月。产于博白、东兴、崇左、宁明、龙州、百色、田东、平果、靖西、那坡。生于海拔 200 ~ 1500 m 的疏林、草坡、路边，常见。分布于中国海南、广东、广西、湖南、江西、福建、台湾、安徽、湖北、贵州、云南、四川、西藏。越南、老挝、泰国、柬埔寨、缅甸、马来西亚、印度尼西亚、菲律宾、印度、尼泊尔、不丹、孟加拉国、斯里兰卡、巴基斯坦、巴布亚新几内亚以及太平洋岛屿也有分布。

大猪屎豆（凸尖野百合）

Crotalaria assamica Benth.

亚灌木状草本。花期 5 ~ 9 月；果期 8 ~ 12 月。产于博白、北流、防城、上思、南宁、龙州、天等、百色、平果、德保、靖西、那坡。生于山坡路边或山谷草丛中，常见。分布于中国海南、广东、广西、台湾、贵州、云南。越南、老挝、泰国、缅甸、菲律宾、印度也有分布。

假地蓝

Crotalaria ferruginea Graham ex Benth.

灌木状草本。花期 6 ~ 10 月；果期 9 ~ 12 月。产于防城、龙州、百色、靖西。生于旷野或疏林下，少见。分布于中国海南、广东、广西、湖南、江西、福建、台湾、浙江、江苏、安徽、湖北、贵州、云南、四川、西藏。越南、老挝、泰国、缅甸、马来西亚、印度尼西亚、菲律宾、印度、尼泊尔、不丹、斯里兰卡、巴布亚新几内亚也有分布。

猪屎豆

Crotalaria pallida Aiton

　　亚灌木。花期 9 ~ 10 月；果期 11 ~ 12 月。产于容县、陆川、博白、合浦、防城、南宁、宁明、龙州、大新、百色、平果。生于海拔 100 ~ 1100 m 的草丛、路边，常见。分布于中国海南、广东、广西、湖南、福建、台湾、浙江、云南、四川、山东。亚洲、非洲、美洲的热带地区也有分布。

大托叶猪屎豆（丝毛野百合）

Crotalaria spectabilis Roth

　　草本。花、果期 8 ~ 12 月。南宁有栽培。分布于中国广东、广西、湖南、江西、福建、台湾、浙江、江苏、安徽、云南。泰国、缅甸、马来西亚、菲律宾、印度、尼泊尔也有分布，非洲、美洲热带地区广泛栽培。

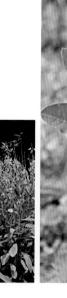

光萼猪屎豆

Crotalaria trichotoma Bojer

Crotalaria zanzibarica Benth.

　　草本。花期 4 ~ 8 月；果期 9 ~ 12 月。产于南宁、龙州、百色、德保、靖西，栽培或逸为野生。分布于中国海南、广东、广西、湖南、福建、台湾、云南、四川。原产于非洲东部，越南、马来西亚、印度尼西亚、菲律宾、斯里兰卡、澳大利亚有栽培。

球果猪屎豆（钩状野百合）

Crotalaria uncinella Lamk. subsp. **elliptica** (Roxb.) Polhill

　　草本或亚灌木。花期 9 ~ 10 月；果期 11 月至翌年 1 月。产于北海、合浦。生于山地路旁，少见。分布于中国海南、广东、广西。越南、泰国、马来西亚、印度也有分布。

补骨脂

Cullen corylifolium (L.) Medik.

Psoralea corylifolia L.

　　草本。花期 7 ~ 8 月；果期 9 ~ 10 月。南宁有栽培。分布于中国贵州、云南、四川。缅甸、马来西亚、印度尼西亚、印度、孟加拉国、斯里兰卡、巴基斯坦以及亚洲西南部、非洲东部也有分布。

黄檀属 Dalbergia L. f.

南岭黄檀（秧青）

Dalbergia assamica Benth.

Dalbergia balansae Prain

　　乔木。花期 5 ~ 6 月；果期 10 ~ 11 月。产于容县、防城、上思、南宁、隆安、横县、龙州、凭祥、那坡。生于山坡林中或灌丛中，常见。分布于中国海南、广东、广西、福建、浙江、贵州、四川。越南、老挝、泰国、缅甸、印度也有分布。

两粤黄檀（粤黄檀）

Dalbergia benthamii Prain

　　藤本。花期 2 ~ 4 月；果期 4 ~ 5 月。产于防城、上思、百色、那坡。生于疏林或灌丛中，少见。分布于中国海南、广东、广西、台湾、贵州。越南也有分布。

大金刚藤

Dalbergia dyeriana Prain ex Harms

　　藤本。花期 5 月。产于龙州、百色、那坡。生于海拔 700 ~ 1500 m 的山坡灌丛或山谷密林中，少见。分布于中国广西、湖南、浙江、湖北、云南、四川、甘肃、陕西。

藤黄檀

Dalbergia hancei Benth.

　　藤本。花期 5 月；果期 6 ~ 11 月。产于容县、博白、北流、合浦、钦州、浦北、防城、上思、东兴、南宁、横县、崇左、宁明、平果、德保、那坡。生于山地林中或溪边，常见。分布于中国海南、广东、广西、江西、福建、浙江、安徽、贵州、四川。

钝叶黄檀（牛肋巴）

Dalbergia obtusifolia (Baker) Prain

　　乔木。花期3月；果期6~8月。产于防城。生于山地疏林或河谷灌丛中，很少见。分布于中国广西、贵州、云南。

降香（降香黄檀）

Dalbergia odorifera T. C. Chen

　　乔木。花期4~6月；果期7~12月。玉林市、北海市、钦州市、防城港市、南宁市、崇左市、百色市有栽培。分布于中国海南、福建、浙江。

斜叶黄檀

Dalbergia pinnata (Lour.) Prain

　　乔木，有时为藤状灌木。花期1~4月；果期5~7月。产于上思、隆安、扶绥、宁明、龙州、那坡。生于海拔1400 m以下的山地密林中，少见。分布于中国海南、广西、云南、西藏。越南、老挝、泰国、缅甸、马来西亚、印度尼西亚、菲律宾也有分布。

多裂黄檀

Dalbergia rimosa Roxb.

藤本。花期 4 ~ 6 月；果期 7 ~ 12 月。产于防城、上思、宁明、龙州、百色、平果、那坡。生于海拔
500 ~ 1500 m 的山坡、山谷或河旁疏林中，常见。分布于中国广西、云南。越南、老挝、泰国、缅甸、马
来西亚、印度尼西亚、印度也有分布。

假木豆属 Dendrolobium (Wight & Arn.) Benth.

假木豆

Dendrolobium triangulare (Retz.) Schindl.

灌木。花期 8 ~ 10 月；果期 10 ~ 12 月。产于上思、南宁、崇左、宁明、龙州、大新、百色、田东、
平果、那坡。生于山谷荒草地或山坡灌丛中，很常见。分布于中国海南、广东、广西、台湾、贵州、云南。
越南、老挝、泰国、柬埔寨、缅甸、马来西亚、印度、斯里兰卡、非洲也有分布。

东京鱼藤（黔桂鱼藤）

Derris tonkinensis Gagnep.

攀援状灌木或乔木。花期 4 ~ 8 月；果期 8 ~ 12 月。产于龙州。生于山地灌丛或疏林中，很少见。分布于中国广东、广西、贵州。越南也有分布。

鱼藤

Derris trifoliata Lour.

藤本。花期 4 ~ 8 月；果期 8 ~ 12 月。产于合浦、钦州。生于沿海河岸或海边灌丛以及近海岸的红树林中，常见。分布于中国海南、广东、广西、福建、台湾。越南、泰国、柬埔寨、马来西亚、印度尼西亚、印度、斯里兰卡、日本、澳大利亚、巴布亚新几内亚以及太平洋岛屿、非洲东部也有分布。

云南鱼藤

Derris yunnanensis Chun & F. C. How

　　藤本。花期 7 ~ 8 月；果期 10 月。产于平果、靖西、那坡。生于山地岩石旁，很少见。分布于中国广西、贵州、云南。

山蚂蝗属 Desmodium Desv.

单序山蚂蝗

Desmodium diffusum (Willd.) DC.

　　灌木或亚灌木。花、果期 8 ~ 11 月。产于龙州、那坡。生于海拔 100 ~ 1500 m 的灌丛或林缘，少见。分布于中国广东、广西、台湾、云南。越南、老挝、泰国、缅甸、印度尼西亚、菲律宾、印度、尼泊尔也有分布。

大叶山蚂蝗（大叶山绿豆）

Desmodium gangeticum (L.) DC.

亚灌木。花期 4 ~ 8 月；果期 8 ~ 9 月。产于钦州、防城、南宁、隆安、宁明、龙州、百色、田阳、平果。生于海拔 300 ~ 900 m 的旷野或疏林中，常见。分布于中国海南、广东、广西、台湾、贵州、云南。亚洲、澳大利亚以及非洲的热带地区也有分布。

假地豆

Desmodium heterocarpon (L.) DC.

亚灌木。花期 7 ~ 10 月；果期 10 ~ 12 月。产于容县、合浦、钦州、防城、上思、南宁、宁明、龙州、凭祥、百色、平果、那坡。生于海拔 350 ~ 1500 m 的山谷灌丛中，常见。分布于中国海南、广东、广西、湖南、江西、福建、台湾、浙江、江苏、湖北、贵州、云南、四川。亚洲东部和南部、太平洋岛屿以及大洋洲也有分布。

异叶山蚂蝗（异叶山绿豆）

Desmodium heterophyllum (Willd.) DC.

草本。花、果期 7 ~ 10 月。产于陆川、博白、北海、合浦、横县、龙州、大新、天等。生于河边或田边，常见。分布于中国海南、广东、广西、江西、福建、台湾、云南。越南、泰国、缅甸、马来西亚、菲律宾、印度、尼泊尔、斯里兰卡以及太平洋岛屿、大洋洲也有分布。

饿蚂蝗（红掌草）

Desmodium multiflorum DC.

小灌木。花期 7 ~ 9 月；果期 8 ~ 10 月。产于德保。生于海拔 500 ~ 1500 m 的山坡草地或林缘，少见。分布于中国广东、广西、湖南、江西、福建、台湾、浙江、湖北、贵州、云南、四川、西藏。老挝、泰国、缅甸、印度、尼泊尔、不丹也有分布。

显脉山绿豆

Desmodium reticulatum Champ. ex Benth.

亚灌木。花期 6 ~ 8 月；果期 9 ~ 10 月。产于玉林、博白、防城。生于海拔 200 ~ 1300 m 的山地灌丛或草坡上，常见。分布于中国海南、广东、广西、云南。越南、泰国、缅甸也有分布。

长波叶山蚂蝗

Desmodium sequax Wall.

灌木。花期 8 ~ 9 月；果期 10 ~ 11 月。产于天等、靖西、那坡。生于林缘或灌草丛，常见。分布于中国海南、广东、广西、湖南、台湾、江苏、湖北、贵州、云南、四川、西藏、河南。越南、老挝、泰国、缅甸、马来西亚、印度尼西亚、菲律宾、印度、尼泊尔也有分布。

广东金钱草（金钱草）

Desmodium styracifolium (Osbeck) Merr.

草本。花、果期 6 ~ 9 月。产于玉林、南宁、扶绥、龙州。生于山坡、草地或灌丛，常见。分布于中国海南、广东、广西、福建、湖北、云南。越南、泰国、缅甸、马来西亚、印度、斯里兰卡也有分布。

三点金（三点金草）

Desmodium triflorum (L.) DC.

草本。花、果期 6 ~ 10 月。产于北海、龙州、百色。生于海拔 150 ~ 600 m 的旷野或河边沙地，常见。分布于中国海南、广东、广西、江西、福建、台湾、浙江、云南。世界热带地区广泛分布。

绒毛山蚂蟥（绒毛山绿豆）

Desmodium velutinum (Willd.) DC.

亚灌木。花、果期 9~11 月。产于浦北、防城、南宁、宁明、龙州、百色、那坡。生于草坡或灌丛中，常见。分布于中国海南、广东、广西、台湾、贵州、云南。越南、印度至热带非洲也有分布。

单叶拿身草（长荚山绿豆）

Desmodium zonatum Miq.

亚灌木。花期 6~8 月；果期 8~9 月。产于龙州、平果。生于山地林中或林缘，少见。分布于中国海南、广西、台湾、贵州、云南。越南、老挝、泰国、缅甸、马来西亚、印度尼西亚、菲律宾、印度、斯里兰卡以及太平洋岛屿也有分布。

长柄野扁豆

Dunbaria podocarpa Kurz

　　草本。花、果期 6 ~ 11 月。产于容县、博白、北流、上思、南宁、龙州、靖西。生于海拔 100 ~ 800 m 的溪边林中或旷野草坡，常见。分布于中国海南、广东、广西、福建。越南、老挝、泰国、柬埔寨、缅甸、马来西亚、印度尼西亚、印度也有分布。

圆叶野扁豆

Dunbaria rotundifolia (Lour.) Merr.
Dunbaria punctata (Wight & Arn.)
Benth.

　　藤本。花、果期 8 ~ 10 月。产于南宁。生于溪边、旷野草坡，少见。分布于中国海南、广东、广西、江西、福建、台湾、江苏、贵州、四川。越南、老挝、泰国、柬埔寨、缅甸、印度尼西亚、菲律宾、印度、尼泊尔、孟加拉国、澳大利亚也有分布。

鸡头薯（猪仔笠）

Eriosema chinense Vogel

　　草本。花期 5 ~ 7 月；果期 7 ~ 10 月。产于容县、博白、北海、钦州、上思、南宁、横县、崇左、宁明、龙州、百色。生于旷野草坡上，少见。分布于中国海南、广东、广西、湖南、江西、贵州、云南、西藏。越南、泰国、缅甸、印度尼西亚、印度、斯里兰卡、澳大利亚也有分布。

刺桐属 Erythrina L.

龙牙花（象牙红、珊瑚树）

Erythrina corallodendron L.

　　灌木或小乔木。花期 6 ~ 11 月。南宁有栽培。中国海南、广东、广西、福建、台湾、湖北、贵州、云南有栽培。原产于南美洲。

鸡冠刺桐

Erythrina crista-galli L.

小乔木。玉林市、北海市、钦州市、防城港市、南宁市、崇左市、百色市有栽培。中国海南、广东、广西、台湾、云南有栽培，可供庭园观赏。原产于巴西。

劲直刺桐

Erythrina stricta Roxb.

乔木。花期 3 ~ 7 月；果期 4 ~ 9 月。产于龙州。生于海拔 1000 m 以下的山坡林中，少见。分布于中国广西、云南、西藏。越南、老挝、泰国、柬埔寨、缅甸、印度、尼泊尔不丹也有分布。

刺桐

Erythrina variegata L.

　　乔木。花期 2 ～ 5 月；果期 4 ～ 8 月。产于玉林、北流、南宁、龙州、平果、靖西、那坡。生于山坡疏林，少见。分布于中国海南、广东、广西、福建、台湾。原产于印度至大洋洲海岸林中，越南、老挝、柬埔寨、马来西亚、印度尼西亚也有分布。

千斤拔属 Flemingia Roxb. ex W. T. Aiton

大叶千斤拔（千斤拔、锈毛千斤拔）

Flemingia macrophylla (Willd.) Kuntze ex Prain

Moghania macrophylla (Willd.) Kuntze

　　亚灌木。花期 6 ～ 9 月；果期 7 ～ 12 月。产于玉林、容县、博白、北流、钦州、灵山、浦北、防城、上思、南宁、隆安、扶绥、宁明、龙州、凭祥、百色、田东、平果、德保。生于旷野灌丛中，常见。分布于中国海南、广东、广西、江西、福建、台湾、贵州、云南、四川。越南、老挝、泰国、柬埔寨、缅甸、马来西亚、印度尼西亚、印度、尼泊尔、不丹、孟加拉国也有分布。

千斤拔（蔓性千斤拔）

Flemingia prostrata Roxb.
Flemingia philippinensis Merr. & Rolfe

亚灌木。花期 3 ~ 6 月；果期 5 ~ 10 月。产于钦州、防城、上思、横县、崇左、大新、百色。生于海拔 100 ~ 300 m 的旷野或草地，少见。分布于中国海南、广东、广西、湖南、江西、福建、台湾、湖北、贵州、云南、四川。缅甸、印度、孟加拉国、日本也有分布。

干花豆属 Fordia Hemsl.

干花豆

Fordia cauliflora Hemsl.

灌木。花期 5 ~ 9 月；果期 6 ~ 11 月。产于容县、崇左、扶绥、宁明、龙州、百色、田阳、田东、那坡。生于山地灌丛中，少见。分布于中国广东、广西。

大豆

Glycine max (L.) Merr.

　　草本。花期 1 ~ 7 月；果期 7 ~ 9 月。玉林市、北海市、钦州市、防城港市、南宁市、崇左市、百色市有栽培。中国各地有栽培。原产于中国，现世界各地广泛栽培。

长柄山蚂蝗属 Hylodesmum H. Ohashi & R. R. Mill

长柄山蚂蝗

Hylodesmum podocarpum (DC.) H. Ohashi & R. R. Mill

Podocarpium podocarpum (DC.) Yang & P. H. Huang

　　草本。花、果期 8 ~ 9 月。产于大新、平果。生于山坡路旁、草坡、林下，少见。分布于中国广东、广西、湖南、江西、福建、台湾、浙江、江苏、安徽、湖北、贵州、云南、四川、西藏、甘肃、陕西、山西、河南、山东、河北、辽宁、吉林、黑龙江。越南、老挝、缅甸、印度尼西亚、菲律宾、印度、尼泊尔、不丹、巴基斯坦、日本、朝鲜、俄罗斯也有分布。

硬毛木蓝

Indigofera hirsuta Harv.

　　亚灌木。花期 7～9 月；果期 10～12 月。产于北海、合浦、钦州、南宁。生于低海拔山坡旷野、路旁、河边草地或海滨沙地上，常见。分布于中国海南、广东、广西、福建、台湾、浙江、云南。亚洲、大洋洲、非洲、美洲也有分布。

木蓝

Indigofera tinctoria L.

　　亚灌木。花期几全年；果期 10 月。产于北海、隆安、崇左，栽培或逸为野生。中国海南、广东、广西、台湾、安徽、贵州、云南有栽培。亚洲、非洲热带地区广泛分布。

三叶木蓝（地蓝、野蓝）

Indigofera trifoliata L.

草本。花期 7 ~ 9 月；果期 9 ~ 10 月。产于玉林、上思、南宁。生于海拔 1300 m 以下的山坡草丛或田边草地，少见。分布于中国海南、广东、广西、湖南、江西、湖北、贵州、云南、四川。越南、缅甸、印度尼西亚、菲律宾、印度、尼泊尔、斯里兰卡、巴基斯坦、澳大利亚也有分布。

鸡眼草属 Kummerowia Schindl.

鸡眼草

Kummerowia striata (Thunb.) Schindl.

草本。花期 7 ~ 9 月；果期 8 ~ 10 月。产于玉林、陆川、北流、钦州、南宁、隆安、宁明、龙州、大新、凭祥、百色、平果、德保、那坡。生于海拔 500 m 以下的路旁、田边或缓坡草地，常见。分布于中国东北、华北、华东、中南、西南。日本、朝鲜、俄罗斯也有分布。

扁豆（藕豆）

Lablab purpureus (L.) Sweet

Dolichos lablab L.

　　缠绕藤本。花期4～12月。玉林市、北海市、钦州市、防城港市、南宁市、崇左市、百色市有栽培。中国广泛栽培。原产于印度以及热带非洲，现世界热带、亚热带地区广泛栽培。

胡枝子属 Lespedeza Michx.

胡枝子

Lespedeza bicolor Turcz.

　　灌木。花期7～9月；果期9～10月。产于玉林、博白、南宁、宁明、平果。生于海拔150～1000 m的山坡、林缘、路旁、灌丛，常见。分布于中国广东、广西、湖南、福建、台湾、浙江、江苏、安徽、甘肃、陕西、山西、河南、山东、河北、内蒙古、辽宁、吉林、黑龙江。日本、朝鲜、俄罗斯也有分布。

截叶铁扫帚（铁扫把）

Lespedeza cuneata (Dum. Cours.) G. Don

　　小灌木。花期 7 ~ 8 月；果期 9 ~ 10 月。产于玉林、容县、博白、上思、宁明、龙州、百色、平果。生于海拔 1500 m 以下的山坡路旁，常见。分布于中国海南、广东、广西、湖南、台湾、浙江、江苏、湖北、云南、四川、西藏、甘肃、陕西、河南、山东。越南、老挝、泰国、马来西亚、印度尼西亚、菲律宾、印度、尼泊尔、不丹、巴基斯坦、阿富汗、日本、朝鲜也有分布。

草木犀属 Melilotus (L.) Mill.

印度草木犀

Melilotus indicus (L.) All.

　　草本。花期 3 ~ 5 月；果期 5 ~ 6 月。产于南宁、平果。生于旷野、路旁，少见。分布于中国海南、广东、广西、福建、台湾、浙江、江苏、安徽、贵州、云南、四川。亚洲中部和南部、欧洲也有分布。

厚果崖豆藤

Millettia pachycarpa Benth.

藤本。花期 4 ~ 6 月；果期 7 ~ 11 月。产于钦州、防城、上思、南宁、隆安、横县、扶绥、宁明、龙州、大新、百色、田东、平果、靖西、那坡。生于海拔 1500 m 以下的阔叶林中或林缘，很常见。分布于中国广东、广西、湖南、江西、福建、台湾、浙江、湖北、贵州、云南、四川、西藏。越南、老挝、泰国、缅甸、印度、尼泊尔、不丹、孟加拉国也有分布。

海南崖豆藤

Millettia pachyloba Drake

藤本。花期 4 ~ 6 月；果期 7 ~ 11 月。产于陆川、北流、防城、上思、龙州、百色、那坡。生于海拔 1500 m 以下的山地林缘或疏林中，常见。分布于中国海南、广东、广西、湖南、贵州、云南。越南也有分布。

白花油麻藤

Mucuna birdwoodiana Tutcher

　　藤本。花期 4 ~ 6 月；果期 6 ~ 11 月。产于玉林、容县、北流、横县、宁明、龙州、大新、那坡。生于海拔 500 ~ 1500 m 的林中、路旁、溪边，常见。分布于中国广东、广西、江西、福建、贵州、四川。

褶皮鲎豆

Mucuna lamellata Wilmot-Dear

　　藤本。果期 4 ~ 5 月。产于平果。生于海拔 300 ~ 900 m 的灌丛、溪边、路旁或山谷，少见。分布于中国广东、广西、江西、福建、浙江、江苏、湖北。

大果油麻藤（褐毛黎豆）

Mucuna macrocarpa Wall.

Mucuna castanea Merr.

藤本。花期 4 ~ 5 月；果期 6 ~ 7 月。产于防城、上思、宁明、龙州、田阳、平果。生于山地、河边林中以及灌丛中，少见。分布于中国海南、广东、广西、台湾、贵州、云南。越南、泰国、缅甸、印度、尼泊尔、不丹、日本也有分布。

刺毛黎豆

Mucuna pruriens (L.) DC.

藤本。花期 9 月至翌年 1 月；果期 10 月至翌年 4 月。产于龙州、大新、百色。生于疏林、灌丛、河边或路旁，亦有栽培，常见。分布于中国海南、广东、广西、台湾、湖北、贵州、云南、四川。世界热带地区广泛分布。

常春油麻藤（常绿油麻藤）

Mucuna sempervirens Hemsl.

　　藤本。花期 4 ~ 5 月；果期 8 ~ 10 月。产于那坡。生于海拔 300 ~ 1300 m 的林中、灌丛、溪谷或河边，少见。分布于中国广东、广西、湖南、江西、福建、浙江、湖北、贵州、云南、四川、陕西。日本也有分布。

小槐花属 Ohwia H. Ohashi

小槐花

Ohwia caudata (Thunb.) Ohashi

Desmodium caudatum (Thunb.) DC.

　　灌木或亚灌木。花期 7 ~ 9 月；果期 9 ~ 11 月。产于博白、北流、钦州、防城、崇左、龙州、百色。生于山坡、路旁、沟边、林缘或林下，少见。分布于中国广东、广西、湖南、江西、福建、台湾、浙江、江苏、安徽、湖北、贵州、云南、四川、西藏。越南、老挝、缅甸、马来西亚、印度尼西亚、印度、不丹、斯里兰卡、日本、朝鲜也有分布。

凹叶红豆

Ormosia emarginata (Hook. & Arn.) Benth.

　　小乔木。花期 5 ~ 6 月；果期 8 ~ 10 月。产于东兴。生于海岸带林中，很少见。分布于中国海南、广东、广西。越南也有分布。

肥荚红豆

Ormosia fordiana Oliv.

　　乔木。花期 7 月；果期 11 月。产于防城、宁明、龙州、百色、靖西、那坡。生于海拔 100 ~ 1400 m 的山谷林中，少见。分布于中国海南、广东、广西、云南。越南、泰国、缅甸、孟加拉国也有分布。

小叶红豆

Ormosia microphylla Merr. & L. Chen

　　乔木。产于防城、上思。生于海拔 500 ~ 700 m 的山坡、路旁或山谷密林中，很少见。分布于中国广东、广西、福建、贵州。

海南红豆

Ormosia pinnata (Lour.) Merr.

　　乔木或灌木。花期 7 月；果期 10 月至翌年 1 月。产于陆川、北海、合浦、龙州。生于低海拔至中海拔林中，少见。分布于中国海南、广东、广西。

木荚红豆

Ormosia xylocarpa Chun ex L. Chen

乔木。花期 6 ~ 7 月；果期 10 ~ 11 月。产于防城、上思。生于海拔 200 ~ 1300 m 的山坡、山谷或溪边林中，少见。分布于中国海南、广东、广西、湖南、江西、福建、贵州。

豆薯属 Pachyrhizus Rich. ex DC.

豆薯

Pachyrhizus erosus (L.) Urb.

藤本。花期 8 月；果期 11 月。玉林市、北海市、钦州市、防城港市、南宁市、崇左市、百色市有栽培。中国海南、广东、广西、湖南、福建、台湾、湖北、贵州、云南、四川等地有栽培。原产于热带美洲，现热带地区广泛栽培。

菜豆

Phaseolus vulgaris L.

　　缠绕或近直立草本。花期4～8月。玉林市、北海市、钦州市、防城港市、南宁市、崇左市、百色市有栽培。中国各地有栽培。原产于美洲，现世界各地广泛栽培。

排钱树属 Phyllodium Desv.

毛排钱树（毛排钱草）

Phyllodium elegans (Lour.) Desv.

Desmodium blandum Meeuwen

　　亚灌木。花期7～8月；果期10～11月。产于玉林、容县、陆川、博白、北流、北海、合浦、钦州、防城、上思、南宁、隆安、横县、宁明、龙州。生于海拔1100 m以下的丘陵荒地、山坡草地、疏林或灌丛中，常见。分布于中国海南、广东、广西、福建、贵州、云南。越南、老挝、泰国、柬埔寨、印度尼西亚也有分布。

长柱排钱树

Phyllodium kurzianum (Kuntze) Ohashi

　　灌木。花期 7 ~ 8 月；果期 10 ~ 11 月。产于上思、宁明、百色。生于海拔 1000 m 以下的山坡灌丛中，少见。分布于中国广东、广西、云南。越南、老挝、泰国、缅甸也有分布。

长叶排钱树（长叶排钱草）

Phyllodium longipes (Craib) Schindl.

Desmodium longipes Craib

　　灌木。花期 8 ~ 9 月；果期 10 ~ 11 月。产于博白、防城、东兴、崇左、百色。生于海拔 900 ~ 1000 m 的山地灌丛或密林中，常见。分布于中国广东、广西、云南。越南、老挝、泰国、柬埔寨、缅甸也有分布。

排钱树（排钱草）

Phyllodium pulchellum (L.) Desv.

Desmodium pulchellum (L.) Benth.

亚灌木。花期 7～9 月；果期 10～11 月。产于玉林、容县、博白、北流、北海、合浦、钦州、防城、上思、南宁、隆安、崇左、宁明、龙州、大新、凭祥、百色、靖西。生于丘陵荒地、路旁或山坡疏林中，常见。分布于中国海南、广东、广西、江西、福建、台湾、贵州、云南。热带亚洲至澳大利亚以及新几内亚也有分布。

豌豆属 Pisum L.

豌豆

Pisum sativum L.

草本。花期 6～7 月；果期 7～9 月。玉林市、北海市、钦州市、防城港市、南宁市、崇左市、百色市有栽培。中国各地广为栽培。原产于亚州西南部，现广植于温带地区。

水黄皮

Pongamia pinnata (L.) Merr.

乔木。花期6月；果期8～10月。北海、钦州、防城、东兴、南宁有栽培。分布于中国海南、广东、福建、台湾。越南、缅甸、马来西亚、印度尼西亚、菲律宾、印度、尼泊尔、孟加拉国、斯里兰卡、日本、澳大利亚以及太平洋岛屿、非洲、中美洲也有分布。

紫檀属 Pterocarpus Jacq.

紫檀

Pterocarpus indicus Willd.

乔木。花期3～4月；果期4～5月。北海、南宁、崇左有栽培。分布于中国海南、广东、台湾、云南。越南、泰国、缅甸、马来西亚、印度尼西亚、菲律宾、印度、巴布亚新几内亚以及太平洋岛屿也有分布。

葛（野葛）

Pueraria montana (Lour.) Merr.

Pueraria lobata (Willd.) Ohwi var. *montana* (Lour.) Maesen

藤本。花期 7 ~ 8 月；果期 9 ~ 10 月。产于玉林市、北海市、钦州市、防城港市、南宁市、崇左市、百色市。生于山地林缘，很常见。分布几遍中国各地。东南亚至澳大利亚也有分布。

鹿藿属 Rhynchosia Lour.

鹿藿

Rhynchosia volubilis Lour.

藤本。花期 5 ~ 8 月；果期 9 ~ 12 月。产于容县、博白、北海、合浦、钦州、防城、上思、南宁、隆安、横县、宁明、龙州、大新、百色、平果、靖西、那坡。生于海拔 200 ~ 1000 m 的山坡、路旁草丛中，常见。分布于中国海南、广东、广西、台湾。越南、日本、朝鲜也有分布。

田菁

Sesbania cannabina (Retz.) Poir.

　　草本。花、果期 7 ~ 12 月。产于玉林市、北海市、钦州市、防城港市、南宁市、崇左市、百色市，栽培或逸为野生。分布于中国长江以南，栽培或逸为野生。原产于澳大利亚以及太平洋岛屿。

槐属 Sophora L.

越南槐（广豆根）

Sophora tonkinensis Gagnep.

　　灌木。花期 5 ~ 7 月；果期 8 ~ 12 月。产于龙州、百色、田阳、田东、平果、德保、靖西、那坡。生于海拔 500 ~ 1500 m 的石灰岩灌丛中，少见。分布于中国广西、贵州、云南。越南也有分布。

密花豆

Spatholobus suberectus Dunn

　　藤本。花期6月；果期11～12月。产于北流、防城、上思。生于山地疏林、沟谷或灌丛中，很少见。分布于中国海南、广东、广西、福建、云南。

葫芦茶属 Tadehagi H. Ohashi

蔓茎葫芦茶

Tadehagi pseudotriquetrum (DC.) H. Ohashi

Desmodium pseudotriquetrum DC.

　　亚灌木。花期8月；果期10～11月。产于德保、靖西。生于海拔500～1500 m 的山地疏林下，少见。分布于中国广东、广西、湖南、江西、台湾、贵州、云南、四川。菲律宾、印度、尼泊尔也有分布。

葫芦茶

Tadehagi triquetrum (L.) H. Ohashi

Desmodium triquetrum (L.) DC.

灌木或亚灌木。花期 6 ~ 10 月；果期 10 ~ 12 月。产于玉林、容县、陆川、博白、北流、北海、合浦、钦州、灵山、防城、上思、东兴、南宁、隆安、横县、宁明、龙州、大新、凭祥、百色、平果。生于海拔 1400 m 以下的荒地或山地林缘、路旁，常见。分布于中国海南、广东、广西、江西、福建、台湾、贵州、云南。越南、老挝、泰国、柬埔寨、缅甸、马来西亚、印度尼西亚、菲律宾、印度、尼泊尔、不丹、孟加拉国、斯里兰卡、日本、澳大利亚、新几内亚以及太平洋岛屿也有分布。

狸尾豆属 Uraria Desv.

猫尾草（长穗猫尾草）

Uraria crinita (L.) Desv. ex DC.

Uraria crinita (L.) Desv. var. *macrostachya* Wall.

亚灌木。花、果期 4 ~ 9 月。产于容县、上思、南宁、龙州、百色、那坡。生于干燥旷野坡地、路旁或灌丛中，常见。分布于中国海南、广东、广西、江西、福建、台湾、云南。泰国、缅甸、马来西亚、菲律宾、印度、斯里兰卡、澳大利亚也有分布。

狸尾豆（狸尾草）

Uraria lagopodoides (L.) DC.

草本。花、果期 8 ~ 10 月。产于玉林、北海、钦州、南宁、隆安、宁明、龙州、大新、百色、平果、那坡。生于海拔 1000 m 以下的旷野、坡地灌丛中，常见。分布于中国海南、广东、广西、湖南、江西、福建、台湾、贵州、云南。越南、泰国、柬埔寨、缅甸、马来西亚、菲律宾、印度、不丹、日本、澳大利亚以及太平洋岛屿也有分布。

豇豆属 Vigna Savi

滨豇豆

Vigna marina (Burm.) Merr.

草本。花期夏、秋季；果期 10 月。产于北海。生于海边沙地，常见。分布于中国海南、台湾，广西首次记录。世界热带地区广泛分布。

长豇豆（豆角）

Vigna unguiculata (L.) Walp. subsp. **sesquipedalis** (L.) Verdc.

攀援植物。花、果期夏季。玉林市、北海市、钦州市、防城港市、南宁市、崇左市、百色市有栽培。中国各地常见栽培。亚洲、非洲、美洲广泛栽培。

紫藤属 Wisteria Nutt.

紫藤

Wisteria sinensis (Sims) Sweet

藤本。花期 4 ~ 5 月；果期 5 ~ 8 月。玉林市、北海市、钦州市、防城港市、南宁市、崇左市、百色市有栽培。分布于中国广西、湖南、江西、福建、浙江、江苏、安徽、湖北、陕西、山西、河南、山东、河北。

150. 旌节花科
STACHYURACEAE

旌节花属 Stachyurus Sieb. & Zucc.

西域旌节花（喜马山旌节花）

Stachyurus himalaicus Hook. f. & Thomson ex Benth.

灌木或小乔木。花期3~4月；果期5~8月。产于那坡。生于海拔400~1600 m的山坡阔叶林下或灌丛中，少见。分布于中国广西、云南、西藏。缅甸、印度、尼泊尔、不丹也有分布。

151. 金缕梅科
HAMAMELIDACEAE

葶树属 Altingia Noronha

葶树（阿丁枫）

Altingia chinensis (Champ. ex Benth.) Oliv. ex Hance

  乔木。花期 4 ~ 6 月；果期 8 ~ 10 月。产于防城、上思。生于山地林中，少见。分布于中国海南、广东、广西、湖南、江西、福建、浙江、贵州、云南。越南也有分布。

蜡瓣花属 Corylopsis Sieb. & Zucc.

瑞木（大果蜡瓣花）

Corylopsis multiflora Hance

  灌木。花期 4 ~ 6 月；果期 6 ~ 9 月。产于钦州、防城、上思。生于山地林中，少见。分布于中国广东、广西、湖南、福建、台湾、湖北、贵州、云南。

马蹄荷

Exbucklandia populnea (R. Br.) R. W. Br.

乔木。花期 5 ~ 7 月；果期 8 ~ 10 月。产于防城、上思。生于海拔 1200 m 以下的山地常绿林中，少见。分布于中国广西、贵州、云南、西藏。越南、泰国、缅甸、马来西亚、印度尼西亚、印度、尼泊尔、不丹也有分布。

大果马蹄荷

Exbucklandia tonkinensis (Lecomte) H. T. Chang

乔木。花期 5 ~ 6 月；果期 8 ~ 9 月。产于防城、上思。生于海拔 700 ~ 1300 m 的山地林中，少见。分布于中国海南、广东、广西、湖南、江西、福建、云南。越南、老挝也有分布。

枫香树

Liquidambar formosana Hance

乔木。花期5～6月；果期6～9月。产于玉
林市、北海市、钦州市、防城港市、南宁市、崇左市、
百色市。生于低海拔次生林中，很常见。分布于中
国黄河以南各省区。越南、老挝、朝鲜也有分布。

櫯木属 Loropetalum R. Br.

檵木

Loropetalum chinense (R. Br.) Oliv.

灌木。花期3～4月；果期5～6月。产于容县、
浦北、平果、靖西。生于向阳的丘陵及山地，少见。
分布于中国长江以南地区。印度、日本也有分布。

红花檵木

Loropetalum chinense (R. Br.) Oliv. var. **rubrum** Yieh

　　灌木。玉林市、北海市、钦州市、防城港市、南宁市、崇左市、百色市有栽培。中国南方广泛栽培。

四药门花

Loropetalum subcordatum (Benth.) Oliv.

Tetrathyrium subcordatum Benth.

　　灌木或小乔木。花期 4～6 月；果期 7～8 月。产于龙州。生于海拔 650 m 的石灰岩林中，很少见。分布于中国广东、广西、贵州。

壳菜果（米老排）

Mytilaria laosensis Lecomte

乔木。花期 3 ～ 6 月；果期 7 ～ 9 月。产于防城、上思、南宁、宁明、龙州、大新、凭祥、德保、靖西、那坡。生于海拔 1000 m 以下的林中，少见。分布于中国广东、广西、云南。越南、老挝也有分布。

半枫荷属 Semiliquidambar H. T. Chang

半枫荷

Semiliquidambar cathayensis H. T. Chang

乔木。花期 3 ～ 6 月；果期 7 ～ 9 月。产于钦州、防城、上思。生于低海拔林中，很少见。分布于中国海南、广东、广西、江西、福建、贵州。

154. 黄杨科

BUXACEAE

黄杨属 Buxus L.

雀舌黄杨（匙叶黄杨）

Buxus bodinieri Lévl.

Buxus harlandii Hance

  灌木。花期3~5月；果期6~9月。产于上思、那坡。生于林中溪边，少见。分布于中国海南、广东、广西。

阔柱黄杨

Buxus latistyla Gagnep.

  灌木。花期3~4月；果期5~7月。产于田东、龙州、大新。生于山坡林下，少见。分布于中国广西、云南。越南、老挝也有分布。

156. 杨柳科
SALICACEAE

柳属 Salix L.

垂柳
Salix babylonica L.

　　乔木。花期 3 ~ 4 月；果期 4 ~ 5 月。玉林市、北海市、钦州市、防城港市、南宁市、崇左市、百色市有栽培。分布于中国长江流域与黄河流域，其余各地有栽培。亚洲、欧洲有栽培。

四子柳（四籽柳）
Salix tetrasperma Roxb.

　　乔木。花期 9 ~ 10 月或翌年 1 ~ 4 月；果期 11 ~ 12 月或翌年 5 月。产于德保、靖西。生于海拔 1300 m 以下的低山地区河边，少见。分布于中国海南、广东、广西、云南、西藏。越南、泰国、缅甸、马来西亚、印度尼西亚、菲律宾、印度、巴基斯坦也有分布。

159. 杨梅科
MYRICACEAE

杨梅属 Myrica L.

青杨梅

Myrica adenophora Hance

    灌木。花期 10 ～ 11 月；果期翌年 2 ～ 5 月。产于合浦、钦州、灵山、南宁、横县。生于山坡或山谷疏林中，少见。分布于中国广东、广西、台湾。

毛杨梅（火杨梅）

Myrica esculenta Buch.-Ham.

乔木。花期 8 月至翌年 2 月；果期 11 月至翌年 5 月。产于上思、德保。生于海拔 200 ~ 1500 m 的疏林或干燥山坡，少见。分布于中国广东、广西、贵州、云南、四川。越南、泰国、缅甸、印度、不丹也有分布。

杨梅

Myrica rubra (Lour.) Sieb. & Zucc.

乔木。花期 4 月；果期 5 ~ 6 月。产于博白、北海、合浦、钦州、防城、上思、东兴、那坡。生于海拔 100 ~ 1500 m 的山坡或山谷林中，常见。分布于中国长江以南。菲律宾、日本、朝鲜也有分布。

161. 桦木科

BETULACEAE

桦木属 Betula L.

西桦（西南桦）

Betula alnoides Buch.-Ham. ex D. Don

乔木。花期 10 月至翌年 1 月；果期翌年 3 ~ 5 月。产于百色、平果、靖西。生于海拔 600 ~ 1300 m 的山坡林中，常见。分布于中国海南、广西、福建、湖北、云南、四川。越南、泰国、缅甸、印度、尼泊尔、不丹也有分布。

162. 榛科

CORYLACEAE

鹅耳枥属 Carpinus L.

岩生鹅耳枥

Carpinus rupestris A. Camus

小乔木。花期 5 ~ 6 月；果期 6 ~ 8 月。产于隆安、龙州、平果、靖西。生于海拔 500 ~ 1400 m 的石灰岩灌丛中，少见。分布于中国广西、贵州、云南。

163. 壳斗科

FAGACEAE

栗属 Castanea Mill.

板栗

Castanea mollissima Blume

　　乔木。花期 4 ~ 6 月；果期 8 ~ 10 月。南宁市、崇左市、百色市有栽培。中国大部分省区有栽培。

锥属（栲属）Castanopsis (D. Don) Spach

锥（桂林栲）

Castanopsis chinensis (Spreng.) Hance

　　乔木。花期 5 ~ 7 月；果期翌年 9 ~ 11 月。产于横县。生于低海拔阔叶林中，少见。分布于中国广东、广西、湖南、贵州、云南。越南也有分布。

华南锥

Castanopsis concinna (Champ. ex Benth.) A. DC.

　　乔木。花期 4～5 月；果期翌年 9～10 月。产于防城、上思。生于海拔 500 m 以下的常绿阔叶林中，很少见。分布于中国广东、广西。

罗浮锥（罗浮栲）

Castanopsis fabri Hance

　　乔木。花期 3～6 月；果期翌年 9～11 月。产于防城、上思。生于海拔 1300 m 以下的常绿阔叶林中，常见。分布于中国海南、广东、广西、湖南、江西、福建、台湾、浙江、安徽、贵州、云南。越南、老挝也有分布。

栲

Castanopsis fargesii Franch.

乔木。花期 4 ~ 6 月或 8 ~ 10 月；果期翌年 4 ~ 10 月。产于玉林、容县、上思、南宁、崇左、宁明、龙州、大新、百色、德保、那坡。生于海拔 200 ~ 1500 m 的常绿阔叶林中，常见。分布于中国广东、广西、湖南、江西、福建、台湾、浙江、江苏、安徽、湖北、贵州、云南、四川。

黧蒴锥

Castanopsis fissa (Champ. ex Benth.) Rehd. & Wils.

乔木。花期 3 ~ 6 月；果期翌年 9 ~ 10 月。产于容县、北流、合浦、钦州、防城、上思、南宁、横县、宁明、龙州、大新、田东、平果、靖西、那坡。生于海拔 1500 m 以下的疏林中，常见。分布于中国海南、广东、广西、湖南、江西、福建、贵州、云南。越南也有分布。

红锥（刺栲）

Castanopsis hystrix Hook. f. & Thomson ex A. DC.

　　乔木。花期 4 ~ 6 月；果期翌年 8 ~ 11 月。产于玉林、容县、陆川、博白、北流、北海、合浦、浦北、上思、南宁、横县、龙州、田阳、平果、德保、靖西、那坡。生于海拔 1500 m 以下的常绿阔叶林中，常见。分布于中国海南、广东、广西、湖南、福建、贵州、云南。越南、老挝、柬埔寨、缅甸、印度、尼泊尔、不丹也有分布。

印度锥

Castanopsis indica (Roxb. ex Lindl.) A. DC.

　　乔木。花期 3 ~ 5 月；果期翌年 9 ~ 11 月。产于容县、防城、上思、宁明、龙州、田阳。生于海拔 1400 m 以下的常绿阔叶林中，常见。分布于中国海南、广东、广西、台湾、云南、西藏。越南、老挝、泰国、缅甸、印度、尼泊尔、不丹、孟加拉国也有分布。

秀丽锥（东南栲）

Castanopsis jucunda Hance

乔木。花期4～5月；果期翌年9～10月。产于龙州、大新、平果。生于海拔1000 m以下的山坡疏林中，少见。分布于中国长江以南。越南也有分布。

公孙锥

Castanopsis tonkinensis Seem.

乔木。花期5～6月；果期翌年9～10月。产于容县、防城、上思、龙州、大新。生于海拔1200 m以下的阔叶林中，少见。分布于中国海南、广东、广西、云南。越南也有分布。

饭甑青冈（饭甑椆）

Cyclobalanopsis fleuryi (Hickel & A. Camus) Chun ex Q. F. Zheng

　　乔木。花期 2 ~ 4 月；果期 10 ~ 12 月。产于上思、龙州、那坡。生于山谷林中，少见。分布于中国海南、广东、广西、贵州。越南也有分布。

青冈

Cyclobalanopsis glauca (Thunb.) Oerst.

　　乔木。花期 4 ~ 5 月；果期 10 月。产于上思、南宁、龙州、大新、天等、田东、平果、靖西。生于海拔 100 ~ 1400 m 的山坡或沟谷阔叶林中，很常见。分布于中国广东、广西、湖南、江西、福建、台湾、浙江、江苏、安徽、湖北、贵州、云南、四川、西藏、甘肃、陕西、河南。越南、印度、尼泊尔、不丹、阿富汗、日本、朝鲜也有分布。

竹叶青冈

Cyclobalanopsis neglecta Schottky

Cyclobalanopsis bambusaefolia (Hance) Y. C. Hsu & H. W. Jen

　　乔木。花期 2 ~ 4 月；果期 10 ~ 12 月。产于容县、上思、宁明。生于海拔 500 ~ 1000 m 的山地密林中，少见。分布于中国海南、广东、广西。越南也有分布。

黄背青冈（两广青冈）

Cyclobalanopsis poilanei (Hickel & A. Camus) Hjelmq.

　　乔木。花期 4 月；果期翌年 4 月。产于上思。生于海拔 1300 m 以下的山地常绿阔叶林中，少见。分布于中国广西。越南、泰国也有分布。

槟榔柯

Lithocarpus areca (Hickel & A. Camus) A. Camus

　　乔木。花期10月；果期翌年11月。产于扶绥、龙州、那坡。生于海拔800～1500 m的常绿阔叶林中，少见。分布于中国广西、云南。越南也有分布。

猴面柯

Lithocarpus balansae (Drake) A. Camus

　　乔木。花期4～5月；果期翌年9～11月。产于那坡。生于海拔400～1500 m的常绿阔叶林中，很少见。分布于中国云南，广西首次记录。越南、老挝也有分布。

厚斗柯

Lithocarpus elizabethiae (Tutcher) Rehd.

　　乔木。花期 7 ~ 9 月；果期翌年 8 ~ 11 月。产于容县、龙州、德保、那坡。生于海拔 100 ~ 1200 m 的林中，少见。分布于中国广东、广西、福建、贵州、云南。

栎属 Quercus L.

富宁栎（芒齿山栎）

Quercus setulosa Hickel & A. Camus
Quercus sinii Chun

　　乔木。花期 4 ~ 5 月；果期 10 月。产于龙州、大新、平果、那坡。生于海拔 100 ~ 1300 m 的山坡、山顶林中，常见。分布于中国广东、广西、贵州、云南。越南、老挝、泰国也有分布。

164. 木麻黄科
CASUARINACEAE

木麻黄属 Casuarina L.

木麻黄（驳骨树）
Casuarina equisetifolia L.

　　乔木。花期 4 ~ 5 月；果期 7 ~ 10 月。玉林市、北海市、钦州市、防城港市、南宁市有栽培。中国海南、广东、广西、福建、台湾、浙江、云南有栽培。原产于越南、泰国、缅甸、马来西亚、印度尼西亚、菲律宾、澳大利亚、巴布亚新几内亚、太平洋岛屿。

千头木麻黄
Casuarina nana Sieber ex Spreng.

　　小乔木。花期 4 ~ 5 月。北海、南宁有栽培。中国南方有栽培。原产于澳大利亚，现世界各地栽培供观赏。

165. 榆科
ULMACEAE

糙叶树属 Aphananthe Planch.

糙叶树

Aphananthe aspera
(Thunb.) Planch.

　　乔木。花期 3 ~ 5 月；
果期 8 ~ 10 月。产于玉林、
南宁、龙州、百色、平果。
生于海拔 100 ~ 1300 m 的
山谷或溪边，少见。分布于
中国广东、广西、湖南、江
西、福建、台湾、浙江、江苏、
安徽、湖北、贵州、云南、
四川、陕西、山西、山东。
越南、日本、朝鲜也有分布。

朴属 Celtis L.

紫弹树（黑弹朴）

Celtis biondii Pamp.

　　乔木。花期 4 ~ 5 月；
果期 9 ~ 10 月。产于龙州、
大新、平果、靖西、那坡。
生于海拔 1300 m 以下的山
地灌丛或林中，常见。分布
于中国海南、广东、广西、
江西、福建、台湾、浙江、
江苏、安徽、湖北、贵州、
云南、四川、甘肃、陕西、
河南。日本、朝鲜也有分布。

珊瑚朴

Celtis julianae C. K. Schneid.

乔木。花期 3 ~ 4 月；果期 9 ~ 10 月。产于横县、平果。生于海拔 300 ~ 1000 m 的山坡或山谷林中，常见。分布于中国广东、广西、湖南、江西、福建、浙江、安徽、湖北、贵州、四川、陕西、河南。

朴树

Celtis sinensis Pers.

乔木。花期 3 ~ 4 月；果期 9 ~ 10 月。产于博白、北海、横县、扶绥、龙州、平果。生于海拔 100 ~ 1000 m 的路旁或山坡，常见。分布于中国华南、西南、华中、华东等地。日本、朝鲜也有分布。

四蕊朴

Celtis tetrandra Roxb.

　　乔木。花期 3～4 月；果期 9～10 月。产于龙州、田阳、靖西、那坡。生于海拔 700～1500 m 的林中、山谷、山坡，少见。分布于中国海南、广西、台湾、云南、四川、西藏。越南、泰国、缅甸、印度尼西亚、印度、尼泊尔、不丹、孟加拉国也有分布。

假玉桂

Celtis timorensis Span.

Celtis cinnamomea Lindl. ex Planch.

　　乔木。花期 3～5 月；果期 4～12 月。产于博白、合浦、钦州、横县、扶绥、龙州、大新、田阳、平果、那坡。生于低海拔林中、路旁、山坡，常见。分布于中国海南、广东、广西、福建、台湾、贵州、云南、四川、西藏。越南、泰国、缅甸、马来西亚、印度尼西亚、菲律宾、印度、尼泊尔、孟加拉国、斯里兰卡也有分布。

西川朴

Celtis vandervoetiana C. K. Schneid.

　　乔木。花期4月；果期9～10月。产于容县、平果、靖西。生于海拔600～1400 m的山谷阴处或林中，少见。分布于中国海南、广东、广西、湖南、江西、福建、浙江、湖北、贵州、云南、四川。

白颜树属 Gironniera Gaud.

白颜树

Gironniera subaequalis Planch.

Gironniera chinensis Benth.

　　乔木。花期2～4月。产于陆川、博白、北流、钦州、灵山、防城、上思、龙州、那坡。生于海拔100～800 m的山谷或溪边湿润林中，常见。分布于中国海南、广东、广西、云南。越南、老挝、泰国、柬埔寨、缅甸、马来西亚也有分布。

青檀

Pteroceltis tatarinowii Maxim.

乔木。花期 3 ~ 5 月；果期 8 ~ 10 月。产于横县、龙州、田东、平果。生于海拔 100 ~ 1000 m 的石灰岩疏林或灌丛中，少见。分布于中国广东、广西、湖南、江西、福建、浙江、江苏、安徽、湖北、贵州、四川、陕西、青海、甘肃、山西、河南、山东、河北、辽宁。

山黄麻属 Trema Lour.

狭叶山黄麻

Trema angustifolia (Planch.) Blume

灌木。花期 3 ~ 6 月；果期 8 ~ 11 月。产于防城、上思。生于海拔 100 ~ 1300 m 的向阳山坡疏林或灌丛中，常见。分布于中国海南、广东、广西、云南。越南、泰国、马来西亚、印度尼西亚、印度也有分布。

光叶山黄麻

Trema cannabina Lour.

灌木。花期 3 ~ 6 月；果期 9 ~ 11 月。产于玉林、钦州、防城、南宁、平果。生于低海拔疏林或灌丛中，常见。分布于中国海南、广东、广西、湖南、江西、福建、台湾、浙江、江苏、安徽、湖北、贵州、云南、四川。越南、泰国、柬埔寨、缅甸、马来西亚、印度尼西亚、菲律宾、印度、尼泊尔、日本、澳大利亚、太平洋岛屿也有分布。

银毛叶山黄麻

Trema nitida C. J. Chen

小乔木。花期 4 ~ 7 月；果期 8 ~ 11 月。产于宁明、那坡。生于海拔 500 ~ 1500 m 的湿润疏林中，少见。分布于中国广西、贵州、云南、四川。

异色山黄麻

Trema orientalis (L.) Blume

　　小乔木。花期 4 ~ 7 月；果期 8 ~ 11 月。产于玉林、钦州、防城、上思、东兴、南宁、隆安、横县、宁明、龙州、凭祥、百色、平果、靖西、那坡。生于海拔 400 ~ 1500 m 的湿润疏林或向阳山坡灌丛中，常见。分布于中国华南、西南至东南部。南亚至东南亚以及大洋洲也有分布。

山黄麻

Trema tomentosa (Roxb.) H. Hara

　　乔木。果期 9 ~ 11 月。产于钦州、灵山、防城、上思、隆安、龙州、大新。生于海拔 1400 m 以下的林中、山谷或山坡，常见。分布于中国海南、广东、广西、福建、台湾、贵州、云南、四川、西藏。越南、老挝、柬埔寨、缅甸、马来西亚、尼泊尔、不丹、孟加拉国、巴基斯坦、日本、澳大利亚以及太平洋岛屿、非洲也有分布。

常绿榆（越南榆）

Ulmus lanceifolia Roxb. ex Wall.

Ulmus tonkinensis Gagnep.

乔木。花期 12 月。产于宁明、龙州、大新、天等、平果、德保、靖西、那坡。生于海拔 300 ~ 1500 m 的密林中，常见。分布于中国海南、广西、云南。越南、老挝、泰国、缅甸、马来西亚、印度、不丹也有分布。

榔榆（小叶榆）

Ulmus parvifolia Jacq.

乔木。花、果期 8 ~ 11 月。产于南宁、龙州、百色。生于平原、丘陵、山坡或谷地，少见。分布于中国海南、广东、广西、湖南、江西、福建、台湾、浙江、江苏、安徽、湖北、贵州、四川、陕西、山西、河南、山东、河北。越南、印度、日本、朝鲜也有分布。

167. 桑科

MORACEAE

见血封喉属 Antiaris Lesch.

见血封喉

Antiaris toxicaria Lesch.

乔木。花期 3 ~ 4 月；果期 5 ~ 6 月。产于陆川、博白、北流、北海、合浦、东兴、南宁、崇左、龙州、凭祥。生于旷野或村旁，少见。分布于中国海南、广东、广西、云南。越南、泰国、缅甸、马来西亚、印度尼西亚、印度、斯里兰卡也有分布。

面包树

Artocarpus communis J. R. Forst. & G. Forst.

乔木。北海、南宁有栽培。分布于中国海南、台湾。原产于热带亚洲，现广植于世界热带地区。

波罗蜜（木波罗）

Artocarpus heterophyllus Lam.

乔木。花期 2～3 月；果期夏、秋季。玉林市、北海市、钦州市、防城港市、南宁市、崇左市、百色市有栽培。中国海南、广东、广西、福建、云南有栽培。原产于印度，现世界热带地区广泛栽培。

白桂木

Artocarpus hypargyreus Hance ex Benth.

乔木。花期 4 ~ 5 月；果期 7 ~ 8 月。产于容县、龙州、那坡。生于海拔 150 ~ 1500 m 的常绿阔叶林中，少见。分布于中国海南、广东、广西、湖南、江西、云南。

桂木

Artocarpus nitidus Trécul subsp. **lingnanensis** (Merr.) F. M. Jarrett

乔木。花期 4 ~ 5 月。产于容县、博白。生于湿润林中或旷野，少见。分布于中国海南、广东、广西、湖南、云南。越南、老挝、泰国、柬埔寨、马来西亚、印度尼西亚、菲律宾也有分布。

二色波罗蜜（红山梅）

Artocarpus styracifolius Pierre

乔木，花期秋季；果期秋、冬季。产于玉林、防城、宁明。生于海拔 200 ~ 1300 m 的山谷林中，少见。分布于中国海南、广东、广西、湖南、贵州、云南。越南、老挝也有分布。

胭脂

Artocarpus tonkinensis A. Chev.

乔木。花期夏、秋季。产于防城、隆安、龙州。生于低海拔山坡向阳处，少见。分布于中国海南、广东、广西、福建、贵州、云南。越南、柬埔寨也有分布。

藤构

Broussonetia kaempferi Sieb.
var. **australis** T. Suzuki

灌木。花期 4 ~ 6 月；果期 5 ~ 7 月。产于防城、龙州、平果、靖西。生于海拔 200 ~ 1000 m 的山谷灌丛、沟边、路旁，常见。分布于中国广东、广西、湖南、江西、福建、台湾、浙江、安徽、湖北、贵州、云南、四川。

楮（小构树）

Broussonetia kazinoki Sieb.
& Zucc.

灌木。花期 4 ~ 5 月；果期 5 ~ 6 月。产于龙州、那坡。生于山坡林缘或沟边，少见。分布于中国海南、广东、广西、湖南、江西、福建、台湾、浙江、江苏、安徽、湖北、贵州、云南、四川、河南。日本、朝鲜也有分布。

构树

Broussonetia papyrifera (L.) L' Hér. ex Vent.

乔木。花期 4 ~ 5 月；果期 6 ~ 7 月。产于玉林市、北海市、钦州市、防城港市、南宁市、崇左市、百色市。生于低海拔山谷，很常见。分布于中国海南、广东、广西、湖南、江西、福建、台湾、浙江、江苏、安徽、湖北、贵州、云南、四川、西藏、甘肃、陕西、山西、河南、山东、河北。越南、老挝、泰国、柬埔寨、缅甸、马来西亚、日本、朝鲜以及太平洋岛屿也有分布。

水蛇麻属 Fatoua Gaudich.

水蛇麻

Fatoua villosa (Thunb.) Nakai

草本。花期 5 ~ 8 月。产于龙州、平果。生于灌丛、荒地、路旁，少见。分布于中国海南、广东、广西、江西、福建、台湾、浙江、江苏、湖北、贵州、云南、河北。印度尼西亚、菲律宾、巴布亚新几内亚也有分布。

石榕树

Ficus abelii Miq.

灌木。花期5～7月。产于灵山、上思、扶绥、平果。生于海拔100～1300 m的山坡溪边或灌丛，常见。分布于中国广东、广西、湖南、江西、福建、贵州、云南、四川。越南、缅甸、印度、尼泊尔、孟加拉国也有分布。

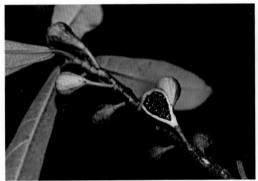

高山榕

Ficus altissima Blume

乔木。花、果期几全年。产于防城、龙州、大新、百色、那坡。生于海拔100～1500 m的山地、平原、村旁，常见。分布于中国海南、广东、广西、云南。越南、泰国、缅甸、马来西亚、印度尼西亚、菲律宾、印度、尼泊尔也有分布。

环纹榕

Ficus annulata Blume

　　乔木。花期5月。北海有栽培。分布于中国云南。越南、泰国、缅甸、马来西亚、印度尼西亚、菲律宾有分布。

大果榕

Ficus auriculata Lour.

　　乔木。花期8月至翌年3月；果期5～8月。产于防城、隆安、宁明、龙州、大新、平果、靖西、那坡。生于海拔100～1300 m的沟谷林中或旷野，很常见。分布于中国海南、广东、广西、贵州、云南、四川。越南、泰国、缅甸、印度、尼泊尔、不丹、巴基斯坦也有分布。

垂叶榕

Ficus benjamina L.

　　乔木。花期 11 月。产于北海、南宁。生于海拔 500 ~ 800 m 的湿润林中，少见。分布于中国南部至西南部。亚洲南部以及大洋洲也有分布。

柳叶榕

Ficus binnendijkii Miq.

　　乔木。玉林市、北海市、钦州市、防城港市、南宁市、崇左市、百色市有栽培。中国华南地区有栽培。原产于东南亚热带雨林。

龙州榕

Ficus cardiophylla Merr.

乔木。花期5～7月。产于崇左、龙州。生于低海拔石灰岩山坡，很少见。分布于中国广西。越南也有分布。

无花果

Ficus carica L.

小乔木。花、果期5～7月。玉林市、北海市、钦州市、防城港市、南宁市、崇左市、百色市有栽培。中国各地有栽培。原产于亚洲西部至地中海地区。

歪叶榕

Ficus cyrtophylla (Wall. ex Miq.) Miq.

小乔木。花期5~6月。产于宁明、龙州、平果、靖西。生于海拔300~1300 m的山地疏林中，常见。分布于中国广西、贵州、云南、西藏。越南、泰国、缅甸、印度、不丹也有分布。

矮小天仙果

Ficus erecta Thunb.

Ficus erecta Thunb. var. *beecheyana* (Hook. & Arn.) King

乔木。花、果期5~6月。产于容县、北流、上思、龙州、平果。生于山坡林下或溪边，少见。分布于中国海南、广东、广西、湖南、江西、福建、台湾、浙江、江苏、湖北、贵州、云南。越南、日本、朝鲜也有分布。

黄毛榕

Ficus esquiroliana Lévl.

    乔木。花期 5 ~ 7 月。产于博白、北流、上思、南宁、宁明。生于林中、灌丛或旷野，很常见。分布于中国海南、广东、广西、台湾、贵州、云南、四川、西藏。越南、老挝、泰国、缅甸、印度尼西亚也有分布。

水同木

Ficus fistulosa Reinw. ex Blume

Ficus harlandii Benth.

    乔木。花期 5 ~ 7 月。产于防城、上思、扶绥、宁明、龙州。生于溪边石上或林中，常见。分布于中国海南、广东、广西、福建、台湾、云南。越南、泰国、缅甸、马来西亚、印度尼西亚、菲律宾、印度、孟加拉国也有分布。

台湾榕

Ficus formosana Maxim.

灌木。花期4～7月。产于容县、博白、钦州、灵山、浦北、防城、上思、东兴、南宁、横县、宁明、龙州、大新、百色、田东。生于沟谷溪旁，常见。分布于中国海南、广东、广西、湖南、江西、福建、台湾、浙江、贵州、云南。越南也有分布。

长叶冠毛榕

Ficus gasparriniana Miq. var. **esquirolii** (Lévl. & Vant.) Corner

Ficus cehengensis S. S. Chang

灌木。花期5～7月。产于那坡。生于海拔500～1300 m的山坡灌丛或沟边，少见。分布于中国广东、广西、湖南、江西、贵州、云南、四川。

大叶水榕

Ficus glaberrima Blume

　　乔木。花期 10 月至翌年 3 月。产于防城、上思、扶绥、龙州、大新、平果、德保、靖西、那坡。生于海拔 1500 m 以下的平原或山谷疏林中，常见。分布于中国海南、广东、广西、贵州、云南、西藏。亚洲东南部至南部也有分布。

藤榕

Ficus hederacea Roxb.

　　藤本。花期 4 ~ 6 月。产于百色、靖西、那坡。生于海拔 500 ~ 1300 m 的山坡、丘陵或山谷林中，少见。分布于中国海南、广东、广西、贵州、云南。越南、老挝、泰国、缅甸、印度、尼泊尔、不丹也有分布。

异叶榕

Ficus heteromorpha Hemsl.

小乔木。花期 4～5 月；果期 5～7 月。产于防城、龙州、平果。生于林中、山谷、坡地，少见。分布于中国广东、广西、湖南、江西、福建、浙江、江苏、安徽、湖北、贵州、云南、四川、甘肃、陕西、山西、河南。缅甸也有分布。

山榕

Ficus heterophylla L. f.

灌木。花期 7～11 月。产于崇左、龙州。生于海拔 400～800 m 的山谷或溪边潮湿地带，少见。分布于中国海南、广东、广西、云南。越南、老挝、泰国、柬埔寨、缅甸、马来西亚、印度尼西亚、印度、斯里兰卡也有分布。

粗叶榕

Ficus hirta Vahl

Ficus hirta Vahl var. *roxburghii* (Miq.) King

Ficus katsumadai Hayata

灌木或小乔木。花、果期1~11月。产于防城、崇左、龙州、平果。生于山坡林缘、村边、旷地，很常见。分布于中国东南部至西南部。越南、泰国、缅甸、印度尼西亚、印度、尼泊尔、不丹也有分布。

对叶榕

Ficus hispida L. f.

小乔木。花、果期6~7月。产于玉林、博白、合浦、钦州、灵山、浦北、上思、东兴、南宁、横县、扶绥、宁明、龙州、大新、凭祥、百色、平果、德保、那坡。生于低海拔疏林或沟谷潮湿处，很常见。分布于中国海南、广东、广西、贵州、云南。越南、老挝、泰国、柬埔寨、缅甸、马来西亚、印度尼西亚、印度、尼泊尔、不丹、斯里兰卡、澳大利亚、新几内亚也有分布。

光叶榕

Ficus laevis Blume

攀援灌木。花、果期 4 ~ 6 月。产于防城、宁明、龙州。生于海拔 800 ~ 1300 m 的林中，少见。分布于中国海南、广西、贵州、云南。越南、泰国、缅甸、马来西亚、印度尼西亚、印度、斯里兰卡也有分布。

大琴叶榕

Ficus lyrata Warb.

乔木。北海、南宁有栽培。中国南方有栽培。原产于非洲热带。

榕树（小叶榕）

Ficus microcarpa L. f.

乔木。花期5～6月。产于玉林市、北海市、钦州市、防城港市、南宁市、崇左市、百色市。生于低海拔林中或旷地，很常见。分布于中国海南、广东、广西、福建、台湾、浙江、贵州、云南。越南、泰国、缅甸、马来西亚、印度、尼泊尔、不丹、斯里兰卡、澳大利亚、新几内亚也有分布。

黄金榕

Ficus microcarpa L. f. 'Golden Leaves'

灌木或小乔木。玉林市、北海市、钦州市、防城港市、南宁市、崇左市、百色市有栽培。热带地区多有栽培。

九丁榕

Ficus nervosa B. Heyne ex Roth

　　乔木。花期 1～8 月。产于合浦、南宁、龙州、大新、靖西。生于海拔 400～1400 m 的林中，少见。分布于中国海南、广东、广西、福建、台湾、贵州、云南、四川。越南、泰国、缅甸、印度、尼泊尔、不丹、斯里兰卡也有分布。

苹果榕

Ficus oligodon Miq.

　　乔木。花期 9 月至翌年 4 月；果期 5～6 月。产于上思、龙州、凭祥、百色。生于海拔 200～1300 m 的山谷或溪边，少见。分布于中国海南、广西、贵州、云南、西藏。越南、泰国、缅甸、马来西亚、印度、尼泊尔、不丹也有分布。

直脉榕

Ficus orthoneura Lévl. & Vant.

乔木。花期 4 ~ 9 月。产于隆安、崇左、宁明、龙州、大新、天等、平果、德保、那坡。生于海拔 200 ~ 1500 m 的石灰岩山地，常见。分布于中国广西、贵州、云南。越南、泰国、缅甸也有分布。

琴叶榕

Ficus pandurata Hance

Ficus pandurata Hance var. *angustifolia* W. C. Cheng

Ficus pandurata Hance var. *holophylla* Migo

灌木。花期 6 ~ 8 月。产于博白、上思、龙州、平果。生于山谷林下、溪边、灌丛，常见。分布于中国海南、广东、广西、湖南、江西、福建、浙江、安徽、湖北、贵州、云南、四川、河南。越南、泰国也有分布。

薜荔

Ficus pumila L.

　　攀援或匍匐灌木。花、果期 5～8月。产于玉林市、北海市、钦州市、防城港市、南宁市、崇左市、百色市。生于旷野、石壁或树上，很常见。分布于中国华南、华东、西南各省区。越南、印度、日本也有分布。

舶梨榕

Ficus pyriformis Hook. & Arn.

　　灌木。花期11月至翌年春季。产于防城。生于林下或溪边，常见。分布于中国海南、广东、广西、福建、云南。越南也有分布。

聚果榕

Ficus racemosa L.

乔木。花期5～7月。产于宁明、龙州、大新、平果。生于河畔或溪边，少见。分布于中国广西、贵州、云南。越南、泰国、缅甸、印度尼西亚、印度、尼泊尔、斯里兰卡、巴基斯坦、澳大利亚、新几内亚也有分布。

菩提树

Ficus religiosa L.

乔木。花期3～4月；果期5～6月。玉林市、北海市、钦州市、防城港市、南宁市、崇左市、百色市有栽培。中国海南、广东、广西、云南有栽培。原产于印度、尼泊尔、巴基斯坦，现广植于热带地区。

羊乳榕

Ficus sagittata Vahl

　　幼时为附生藤本，后为独立乔木。花期 12 月至翌年 3 月。产于防城、南宁、扶绥、龙州。生于林中，少见。分布于中国海南、广东、广西、贵州、云南。越南、泰国、缅甸、印度尼西亚、菲律宾、印度、不丹以及太平洋岛屿也有分布。

珍珠莲

Ficus sarmentosa Buch.-Ham. ex Smith var. **henryi** (King ex Oliv.) Corner

　　藤状灌木。产于防城、宁明、平果。生于阔叶林下或灌丛中，少见。分布于中国广东、广西、湖南、江西、福建、台湾、浙江、湖北、贵州、云南、四川、甘肃、陕西。

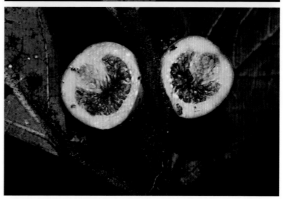

爬藤榕

Ficus sarmentosa Buch.-Ham. ex Smith var. **impressa** (Champ. ex Benth.) Corner

Ficus impressa Champ. ex Benth.

藤状灌木。花期 4 ～ 5 月；果期 6 ～ 7 月。产于容县、上思、宁明、龙州、大新、靖西、那坡。生于岩石或树上，常见。分布于中国海南、广东、广西、湖南、江西、福建、浙江、江苏、安徽、湖北、贵州、云南、四川、甘肃、陕西、河南。

尾尖爬藤榕（薄叶爬藤榕）

Ficus sarmentosa Buch.-Ham. ex Smith var. **lacrymans** (Lévl.) Corner

藤状灌木。花期 4 ～ 5 月；果期 6 ～ 7 月。产于上思、隆安、龙州、大新、百色、平果、德保、靖西、那坡。生于岩石或树上，常见。分布于中国广东、广西、湖南、江西、福建、湖北、贵州、云南、四川、甘肃。越南也有分布。

鸡嗉子榕（山枇杷、耳叶榕）

Ficus semicordata Buch.-Ham. ex Smith

　　小乔木。花期 5 ~ 10 月。产于防城、东兴、扶绥、宁明、龙州、百色、靖西、那坡。生于林缘、沟谷、路旁，常见。分布于中国广西、贵州、云南、西藏。越南、泰国、缅甸、马来西亚、印度、尼泊尔、不丹也有分布。

竹叶榕

Ficus stenophylla Hemsl.

　　灌木。花期 5 ~ 7 月。产于防城、上思。生于沟旁岸边，少见。分布于中国海南、广东、广西、湖南、江西、福建、浙江、湖北、贵州、云南。越南、老挝、泰国也有分布。

笔管榕

Ficus subpisocarpa Gagnep.

Ficus geniculata Kurz var. *abnormalis* Kurz

乔木。花期 4 ~ 6 月。产于钦州、防城、上思、东兴、宁明、龙州。生于海拔 100 ~ 1300 m 的河边、平原或村旁，常见。分布于中国海南、广东、广西、福建、台湾、浙江、云南。越南、老挝、泰国、缅甸、马来西亚、日本也有分布。

假斜叶榕

Ficus subulata Blume

灌木。花期 5 ~ 8 月。产于防城、上思、扶绥、龙州、平果。生于海拔 800 m 以下的疏林中，常见。分布于中国海南、广东、广西、贵州、云南、西藏。泰国、缅甸、马来西亚、印度尼西亚、尼泊尔、不丹、新几内亚也有分布。

地果

Ficus tikoua Bureau

　　藤本。花期 5 ~ 6 月；果期 7 月。产于南宁、隆安、横县、崇左、扶绥、宁明、龙州、大新、天等、凭祥、百色、田阳、田东、平果、德保、靖西、那坡。生于石缝、荒地、草坡，常见。分布于中国广西、湖南、湖北、贵州、云南、四川、西藏、甘肃、陕西。越南、老挝、印度也有分布。

斜叶榕

Ficus tinctoria G. Forst. subsp. **gibbosa** (Blume) Corner

Ficus gibbosa Blume

　　乔木。花期冬季。产于博白、北流、防城、南宁、隆安、崇左、扶绥、龙州、大新、百色、田阳、平果、靖西、那坡。生于海拔 200 ~ 600 m 的山谷林中或岩石上，很常见。分布于中国海南、广东、广西、台湾、贵州、云南、西藏。亚洲南部至大洋洲也有分布。

楔叶榕

Ficus trivia Corner

　　小乔木。花期 9 月至翌年 4 月；果期 5 ~ 8 月。产于龙州、平果。生于林下或灌丛中，常见。分布于中国广东、广西、贵州、云南。越南也有分布。

岩木瓜

Ficus tsiangii Merr. ex Corner

　　乔木。花期 5 ~ 8 月。产于龙州、德保、那坡。生于海拔 200 ~ 1300 m 的山谷、沟边等潮湿处，少见。分布于中国广西、湖南、湖北、贵州、云南、四川。

杂色榕（青果榕）

Ficus variegata Blume

Ficus variegata Blume var. *chlorocarpa* (Benth.) Benth. ex King

灌木或乔木。花期冬季。产于容县、南宁、扶绥、宁明、龙州。生于低海拔沟谷地区，少见。分布于中国海南、广东、广西、台湾、云南。亚洲南部、东南部至大洋洲也有分布。

变叶榕

Ficus variolosa Lindl. ex Benth.

灌木或乔木。花期 12 月至翌年 6 月。产于防城、上思、大新、田阳、德保。生于溪边林下潮湿处，常见。分布于中国海南、广东、广西、湖南、江西、福建、浙江、贵州、云南。越南、老挝也有分布。

黄葛树

Ficus virens Aiton

Ficus virens Dryand var. *sublanceolata* (Miq.) Corner

　　乔木。花期 4 ~ 8 月。产于容县、灵山、浦北、上思、东兴、南宁、隆安、崇左、扶绥、宁明、龙州、平果、德保、靖西、那坡。生于海拔 1600 m 以下的山谷林中、旷野或河边，很常见。分布于中国海南、广东、广西、湖南、福建、浙江、湖北、贵州、云南、四川、西藏、陕西。亚洲南部至大洋洲也有分布。

柘属 Maclura Nutt.

构棘（莨芝）

Maclura cochinchinensis (Lour.) Corner

Cudrania cochinchinensis (Lour.) Kudô & Masam.

　　灌木。花期 4 ~ 5 月；果期 9 ~ 10 月。产于合浦、东兴、南宁、隆安、崇左、扶绥、宁明、龙州、凭祥、百色、田阳、平果、德保、那坡。生于山谷、旷野、路旁，常见。分布于中国海南、广东、广西、湖南、江西、福建、台湾、浙江、安徽、湖北、贵州、云南、四川、西藏。越南、老挝、泰国、柬埔寨、缅甸、马来西亚、印度尼西亚、菲律宾、印度、尼泊尔、不丹、斯里兰卡、日本、澳大利亚以及太平洋岛屿也有分布。

毛柘藤

Maclura pubescens (Trécul) Z. K. Zhou & M. G. Gilbert

Cudrania pubescens Trécul

灌木。产于南宁、龙州、平果。生于海拔 300 ~ 1100 m 的山坡林缘，常见。分布于中国广东、广西、贵州、云南。缅甸、马来西亚、印度尼西亚也有分布。

柘树

Maclura tricuspidata Carr.

Cudrania tricuspidata (Carr.) Bureau ex Lavallee

灌木或小乔木。花期 5 ~ 6 月；果期 6 ~ 7 月。产于合浦、南宁、隆安、龙州、平果。生于海拔 300 ~ 1500 m 的山地林中或林缘，常见。分布于中国广东、广西、湖南、江西、福建、浙江、江苏、安徽、湖北、贵州、云南、四川、甘肃、陕西、山西、河南、山东、河北。朝鲜也有分布。

牛筋藤

Malaisia scandens (Lour.) Planch.

攀援灌木。花期春、夏季。产于陆川、北流、合浦、南宁、宁明、龙州、大新、百色、田阳。生于丘陵灌丛中，常见。分布于中国海南、广东、广西、台湾、云南。越南、泰国、缅甸、马来西亚、印度尼西亚、菲律宾、澳大利亚也有分布。

桑属 Morus L.

桑

Morus alba L.

灌木或小乔木。花期 4 ~ 5 月；果期 5 ~ 8 月。玉林市、北海市、钦州市、防城港市、南宁市、崇左市、百色市有栽培。原产于中国中部和北部，中国各地广泛栽培。世界各地有栽培。

鸡桑

Morus australis Poir.

灌木或小乔木。花期 3 ~ 4 月；果期 4 ~ 5 月。产于南宁、隆安、宁明、龙州、大新、那坡。生于海拔 500 ~ 1000 m 的林缘或荒地，常见。分布于中国广东、广西、湖南、江西、福建、台湾、浙江、安徽、湖北、贵州、云南、四川、西藏、甘肃、陕西、河南、山东、河北、辽宁。印度、尼泊尔、不丹、斯里兰卡、日本、朝鲜也有分布。

蒙桑（岩桑）

Morus mongolica (Bureau) C. K. Schneid.

灌木或小乔木。花期 3 ~ 4 月；果期 4 ~ 5 月。产于大新。生于山地林中，少见。分布于中国广西、江苏、安徽、湖北、贵州、云南、四川、青海、陕西、山西、河南、山东、河北、内蒙古、新疆、辽宁、吉林、黑龙江。朝鲜、蒙古也有分布。

鹊肾树

Streblus asper Lour.

　　乔木。花期 2 ~ 4 月；果期 5 ~ 6 月。产于北海、合浦、南宁、龙州、大新、靖西。生于村边、河岸、灌丛或疏林中，少见。分布于中国海南、广东、广西、云南。亚洲南部至东南部也有分布。

刺桑

Streblus ilicifolius (Vidal) Corner

Taxotrophis ilicifolius Vidal

Taxotrophis aquifolioides W. C. Ko

　　灌木或乔木。花期 4 月；果期 6 月。产于龙州、大新、田阳。生于低海拔石灰岩山地，常见。分布于中国海南、广西、云南。东南亚至南亚也有分布。

假鹊肾树

Streblus indicus (Bureau) Corner

　　乔木。花期秋、冬季。产于钦州、防城、上思、龙州、平果。生于海拔 500～1300 m 的山地林中阴湿处或石灰岩灌丛中，少见。分布于中国海南、广东、广西、云南。泰国、印度也有分布。

米扬噎（米浓液）

Streblus tonkinensis (Dub. & Eberh.) Corner

　　乔木。花期春、夏季。产于隆安、宁明、龙州、大新、百色、田东、平果、靖西。生于石灰岩阴坡潮湿处或灌丛中，常见。分布于中国海南、广西、云南。越南也有分布。

169. 荨麻科

URTICACEAE

舌柱麻属 Archiboehmeria C. J. Chen

舌柱麻

Archiboehmeria atrata (Gagnep.) C. J. Chen

　　灌木或半灌木。花期5~8月；果期8~10月。产于防城、龙州、平果、那坡。生于海拔300~1500 m的山谷半阴坡疏林中，少见。分布于中国海南、广东、广西、湖南。越南也有分布。

苎麻属 Boehmeria Jacq.

序叶苎麻

Boehmeria clidemioides Miq.
var. **diffusa** (Wedd.) Hand.-Mazz.

　　草本或亚灌木。花期6~8月。产于靖西。生于海拔300~1300 m的丘陵或山谷林中、灌丛、草坡、溪边，少见。分布于中国广东、广西、湖南、江西、福建、浙江、安徽、湖北、贵州、云南、四川、甘肃、陕西。越南、老挝、缅甸、印度、尼泊尔也有分布。

密球苎麻

Boehmeria densiglomerata W. T. Wang

　　草本。花期 6 ~ 8 月。产于上思。生于海拔 250 ~ 1300 m 的林中或山谷沟边，少见。分布于中国广东、广西、湖南、江西、福建、贵州、云南、四川。

灰绿水苎麻

Boehmeria macrophylla Hornem. var. **canescens** (Wedd.) Long

　　草本或亚灌木。花期 7 ~ 9 月。产于上思、南宁、天等。生于山谷林下或沟边，少见。分布于中国广东、广西、云南、西藏。越南、缅甸、印度、尼泊尔也有分布。

糙叶水苎麻

Boehmeria macrophylla Hornem. var.
scabrella (Roxb.) Long

草本或亚灌木。花期 7 ~ 9 月。
产于龙州、百色、平果。生于海拔
200 ~ 1300 m 的山坡灌丛、山谷沟边或
田野，常见。分布于中国广东、广西、贵州、
云南、西藏。印度尼西亚、印度、尼泊尔、
不丹、斯里兰卡也有分布。

苎麻

Boehmeria nivea (L.) Gaudich.

灌木。花期 5 ~ 8 月；果期 9 ~ 11 月。产于玉林市、北海市、钦州市、防城港市、南宁市、崇左市、
百色市，栽培或逸为野生。生于海拔 200 ~ 1500 m 的山谷林缘或草坡，很常见。分布于中国海南、广东、
广西、湖南、江西、福建、台湾、浙江、安徽、湖北、贵州、云南、四川、陕西。越南、老挝、泰国、
柬埔寨、印度尼西亚、印度、尼泊尔、不丹、日本、朝鲜也有分布。

青叶苎麻

Boehmeria nivea (L.) Gaudich. var. **tenacissima** (Gaudich.) Miq.

灌木。花期夏季；果期秋季。产于上思、南宁、龙州、大新、平果。生于石灰岩灌丛中，常见。分布于中国海南、广东、广西、湖南、江西、福建、台湾、浙江、安徽、湖北、贵州、云南、四川。越南、老挝、泰国、印度尼西亚、日本、朝鲜也有分布。

长叶苎麻

Boehmeria penduliflora Wedd. ex Long

灌木。花期 7 ~ 10 月。产于北流、防城、上思、东兴、南宁、隆安、崇左、宁明、龙州、大新、百色、平果、靖西、那坡。生于海拔 500 ~ 1300 m 的丘陵或山谷林中、灌丛、溪边，常见。分布于中国广西、贵州、云南、四川、西藏。越南、老挝、泰国、缅甸、印度、尼泊尔、不丹也有分布。

束序苎麻

Boehmeria siamensis Craib

　　灌木。花期 3 月。产于扶绥、龙州、大新、百色、平果、那坡。生于海拔 400 ~ 1300 m 的山地疏林或灌丛中，常见。分布于中国广西、贵州、云南。越南、老挝、泰国也有分布。

水麻属 Debregeasia Gaudich.

长叶水麻

Debregeasia longifolia (Burm. f.) Wedd.

　　小乔木或灌木。花期 8 ~ 12 月；果期 9 月至翌年 2 月。产于南宁、宁明、龙州、百色、德保、靖西、那坡。生于海拔 500 ~ 1600 m 的山谷、溪边灌丛或林中湿润处，常见。分布于中国广东、广西、湖北、贵州、云南、四川、西藏、甘肃、陕西。越南、老挝、泰国、柬埔寨、缅甸、马来西亚、印度尼西亚、菲律宾、印度、尼泊尔、不丹、孟加拉国、斯里兰卡也有分布。

水麻

Debregeasia orientalis C. J. Chen

灌木。花期 3 ~ 4 月；果期 5 ~ 7 月。产于德保、那坡。生于海拔 300 ~ 1500 m 的溪谷河边，常见。分布于中国广西、湖南、台湾、湖北、贵州、云南、四川、西藏、甘肃、陕西。日本也有分布。

鳞片水麻

Debregeasia squamata King ex Hook. f.

灌木。花期 8 ~ 9 月；果期 10 ~ 12 月。产于上思、宁明。生于海拔 150 ~ 1400 m 的溪边灌丛中，少见。分布于中国海南、广东、广西、福建、贵州、云南。亚洲东南部也有分布。

火麻树

Dendrocnide urentissima (Gagnep.) Chew

　　乔木。花期 9 ~ 10 月；果期 10 ~ 12 月。产于龙州、平果、德保、靖西。生于海拔 400 ~ 1300 m 的石灰岩林中，少见。分布于中国广西、云南。越南也有分布。

楼梯草属 Elatostema J. R. Forst. & G. Forst.

深绿楼梯草

Elatostema atroviride W. T. Wang

Elatostema papilionaceum W. T. Wang

　　草本。花期 8 ~ 11 月。产于宁明、龙州、大新、平果。生于海拔 1300 m 以下的石灰岩林中阴湿处，常见。分布于中国广西、贵州。越南也有分布。

骤尖楼梯草

Elatostema cuspidatum Wight

    草本。花期 5 ~ 8 月。产于龙州、德保。生于海拔 800 ~ 1500 m 的林下或山谷沟边石隙处，常见。分布于中国广西、湖南、江西、湖北、贵州、云南、四川、西藏。印度、尼泊尔也有分布。

锐齿楼梯草

Elatostema cyrtandrifolium (Zoll. & Mor.) Miq.

    草本。花期 4 ~ 10 月。产于平果。生于山谷溪边石上或林中，少见。分布于中国广东、广西、湖南、江西、福建、台湾、湖北、贵州、云南、四川、甘肃。缅甸、马来西亚、印度尼西亚、印度、不丹也有分布。

狭叶楼梯草

Elatostema lineolatum Wight

　　亚灌木。花期1～5月。产于钦州、灵山、扶绥、宁明。生于海拔280～700 m 的山谷溪边或林中，常见。分布于中国广东、广西、福建、台湾、云南、西藏。泰国、缅甸、印度、尼泊尔、不丹也有分布。

多枝楼梯草

Elatostema ramosum W. T. Wang

　　草本。花期9月至翌年5月。产于龙州、靖西。生于山谷林下，很少见。分布于中国广西、贵州。

条叶楼梯草

Elatostema sublineare W. T. Wang

　　草本。花期 3 ~ 5 月。产于那坡。生于海拔 400 ~ 850 m 的林下或山谷溪边石上，少见。分布于中国广西、湖南、湖北、贵州、四川。越南也有分布。

糯米团属 Gonostegia Turcz.

糯米团

Gonostegia hirta (Blume ex Hassk.) Miq.

Memorialis hirta (Blume ex Hassk.) Wedd.

　　草本。花期 5 ~ 9 月。产于容县、防城、上思、南宁、隆安、横县、扶绥、宁明、龙州、大新、凭祥、百色、平果、靖西、那坡。生于丘陵、低山沟边草丛或灌丛中，常见。分布于中国秦岭以南各省区。亚洲东南部至澳大利亚也有分布。

五蕊糯米团（狭叶糯米团）

Gonostegia pentandra (Roxb.) Miq.

Gonostegia pentandra (Roxb.) Miq. var.
hypericifolia (Blume) Masam.

　　草本。花期夏季；果期秋季。产于龙州、百色、平果。生于河岸、田野等潮湿处，少见。分布于中国海南、广东、广西、台湾、云南。越南、泰国、缅甸、印度尼西亚、菲律宾、印度、孟加拉国、巴基斯坦、新几内亚也有分布。

艾麻属 Laportea Gaudich.

葡萄叶艾麻

Laportea violacea Gagnep.

　　灌木或半灌木。花期 6 ~ 8 月；果期 8 ~ 11 月。产于龙州、平果、靖西。生于海拔 200 ~ 1100 m 的石灰岩山坡疏林或灌丛中，很常见。分布于中国广西。越南、泰国也有分布。

广西紫麻

Oreocnide kwangsiensis Hand. -Mazz.

　　灌木。花期 10 月至翌年 3 月；果期 5 ~ 10 月。产于龙州、大新、平果、德保、靖西、那坡。生于石灰岩疏林或灌丛中，常见。分布于中国广西、贵州。

凹尖紫麻

Oreocnide obovata (C. H. Wright) Merr. var. **paradoxa** (Gagnep.) C. J. Chen

　　灌木。产于德保、那坡。生于海拔 400 ~ 1100 m 的石灰岩山谷或溪旁灌丛中，少见。分布于中国广西。越南也有分布。

红紫麻

Oreocnide rubescens (Blume) Miq.

　　小乔木。花期3～5月；果期7～12月。产于龙州、百色、靖西、那坡。生于海拔400～1600 m的山谷林缘或混交林中，少见。分布于中国海南、广西、云南。越南、泰国、缅甸、马来西亚、印度尼西亚、印度、斯里兰卡也有分布。

赤车属 Pellionia Gaudich.

华南赤车

Pellionia grijsii Hance

　　草本。花期10月至翌年5月。产于容县、钦州、上思、南宁、德保。生于海拔200～1500 m的山谷林下或溪边石上，少见。分布于中国海南、广东、广西、湖南、江西、福建、云南。

滇南赤车

Pellionia paucidentata (H. Schroter) Chien

草本。花期 4 ~ 12 月。产于上思、隆安、横县、扶绥、宁明、龙州、靖西。生于海拔 200 ~ 1500 m 的山谷溪边阴湿处或林中，少见。分布于中国海南、广西、贵州、云南。越南也有分布。

吐烟花

Pellionia repens (Lour.) Merr.

Pellionia daveauana N. E. Br.

草本。花期 5 ~ 10 月。南宁有栽培。分布于中国海南、云南。越南、老挝、泰国、柬埔寨、缅甸、马来西亚、印度尼西亚、菲律宾、印度、不丹也有分布。

蔓赤车

Pellionia scabra Benth.

草本。花期 3 ~ 7 月。产于玉林、防城、横县、扶绥、德保。生于海拔 300 ~ 1200 m 的溪边林下，常见。分布于中国海南、广东、广西、湖南、江西、福建、台湾、浙江、安徽、贵州、云南、四川。越南、日本也有分布。

长柄赤车

Pellionia tsoongii (Merr.) Merr.

草本。花期 12 月至翌年 7 月。产于防城、扶绥、龙州。生于山谷溪边或林中，少见。分布于中国海南、广西、云南。越南、老挝、泰国、柬埔寨、缅甸、马来西亚、印度尼西亚也有分布。

基心叶冷水花

Pilea basicordata W. T. Wang ex
C. J. Chen

　　矮小灌木或亚灌木。花期 3～4
月；果期 4～5 月。产于隆安、龙
州、大新、平果。生于石灰岩山坡
林下，常见。分布于中国广西。

五萼冷水花

Pilea boniana Gagnep.
Pilea baviensis Gagnep.
Pilea pentasepala Hand.-Mazz.
Pilea morseana Hand.-Mazz.

　　草本。花期 7 月至翌年 3 月；果期 9 月至翌年 7 月。产于崇左、扶绥、龙州、平果、靖西、那坡。
生于海拔 300～1500 m 的石灰岩林下或林缘岩石上，常见。分布于中国广西、贵州、云南。越南也有分布。

花叶冷水花

Pilea cadierei Gagnep. & Guill.

草本或半灌木。花期 9 ~ 11 月；果期 11 ~ 12 月。玉林市、北海市、钦州市、防城港市、南宁市、崇左市、百色市有栽培。分布于中国贵州、云南。越南也有分布。

波缘冷水花（石油菜）

Pilea cavaleriei Lévl.

Pilea cavaleriei Lévl. subsp. *valida* C. J. Chen

草本。花期 5 ~ 8 月；果期 8 ~ 10 月。产于北流、灵山、平果。生于海拔 200 ~ 1000 m 的林下阴湿处，少见。分布于中国海南、广东、广西、湖南、江西、福建、浙江、湖北、贵州、四川。不丹也有分布。

小叶冷水花

Pilea microphylla (L.) Liebm.

　　草本。花、果期几全年。产于隆安、南宁、百色，逸为野生。生于路边石缝或墙上阴湿处，常见。分布于中国海南、广东、广西、台湾。原产于南美洲。

盾叶冷水花

Pilea peltata Hance

　　草本。花期6~8月；果期8~9月。产于陆川、南宁、宁明、龙州、大新、平果、那坡。生于海拔100~500 m的石灰岩石缝或灌丛中，少见。分布于中国海南、广东、广西、湖南。越南也有分布。

矮冷水花

Pilea peploides (Gaudich.) Hook. & Arn.

　　草本。花期 4 ~ 7 月；果期 6 ~ 8 月。产于南宁、龙州、平果。生于海拔 100 ~ 1000 m 的山坡湿润石上，少见。分布于中国广东、广西、湖南、江西、福建、台湾、浙江、安徽、贵州、河南、河北、内蒙古、辽宁。越南、泰国、缅甸、印度尼西亚、印度、不丹、日本、朝鲜、俄罗斯以及太平洋岛屿也有分布。

石筋草（全缘冷水花）

Pilea plataniflora C. H. Wright

Pilea petelotii Gagnep.

　　草本。花期 6 ~ 9 月；果期 7 ~ 10 月。产于隆安、宁明、龙州、大新、天等、百色、平果、德保、靖西、那坡。生于海拔 200 ~ 1500 m 的林下湿润处或灌丛石上，常见。分布于中国海南、广西、台湾、湖北、贵州、云南、四川、甘肃、陕西。越南、泰国也有分布。

红雾水葛

Pouzolzia sanguinea (Blume) Merr.

灌木。花期 4 ~ 7 月；果期 7 ~ 8 月。产于防城、东兴、扶绥、龙州、大新、天等、百色、平果、德保、那坡。生于低山山谷或山坡林边，常见。分布于中国海南、广西、台湾、贵州、云南、四川、西藏。越南、老挝、泰国、缅甸、马来西亚、印度尼西亚、印度、尼泊尔、不丹也有分布。

雾水葛

Pouzolzia zeylanica (L.) Benn. & R. Br.

草本。花、果期 9 ~ 11 月。产于北海、龙州、大新。生于海拔 300 ~ 800 m 的疏林、灌丛或草地，常见。分布于中国海南、广东、广西、湖南、江西、福建、台湾、浙江、安徽、湖北、云南、四川、甘肃。越南、泰国、缅甸、马来西亚、印度尼西亚、菲律宾、印度、尼泊尔、斯里兰卡、马尔代夫、也门、巴基斯坦、日本、澳大利亚、巴布亚新几内亚、波利尼西亚、非洲也有分布。

多枝雾水葛

Pouzolzia zeylanica (L.) Benn. var. **microphylla**
(Wedd.) W. T. Wang

　　草本或亚灌木。产于合浦、百色、平果。生于丘陵
草地或田边，常见。分布于中国广东、广西、江西、福建、
台湾、云南。亚洲热带地区广泛分布。

藤麻属 Procris Comm. ex Juss.

藤麻

Procris crenata C. B. Rob.

Procris wightiana Wall. ex Wedd.

Procris laevigata Blume

　　草本。花期 6 ~ 10 月；果期 11 月至翌年 2 月。产
于防城、上思、龙州、平果。生于山地林中树上或溪边石上，
常见。分布于中国海南、广东、广西、福建、台湾、贵州、
云南、四川、西藏。亚洲以及非洲热带地区也有分布。

170. 大麻科
CANNABACEAE

葎草属 Humulus L.

葎草

Humulus scandens (Lour.) Merr.

缠绕草本。花期春、夏季；果期秋季。产于南宁、扶绥、宁明、龙州、百色。生于林边、沟旁、荒地，很常见。分布于中国各地（青海、甘肃、宁夏、内蒙古、新疆除外）。越南、日本、朝鲜也有分布。

171. 冬青科
AQUIFOLIACEAE

冬青属 Ilex L.

秤星树（梅叶冬青）
Ilex asprella (Hook. & Arn.) Champ.

    灌木。花期3月；果期4～10月。产于南宁。生于海拔400～1000 m的山坡疏林或路边灌丛中，少见。分布于中国海南、广东、广西、湖南、江西、福建、台湾、浙江。越南、菲律宾也有分布。

沙坝冬青
Ilex chapaensis Merr.

    乔木。花期6月；果期8～11月。产于容县、防城、上思、百色。生于海拔500～1300 m的山坡林中，少见。分布于中国海南、广东、广西、福建、贵州、云南。越南也有分布。

冬青

Ilex chinensis Sims

　　乔木。花期 4 ~ 7 月；果期 7 ~ 12 月。产于钦州、上思、南宁、龙州。生于海拔 500 ~ 1000 m 的山坡阔叶林中或林缘，少见。分布于中国长江以南。日本也有分布。

枸骨

Ilex cornuta Lindl. & Paxt.

　　灌木或小乔木。花期 4 ~ 5 月；果期 10 ~ 12 月。北海、南宁有栽培。分布于中国海南、广东、广西、湖南、江西、福建、浙江、江苏、安徽、湖北、河南、山东、天津、北京。朝鲜也有分布。

扣树（苦丁茶）

Ilex kaushue S. Y. Hu

乔木。花期 5 ~ 6 月；果期 9 ~ 10 月。产于隆安、大新。生于海拔 500 ~ 1200 m 的密林中，少见。分布于中国海南、广东、广西、湖南、湖北、云南、四川。

广东冬青

Ilex kwangtungensis Merr.

小乔木。花期 6 月；果期 9 ~ 11 月。产于钦州、防城、上思、南宁。生于海拔 300 ~ 1000 m 的山坡阔叶林或灌丛中，少见。分布于中国海南、广东、广西、湖南、江西、福建、浙江、贵州、云南。

小果冬青

Ilex micrococca Maxim.

　　乔木。花期5~6月；果期9~10月。产于上思、南宁、靖西。生于海拔500~1300 m的山坡阔叶林中，少见。分布于中国海南、广东、广西、湖南、江西、福建、台湾、浙江、安徽、湖北、贵州、云南、四川。越南、日本也有分布。

五棱苦丁茶

Ilex pentagona S. K. Chen, Y. X. Feng & C. F. Liang

　　乔木。果期5月或9~10月。产于大新。生于海拔300~600 m的石灰岩林中，很少见。分布于中国广西、湖南、贵州、云南。

毛冬青

Ilex pubescens Hook. & Arn.

灌木。花期 4 ~ 5 月；果期 8 ~ 11 月。产于容县、北流、防城、上思、南宁、隆安、扶绥、宁明、龙州、田阳、德保、靖西、那坡。生于海拔 1000 m 以下的山坡阔叶林中、林缘、灌丛、路边，常见。分布于中国海南、广东、广西、湖南、江西、福建、台湾、浙江、安徽、湖北、贵州、云南。

铁冬青

Ilex rotunda Thunb.

乔木。花期 4 ~ 6 月；果期 8 ~ 12 月。产于玉林、容县、陆川、博白、北流、合浦、钦州、灵山、浦北、防城、上思、东兴、南宁、横县、百色。生于海拔 400 ~ 1100 m 的山坡阔叶林中或林缘，少见。分布于中国海南、广东、广西、湖南、江西、福建、台湾、浙江、江苏、安徽、湖北、贵州、云南。越南、日本、朝鲜也有分布。

黔桂冬青

Ilex stewardii S. Y. Hu

　　灌木或小乔木。花期 6 ~ 7 月；果期 8 ~ 11 月。产于容县、防城、上思。生于山坡阔叶林中，常见。分布于中国广西、贵州。越南也有分布。

四川冬青

Ilex szechwanensis Loes.

　　灌木或小乔木。花期 5 ~ 6 月；果期 8 ~ 10 月。产于南宁。生于海拔 250 ~ 1000 m 的丘陵、山坡疏林、灌丛、溪边、路旁，少见。分布于中国广东、广西、湖南、江西、湖北、贵州、云南、四川、西藏。

三花冬青

Ilex triflora Blume

灌木或小乔木。花期 5 ~ 7 月；果期 8 ~ 11
月。产于容县、陆川、博白、北流、合浦、钦州、
浦北、防城、上思、东兴、南宁、横县、扶绥、
宁明、龙州、天等、百色、平果、德保、那坡。
生于海拔 1500 m 以下的山坡林下或灌丛中，常见。
分布于中国海南、广东、广西、湖南、江西、福
建、台湾、浙江、安徽、湖北、贵州、云南、四川。
越南、泰国、缅甸、马来西亚、印度尼西亚、印度、
孟加拉国也有分布。

绿冬青

Ilex viridis Champ. ex Benth.

Ilex triflora Blume var. *viridis* (Champ. ex
Benth.) Loes.

灌木。花期 5 月；果期 10 ~ 11 月。产于合
浦、防城、上思。生于海拔 300 ~ 1300 m 的山地、
丘陵疏林或灌丛中，少见。分布于中国海南、广东、
广西、江西、福建、浙江、安徽。

中文名索引
Index to Chinese Names

学名索引
Index to Scientific Names